现代航空制导炸弹设计与工程

国之重器出版工程
国防现代化建设

制导炸弹结构设计

陈明 欧旭晖 杜冲 刘剑霄 李斌 侯晓鑫 贺庆 易航 编著

西北工业大学出版社
西 安

【内容简介】 本书从理论和实践结合的角度对制导炸弹结构设计进行系统阐述，主要内容包括制导炸弹弹身设计、翼面设计、弹上机构设计、载荷分析、强度分析、弹体结构精度设计、典型构件设计、弹体结构防腐蚀设计、结构可靠性、制导炸弹试验和结构优化设计等。其基本原理和分析、处理工程技术问题的方法具有普遍意义，对其他武器结构设计也具有一定的适用性和参考价值。

本书可供从事制导炸弹结构设计的工程技术人员和管理人员，以及相关专业从业人员和高等院校师生阅读、参考。

图书在版编目(CIP)数据

制导炸弹结构设计 / 陈明等编著. — 西安 ：西北工业大学出版社，2024.1

ISBN 978-7-5612-9268-6

Ⅰ. ①制… Ⅱ. ①陈… Ⅲ. ①制导炸弹-结构设计 Ⅳ. ①TJ414

中国国家版本馆 CIP 数据核字(2024)第 071416 号

ZHIDAO ZHADAN JIEGOU SHEJI

制导炸弹结构设计

陈明　欧旭晖　杜冲　刘剑霄　李斌　侯晓鑫　贺庆　易航　编著

责任编辑：王玉玲　　**策划编辑**：杨　军

责任校对：胡莉巾　　**装帧设计**：李　飞

出版发行：西北工业大学出版社

通信地址：西安市友谊西路 127 号　　邮编：710072

电　　话：(029)88491757，88493844

网　　址：www.nwpup.com

印 刷 者：西安五星印刷有限公司

开　　本：710 mm×1 000 mm　　1/16

印　　张：21.5

字　　数：421 千字

版　　次：2024 年 1 月第 1 版　　2024 年 1 月第 1 次印刷

书　　号：ISBN 978-7-5612-9268-6

定　　价：108.00 元

《国之重器出版工程》
编辑委员会

专家委员会委员(按姓氏笔画排列):

于　全　中国工程院院士
王　越　中国科学院院士、中国工程院院士
王小谟　中国工程院院士
王少萍　"长江学者奖励计划"特聘教授
王建民　清华大学软件学院院长
王哲荣　中国工程院院士
尤肖虎　"长江学者奖励计划"特聘教授
邓玉林　国际宇航科学院院士
邓宗全　中国工程院院士
甘晓华　中国工程院院士
叶培建　人民科学家、中国科学院院士
朱英富　中国工程院院士
朵英贤　中国工程院院士
邬贺铨　中国工程院院士
刘大响　中国工程院院士
刘辛军　"长江学者奖励计划"特聘教授
刘怡昕　中国工程院院士
刘韵洁　中国工程院院士
孙逢春　中国工程院院士
苏东林　中国工程院院士
苏彦庆　"长江学者奖励计划"特聘教授
苏哲子　中国工程院院士
李寿平　国际宇航科学院院士

李伯虎 中国工程院院士

李应红 中国科学院院士

李春明 中国兵器工业集团首席专家

李莹辉 国际宇航科学院院士

李得天 国际宇航科学院院士

李新亚 国家制造强国建设战略咨询委员会委员、中国机械工业联合会副会长

杨绍卿 中国工程院院士

杨德森 中国工程院院士

吴伟仁 中国工程院院士

宋爱国 国家杰出青年科学基金获得者

张　彦 电气电子工程师学会会士、英国工程技术学会会士

张宏科 北京交通大学下一代互联网互联设备国家工程实验室主任

陆　军 中国工程院院士

陆建勋 中国工程院院士

陆燕荪 国家制造强国建设战略咨询委员会委员、原机械工业部副部长

陈　谋 国家杰出青年科学基金获得者

陈一坚 中国工程院院士

陈懋章 中国工程院院士

金东寒 中国工程院院士

周立伟 中国工程院院士

郑纬民　中国科学院院士
郑建华　中国科学院院士
屈贤明　国家制造强国建设战略咨询委员会委员、工业和信息化部智能制造专家咨询委员会副主任
项昌乐　中国工程院院士
赵沁平　中国工程院院士
郝　跃　中国科学院院士
柳百成　中国工程院院士
段海滨　“长江学者奖励计划”特聘教授
侯增广　国家杰出青年科学基金获得者
闻雪友　中国工程院院士
姜会林　中国工程院院士
徐德民　中国工程院院士
唐长红　中国工程院院士
黄　维　中国科学院院士
黄卫东　“长江学者奖励计划”特聘教授
黄先祥　中国工程院院士
康　锐　“长江学者奖励计划”特聘教授
董景辰　工业和信息化部智能制造专家咨询委员会委员
焦宗夏　“长江学者奖励计划”特聘教授
谭春林　航天系统开发总师

《现代航空制导炸弹设计与工程》
编 纂 委 员 会

执行主编：

杨　军　刘兴堂　胡卫华　樊富友　谢里阳

何　恒　施浒立　欧旭晖　陈　军　刘林海

袁　博　邓跃明

前　言

作为空军主要作战武器，航空炸弹自第二次世界大战以来得到了巨大发展，尤其是海湾战争以来，航空炸弹逐步向高精度、智能化方向发展，衍生出了一类新型航空炸弹——制导炸弹。当前，该类炸弹因其智能化、信息化、远程化、高精度、大威力、低成本、作战使用灵活等优势，已成为各国空军主要武器装备。

弹体结构设计贯穿制导炸弹整个研制工作的始终，不仅优秀的总体方案需要弹体结构来保证，弹上各分系统在弹上的集成、协调都需通过弹体结构来实现，而且好的弹体结构设计可以提高制导航空炸弹的总体性能，缩短研制周期，提高使用效率，降低全寿命周期内的费用，因此，弹体结构设计在制导炸弹的研制过程中具有非常重要的地位和作用。

为了推动我国国防事业不断发展，将一代又一代制导炸弹弹体结构设计人员付出辛勤劳动取得的经验与成果传授给制导炸弹研发的新生力量，笔者在总结多年制导炸弹弹体结构工程经验的基础上，编写了本书。本书对制导炸弹弹体结构设计的依据、设计要求、结构设计、结构分析、结构试验等内容的介绍力求系统、清晰、深入，对制导炸弹弹体结构设计原理、设计方法、设计流程的介绍力求体现先进性、综合性和实用性。

本书共 12 章。第 1 章为绪论，阐述了制导炸弹结构的组成与功能、设计一般要求、发展趋势等内容，着重阐明了制导炸弹结构设计的研制程序和内容。第 2～4 章阐述了制导炸弹主要组成部分，即弹身、翼面、弹上机构的设计要求、基本组成、设计特点，着重阐明了典型弹身、翼面、弹上机构的结构形式和连接形式。第 5、6 章阐述了制导炸弹结构载荷分析、强度计算方法和要点，重点阐明了

制导炸弹结构传力路线分析、结构承载能力分析、结构应力与变形计算等内容。第 7 章阐述了制导炸弹结构精度设计方法和要点，重点阐明了制导炸弹弹体结构精度设计要求、精度分配控制方法等内容。第 8 章阐述了典型构件设计方法和要点，重点阐明了制导炸弹典型锻件、铸件、焊接件、钣金件、复合材料结构的设计方法、设计禁忌等内容。第 9 章阐述了制导炸弹结构防腐设计方法和要点，重点阐明了制导炸弹弹体结构腐蚀类型、表面防护设计、结构防腐措施等内容。第 10 章阐述了制导炸弹结构可靠性设计方法和要点，重点阐明了制导炸弹结构可靠性特点、失效模式与故障分析、结构与机构可靠性分析方法、提高结构可靠性的措施等内容。第 11 章阐述了制导炸弹结构主要试验要求、试验方法，重点阐明了制导炸弹结构静力试验、模态试验、振动试验等试验的试验设备、试验设计、试验实施、试验判定准则等内容。第 12 章阐述了制导炸弹结构优化设计原理，重点阐明了制导炸弹结构优化设计方法和设计基本步骤。

本书第 1 章由欧旭晖编写，第 2、3 章由刘剑霄编写，第 4 章由陈明、贺庆、易航编写，第 5、6 章由李斌编写，第 7、10 章由陈明编写，第 8、9 章由杜冲编写，第 11、12 章由侯晓鑫编写，全书由陈明统稿和定稿。

在编写本书的过程中，参考了有关书籍和研究论文，在此，对相关作者表示衷心的感谢。

由于水平有限，书中难免有疏漏之处，敬请读者批评指正。

编著者

2023 年 6 月

目 录

第1章

绪　论

1.1 概　　述

制导炸弹的发展史开始于第二次世界大战后期，德国在第二次世界大战后期率先发明并使用了制导炸弹。经过数十年的改进和创新，制导炸弹在种类和质量等方面均取得了长足的进步。美国、英国、俄罗斯和以色列等军事强国已经装备了几十种类型的制导炸弹，而一些军事实力相对较弱的国家也在积极研发并装备制导炸弹。制导炸弹为介于普通炸弹和导弹之间的弹种。其与导弹的主要区别在于制导炸弹自身无动力系统，需借助飞机或其他平台投掷，通过制导、控制系统飞向目标，而导弹依靠自身的动力系统，通过制导、控制系统飞向目标。相比导弹，制导炸弹结构简单、成本低，适于大量装备、使用，且战斗部所占比重大，有效载荷可达总重量的80%，具有更大的毁伤威力。与普通炸弹相比，制导炸弹命中率高，达到米级，可以直接命中目标要害部位，用于对人口稠密区内的军事目标实施精确攻击，既可避免毁伤其他民用设施，又可控制战争规模。

由于以上特点，制导炸弹被广泛用于现代战争，成为一支不可或缺的中坚力量，是战斗轰炸机、强击机等空中力量对地(海)面建筑物、桥梁、指挥所、机场跑道、雷达阵地和水面舰艇等多种军用目标实施精确打击的重要手段，也是近年来世界上装备规模最大，使用数量最多的精确制导武器。在近年历次局部战争中，制导炸弹占弹药投放总数的比例呈直线上升的趋势:海湾战争中只占6.8%,科索沃战争中占35%,阿富汗战争中占60.4%,而伊拉克战争中接近70%。制导炸弹已然成了战争的“宠儿”。

制导炸弹结构是全弹的基础,实现战斗部、弹上设备在弹上的集成,同时连接制导炸弹各个升力面与操纵面,使其组成一个完整的武器系统。制导炸弹结构要承受静、动、疲劳、腐蚀等各种载荷,其主要构件是为合理承受和传递载荷而布置的。因此,制导炸弹结构指的是受力结构,是能承受和传递载荷,并能保持一定刚度、强度和尺寸稳定性的零件、部件、组件的总称。由此可见,制导炸弹结构对保证制导炸弹任务的完成有很重要的作用。

制导炸弹结构设计是一项综合性很强的工作,是制导炸弹总体设计和结构总体设计的一个重要组成部分,也是贯彻落实制导炸弹总体设计思想的必要内容,往往对结构设计、结构性能、研制成本和进度起到决定性的作用,只有把制导炸弹的结构和总体紧密地结合起来,才能保证制导炸弹各组成部分在弹上的最佳组合和布局,才能设计出满足总体设计技术要求的最佳制导炸弹弹体结构方案。弹体结构设计是,根据结构总体设计提出的制导炸弹结构原始参数,结合结构设计的基本要求,提出合理的结构设计方案,然后进行零、部、组件的设计、分析、试验,绘制制导炸弹结构图纸,编写相应的技术文件以指导制导炸弹研制与生产,最终将对弹体的结构总体指标转化为实体。制导炸弹弹体结构设计从结构论证、结构布局、设计方案到细节设计不存在“唯一正确”的答案,如何在各种约束条件下找到最适合、最合理的设计,考验着结构设计师的能力与智慧。弹体结构设计的过程是一个不断追求完美、不断优化的过程。结构设计的理论与方法的发展,是随着设计师的实践和科学技术的发展而不断发展的。将成熟的理论应用于工程实际,并且在应用过程中发现问题、解决问题、不断革新,才能从根本上推动制导炸弹结构设计技术的发展。

1.2 制导炸弹结构的地位和作用

制导炸弹设计是一个大系统的技术综合,必须将制导炸弹的各个分系统视为一个有机结合的整体,使其整体性能最优、费用少且周期短。对每一个分系统的技术要求首先从实现整个系统技术协调的观点来考虑,制导炸弹设计需要对分系统与分系统之间的矛盾、分系统与全系统之间的矛盾进行协调。制导炸弹结构是制导炸弹实物总体，各分系统需要在结构上进行安装、工作，因此，各分系统间、分系统与全弹间的协调均需通过制导炸弹结构实现。制导炸弹结构是制导炸弹的载体，在尽可能低的结构重量下设计出安全可靠的结构，是实现制导炸弹的先进使用性能和作战威力的基本前提和根本保障。

实际上，结构设计始终贯穿在制导炸弹研制过程中，弹体结构设计的好坏直接影响制导炸弹技术性能和总体设计要求。优良的结构设计不仅可以提高制导炸弹的性能与工作可靠性，而且可以缩短制导炸弹的研制周期，降低研制费用。因此，制导炸弹结构设计在制导炸弹设计中具有十分重要的地位，并且对制导炸弹研制工作及其设计技术的发展具有重要的推动作用。

总体来说，制导炸弹结构设计的作用有以下几方面：

(1)制导炸弹结构将载荷、战斗部、控制系统等连接成一个整体，为制导炸弹提供良好的气动外形，并能承受地面运输、勤务训练、挂机飞行等各种载荷，为各种弹上设备提供安装空间和良好的工作环境等。

(2)根据结构总体设计确定有关结构协调技术要求，如弹体结构各组成部分及其弹上设备与弹体的接口设计要求、各分离面位置、各部段几何形状和结构参数、质心及转动惯量等；结构设计作为全弹协调设计的依据，应确保各分系统设备在弹体内安装的可行性、合理性和操作协调性等，且有利于提高系统工作的可靠性；考虑弹翼和舵翼的位置和尺寸，正确选择各舱段和翼面的基本结构形式和全弹受力传力特性，确定能满足总体设计要求的最佳结构方案。

(3)在制导炸弹方案设计过程中，结构设计应与制导炸弹结构总体设计配合，分析与选择可能的制导炸弹结构方案，论证各舱段的布局方案、弹上设备的安装布局、弹上电缆线路的布置与走线及弹内有效空间的制约关系等；防止结构详细设计阶段出现重大的技术问题甚至颠覆性问题，包括结构、机构、动力特性、成本、进度等，使结构总体设计建立在可靠而且可行的方案设计基础上，然后根据结构总体技术指标开展详细结构设计。

(4)在总装总调方面，结构设计起着综合和汇总作用。一方面，要把弹体结构舱段和各分系统所包含的弹上设备等，设计、组合成完整的制导炸弹产品，并保证制导炸弹的完整性和有效性，为制导炸弹总装提供图纸和技术条件；另一方面，在制导炸弹装配完成后，对其结构进行水平测量，检验结构设计精度，验证结构总体精度分配指标是否合理。

1.3 制导炸弹结构的组成与功能

制导炸弹结构是制导炸弹的主体部分，是由弹身、气动力面（弹翼、舵翼）、弹上机构（分离机构、折叠机构等）及一些零、部、组件连接组合而成的具有良好气动外形的壳体。弹身通常由头部整流罩（或导引头）、战斗部舱和制导控制尾舱等组成。

典型制导炸弹的制导炸弹结构如图 1－1 和图 1－2 所示。

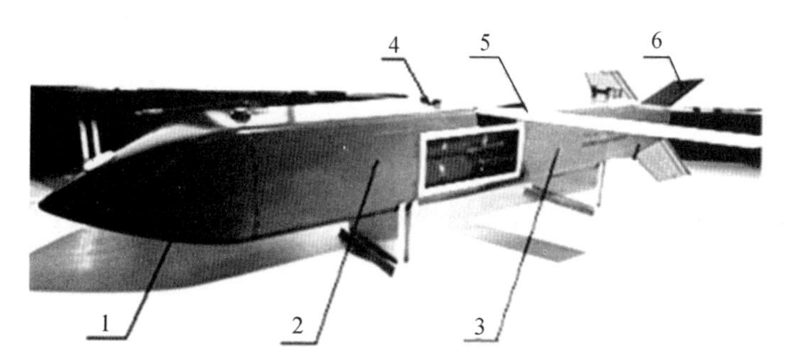

图 1－1 某型制导炸弹结构(一)

1—头部整流罩；2—战斗部舱；3—制导控制尾舱；4—吊挂；5—弹翼；6—舵翼

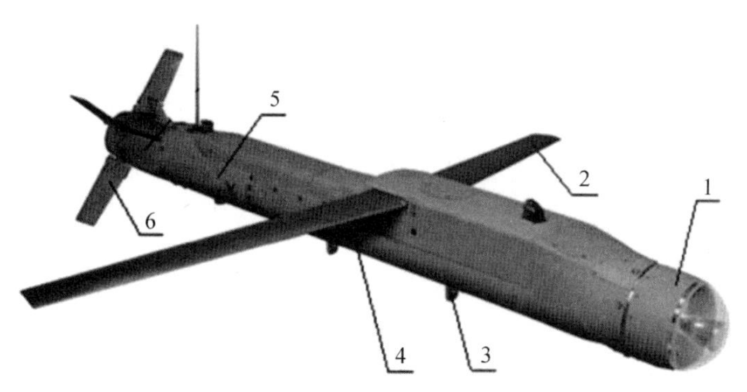

图 1－2 某型制导炸弹结构(二)

1—导引头；2—弹翼；3—吊耳；4—战斗部舱；5—制导控制尾舱；6—舵翼

制导炸弹结构各组成部分的功能如下。

(1)弹身：弹身是制导炸弹结构主体，用来安装导引头、战斗部、引信、弹上仪器与设备等，使其组成一个完整的整体，为各系统提供可靠的工作环境，并保证制导炸弹的完整性和有效性；弹身连接制导炸弹的各个气动力面，实现完整的飞行器气动外形，同时实现制导炸弹质量、质心、转动惯量等物理参数；制导炸弹结构具有足够的强度和刚度，构成完整的承力系统，承受挂机飞行和自由飞行过程中的外载荷。

(2)气动力面：通常包括弹翼、舵翼等气动力面，利用空气动力产生制导炸弹飞行时所需的升力与控制力矩。

(3)分离机构：在制导炸弹飞行过程中，将需要分离的部分(如整流罩、战斗部壳体或蒙皮等)适时、安全、可靠地分离，分离面之间的连接装置与分离装置统称为分离机构。

(4)折叠机构：如弹翼折叠机构、舵翼折叠机构等，其功能在于可靠实现弹翼、舵翼展向尺寸的缩短和恢复。

1.4 制导炸弹结构设计的研制程序和内容

制导炸弹的研制不仅是一项多学科、多专业技术，同时也是一个典型的系统工程，要研制生产出合格的制导炸弹，必须要有一套工程研制技术程序，用以指导制导炸弹研制工作，反映研制工作的阶段性，并对于制导炸弹型号研制阶段的划分、研制过程、完成情况，都有明确的规定。各个系统严格按照制导炸弹型号研制程序进行研制，是促进制导炸弹技术发展的重要保证。同时，在研制前成立总设计师系统、质量师系统和行政指挥系统很重要，并建立责任制，建立质量管理体系、标准化管理体系等，确保型号研制顺利开展。

制导炸弹设计是一个复杂的技术过程，一般分为论证阶段、方案阶段、初样阶段、正样阶段和状态鉴定阶段，其中初样阶段、正样阶段又统称工程研制阶段。

1.4.1 论证阶段

在制导炸弹项目开始研制之前必须进行项目论证，也就是通常所讲的可行性论证。制导炸弹研制单位应根据使用方的要求，对准备研制的制导炸弹进行全面的综合论证分析，并根据各分系统前期的预研成果、技术方案的可行性分析报告、关键技术解决情况的报告和研制技术进度，提出可供选择的制导炸弹研制技术途径。

论证阶段是对使用方提出的技术指标进行论证，结构分系统论证的主要内容如下：

（1）配合使用部门进行论证分析，对制导炸弹进行作战效能分析，就结构分系统指标的合理性及指标之间的匹配性提出分析意见。

（2）进行技术可行性分析，提出结构分系统可能达到的指标、主要技术途径和关键技术，必要时，可针对可行性方案中的技术难点提出关键技术研究项目，并组织实施研究。此外，还要对研制经费进行分析。

（3）对拟采用的新技术、新材料、新工艺和解决措施进行论证。

1.4.2 方案阶段

方案阶段是型号研制最重要的阶段，也是型号研制的决策阶段，主要开展制导炸弹武器系统方案的论证、设计、气动吹风、仿真分析和验证等，确定整体技术方案。方案阶段时间是从上级机关批准型号研制立项至总体技术方案评审通过之日。

结构方案设计是完成型号研制方案论证与总体初步设计，形成方案设计报告，主要内容包括：

（1）选择和确定主要方案。根据制导炸弹结构总体布局方案、产品物理参数、弹上设备布局及安装要求、弹体结构精度分配指标等，分析论证制导炸弹结构设计方案，通过论证对结构分系统提出分系统方案，经过多轮协调，最后确定主要方案，包括舱段结构设计、舱段连接设计、舱段密封设计、弹翼设计、舵翼设计和运动机构设计等。

（2）物理参数。将制导炸弹的质量、质心和外形尺寸等要求作为结构分系统结构设计的输入。在结构方案设计过程中，结合全弹质量、质心和尺寸要求，为弹上设备等提供约束条件，为其他分系统的物理参数提供设计输入。

（3）结构误差计算。根据制导炸弹结构总体已确定的制导炸弹结构精度技术指标，开展舱段详细结构设计，确定舱段、翼片、运动机构等零部件尺寸精度及形位公差等，使其满足结构总体的精度技术指标。

（4）强度计算。产品结构方案形成后，根据气动力参数、载机过载系数等进行强度计算。强度计算与结构设计是个迭代过程，可能需要多轮计算与协调，直到满足设计要求。

（5）提出对各结构分系统初样设计的要求。各分系统方案设计要求包括弹上设备尺寸要求、电气走线与布线要求、地面保障等系统的要求。要统一、科学、协调各分系统的方案设计，保证达到总体的性能指标。

(6)进行原理样弹研制和部分原理性试验。

(7)在运动机构方案设计阶段,应对机构研制进行规划,制定试验验证措施和质量保证计划,安排机构关键技术攻关。同时,在方案初始阶段引入必要的可靠性分析手段,考虑必要的可靠性措施,以保证设计方案合理、可行。

(8)完成方案阶段评审。方案阶段评审的主要内容有:

1)审查制导炸弹结构方案的正确性、完整性、可行性和合理性,战术技术指标是否满足项目立项批复及实现技术途径的先进性、可行性和合理性;

2)审查质量大纲、可靠性大纲、环境适应性大纲、维修性大纲、保障性大纲、安全性大纲;

3)审查关键技术解决途径和风险分析报告;

4)审查采用的新材料、新技术、新工艺及其所选方案的可行性分析报告。

1.4.3 初样阶段

结构方案阶段工作结束后,转入初样阶段,结构分系统即进入按总体或总体单位提出的“制导炸弹型号研制任务书”“制导炸弹弹体结构设计方案”“制导炸弹标准化大纲”等开展技术初样设计工作,研制初样弹,为初样阶段研制提供全面、准确的数据。初样阶段的任务是用初样弹对设计方案、工艺方案进行验证,进一步协调技术参数,完善结构设计方案,为初样飞行靶试弹研制提供较准确的技术依据。此阶段的主要工作内容包括:

(1)提出各分系统初样阶段设计要求。它是建立在方案原理样机试验的基础上,经过反复协调、试验和精确计算,最后形成的对分系统设计的技术要求,如弹上设备尺寸要求、电气走线与布线要求、地面保障等系统的要求。

(2)进行结构分系统的初样设计,编写有关技术文件,如产品图样设计、弹体结构设计报告、强度计算报告和尺寸链计算报告等。

(3)完成初样阶段的加工工艺、生产准备,进行初样弹试制。

(4)初样弹总装总调。初样弹是在前期技术工作的基础上,为考验弹上设备及结构的尺寸和公差协调性及工艺装备的协调性而设计的,进行初样弹总装总调,为初样结构设计服务。

(5)初样阶段试验。此阶段主要进行全弹静力试验、机弹对接协调试验、投放试验、弹身组合振动试验、环境(摸底)试验等。

(6)进行弹体结构的可靠性建模、指标分配和预计,完成弹体结构可靠性设计与分析。

(7)完成初样研制阶段评审工作。

1.4.4 正样阶段

初样阶段工作结束后，转入正样阶段，正样阶段是通过飞行试验检验飞行靶试弹的研制工作并全面检验制导炸弹武器系统性能的阶段。

结构分系统正样阶段在修改初样设计和研制的基础上通过飞行靶试试验，全面鉴定制导炸弹武器系统的设计和制造工艺。此阶段的主要工作是进行制导炸弹弹体结构正样设计，主持或配合完成全弹正样阶段的地面试验和飞行试验。地面试验包括模态试验、电磁兼容试验、环境试验、可靠性摸底试验、振动特性试验、冲击试验等。正样靶试试验弹主要考核制导炸弹工作性能，全面检验制导炸弹武器系统性能。此阶段的主要工作内容包括：

(1)进行结构分系统的正样设计，编写有关技术文件，如产品图样设计、弹体结构设计报告、强度计算报告和尺寸链计算报告等。

(2)完成正样阶段的加工工艺、生产准备，进行正样弹试制。

(3)进行正样地面试验。

(4)按照飞行试验大纲要求，配合完成挂飞试验和靶试试验。

(5)编写型号结构分系统正样研制总结报告。

(7)完成正样阶段评审工作。

(6)提出状态鉴定阶段技术状态。

1.4.5 状态鉴定阶段

状态鉴定阶段是使用方对型号的设计实施定型和验收，全面检验制导炸弹武器系统战术技术指标和维护使用性能的阶段。通过考核制导炸弹的战术技术指标的设计定型飞行靶试试验，按有关规定完成产品状态鉴定，确定装备技术状态。此阶段的主要工作内容包括：

(1)进行结构分系统的状态鉴定设计，编写有关技术文件，如产品图样设计、弹体结构设计报告、强度计算报告和尺寸链计算报告等。

(2)完成状态鉴定阶段的加工工艺、生产准备，进行定型靶试弹试制。

(3)确定状态鉴定定型技术状态，完成状态鉴定靶试试验产品的研制工作。

(4)完成定型靶试试验产品装配及总装总调，按照“试验大纲”要求完成规定的状态鉴定试验。

(5)完成状态鉴定文件上报工作。

1.5 制导炸弹结构设计的一般要求

制导炸弹结构设计的一般原则是在满足结构强度、刚度条件下，使结构质量尽可能轻。然而，结构设计不是孤立存在的，必须综合考虑结构总体布局、气动、工艺、工作环境要求和经济性等多方面的因素。制导炸弹结构各部件功能不同，设计的技术要求也不尽相同，但设计出满足制导炸弹总体要求的最佳弹体结构是每个结构设计师所追求的目标，结构设计过程中必须遵循一些基本要求。这些基本要求可能与结构总体基本要求重复或一致，是结构设计师必须牢固掌握的。

1.5.1 理论外形要求

制导炸弹理论外形与通过结构设计加工、装配而成的产品实际外形存在误差，这种误差越小越好，以使弹体结构具有良好的气动特性，便于保证制导炸弹良好的气动升力和阻力特性、良好的操纵性和稳定性。结构总体将气动和控制分系统提出的全弹结构精度指标进行合理分配后，下发至结构分系统，结构设计师根据精度指标进行全弹结构详细设计，尽量减少实际外形相对理论外形的误差，主要包括以下要求。

(1)全弹外形准确度要求：头部整流罩、制导控制尾舱相对于弹身或战斗部的同轴度要求，弹身或战斗部中不同舱段的同轴度要求和舱段端面垂直度要求，全弹长度偏差要求，等等。

(2)弹翼相对于弹身或战斗部的安装要求：弹翼上反角、安装角要求，弹翼实际外形相对理论外形的偏差要求，展开弹翼的展开角误差要求，等等。

(3)舵翼相对于制导控制尾舱的安装要求：舵翼上反角、安装角要求，舵面实际外形相对理论外形的偏差要求。

(4)结构设计完成后，需下图加工、装配成产品，对其进行全弹水平测量，看各部件是否满足结构总体提出的指标要求。

1.5.2 强度、刚度与可靠性要求

制导炸弹结构的剖面尺寸，主要根据结构所受载荷进行设计，以保证强度和刚度要求，同时保证弹体结构可靠性也是结构设计的基本要求。制导炸弹结构

设计一般采用如下措施进行控制：

(1)进行弹体结构可靠性设计时，将载荷、材料性能、尺寸、强度等都看成是具有某种分布规律的统计量，运用概率与数理统计方法，计算弹体结构可靠度。

(2)准确而全面地进行全弹载荷计算、结构分析和强度计算。

(3)以连接件与被连接件的刚度合理匹配为原则，避免应力集中，提高疲劳强度。

(4)合理地选择结构形式，正确设计受力传力路线，使传力路径最短。

(5)合理地设计断面形状和布置支承，提高刚度。

(6)合理地选择结构材料。

1.5.3 工艺性和经济性要求

良好的结构工艺性是提高制导炸弹质量、缩短生产周期、降低成本的前提，必须从结构设计一开始就予以重视。目前，低成本是制导炸弹竞争力的一项重要指标，降低生产成本越来越受到重视。国外对某型武器的研究表明，初步设计阶段决定了70%的费用，设计试制结束决定了95%的费用，因此，结构设计在经济性方面起决定性的作用。为了保证结构工艺性和经济性，一般应采取以下措施：

(1)合理设计结构，结构形式力求简单，易于加工，加工费用低。

(2)采用整体结构形式，尽量采用复合材料以及铸造、锻造、增材制造等整体结构技术，减少装配夹具和装配工作量。

(3)提高标准化程度，如弹体结构中蒙皮、检测窗口等的标准螺钉，尽量选用统一规格，提高效率。

(4)装配中正确采用补偿措施，以改善装配性能，消除装配应力。如骨架蒙皮结构中，骨架与蒙皮的间隙采用工艺垫片。

(5)尽量选用成本低、易于加工的材料，如钢、铝等。

(6)在满足结构总体的精度指标的前提下，尽量合理确定零件尺寸精度、表面粗糙度、热处理状态、表面处理要求及配合精度。

1.5.4 工作环境要求

制导炸弹承受的环境较为恶劣，其环境条件包括高温、高湿、盐雾、低温、低气压、振动冲击、霉菌和电磁干扰等，将制导炸弹内部的弹上设备直接暴露在这些环境中，显然会降低制导炸弹的寿命，也不利于保证制导炸弹的使用可靠性和贮存可靠性。结构布局安排中，要考虑制导炸弹各个分系统弹上设备的特殊要求，使它们具有良好的工作环境适应性，能够正常、可靠地工作。

(1)弹体密封设计。目前，制导炸弹弹体密封一般要求为水密。水密要求不透水，能防止外界水分、盐雾进入弹体内部，用于防护湿度、盐雾、霉菌和沙尘等。按接触面间的相对运动，密封分为静密封和动密封。接触面间的密封可采用密封件和密封胶。弹体上常用密封材料分为固体密封材料(硫化硅橡胶等)、液体密封材料(硅橡胶等)等，利用固体密封材料可以制成各种剖面的密封圈，如O形密封圈、矩形密封圈、V形密封圈、U形密封圈、T形密封圈或异形密封圈等。

(2)减振措施及合理的连接设计。制导炸弹在运输、挂机飞行及自主飞行过程中必然会受到持续的振动、冲击等力学环境的影响，对一些较为敏感的弹上设备应采取减振措施，合理设计弹上设备与弹体的连接方式，减少结构间由振动等因素引起的相互间位移，避免出现结构件碰撞等问题，减少因振动、冲击等力学环境原因造成的结构破坏。

(3)电磁环境防护。制导炸弹中的惯性器件等弹上设备要求精度高，承受电磁干扰能力差，应采用屏蔽或隔离措施，保护其正常工作。尽量减少弹体表面窗口数量，减少弹体结构间的装配间隙，使弹体结构形成一个完整连续的导电体。制导炸弹舱段装配间存在间隙或结构表面防护处理等，会使弹体结构不能形成一个完整连续的导电体，目前在制导炸弹结构设计中采用搭接线的方式解决该问题。

1.5.5 使用维护要求

制导炸弹是长期贮存，一次使用，并且要定期检查、维护、维修的产品。因此，制导炸弹结构是否便于使用、维护是衡量弹体结构设计好坏的重要标志之一。

制导炸弹在总装和地面勤务训练过程中，弹体上的吊耳、支承点等支承部位都承受较大的集中载荷。支承点位置和支承结构形式直接影响弹体结构的受力和承力、传力结构的设计。同时，制导炸弹起吊、运输、挂机飞行训练等勤务设备所承受的制导炸弹的重量和过载也很大。因此，弹体结构设计对地面勤务设备的结构设计有直接的影响，必须在制导炸弹使用、维护过程中加以考虑。

由于制导炸弹支承结构设计与制导炸弹的总装总调和勤务训练等地面使用密切相关，确保结构工作可靠性和使用绝对安全性，是设计人员应首先考虑和遵循的原则。对于制导炸弹结构设计而言,应制定、实施制导炸弹使用操作的结构总体方案,为有关使用、维护、操作的结构设计提供设计条件和协调要求,同时为弹体有关舱段结构设计提供技术要求和设计条件。支承形式设计的主要内容包括支承点位置、支承部位的结构形式等。

针对制导炸弹的使用、维护过程,其结构设计应满足如下要求:

(1)制导炸弹结构应能承受恶劣的自然环境、工作环境,并能在规定的时间满足质量要求。

(2)危险部位应有保证地面操作安全的措施。

(3)制导炸弹在勤务训练、维护、飞行训练、作战时要求操作安全、迅速、方便。

(4)在定期检测中制导炸弹结构应拆装方便,易于更换弹上设备。

1.5.6 质量、质心控制要求

制导炸弹总体设计过程复杂,涉及的专业多,需要多轮协调设计才能得到理想的设计参数。制导炸弹的质量、质心是制导炸弹最为重要的参数,属于制导炸弹的原始参数,是制导炸弹弹道、气动、控制等设计的基础。制导炸弹质量、质心控制的意义在于:在制导炸弹设计初期,选择一个合理的、有预见性的质量和质心加以控制,并贯穿到制导炸弹研制的整个过程。要精确控制制导炸弹的飞行轨迹,首先要精确了解制导炸弹的质量特性参数(质量、质心、转动惯量等)。制导炸弹的质量、质心、转动惯量等为制导炸弹的飞行姿态和理论计算提供了重要的基础参数,因此,对它们进行控制和测量是至关重要的。制导炸弹设计一般具有继承性,即使是设计新概念制导炸弹,其研制过程也可以充分借鉴国内外现有的制导炸弹的经验数据和设计准则,根据国内工业能力能够达到的水平,在考虑制造成本的情况下,对制导炸弹各分系统的质量、质心进行预测。根据制导炸弹结构特点及研制经验发现,制导炸弹的初始质心位置一般控制在全弹长度的40%~50%,制导炸弹的质量公差往往由零、部、组件公差决定,零、部、组件公差参照相应的国家行业标准或国家军用标准。

可以通过以下几方面的工作进行制导炸弹质量、质心的控制:

(1)合理设计制导炸弹的承力结构。

(2)合理设计制导炸弹的刚度。

(3)正确选择载荷。

(4)合理地规定结构强度设计安全系数。

1.6 制导炸弹结构材料与选用原则

选择材料也是制导炸弹结构设计的重要环节。制导炸弹要求结构紧凑、重量轻，应根据制导炸弹的特点、结构功能、成本以及工艺性等因素来选择材料，根据制导炸弹使用状态下的应力、温度及寿命要求等确定结构件的壁厚和质量，因此材料选用对于制导炸弹的性能是至关重要的。弹体所用材料的品种多、性能各异，按材料的性质可分为金属材料、非金属材料和复合材料，按材料在弹体结构中的作用可分为结构材料和功能材料。结构材料主要用于承受载荷，保证结构强度和刚度，如舱体、接框或安装弹上设备的支承等，它们常常是一些性能较高的金属材料(合金钢、铝合金)。功能材料主要是指在密度、膨胀系数、导电、透无线电波、耐磨、绝热、防锈、耐腐、吸振和密封等方面有独特性的材料，这些材料常常是非金属材料，如高温陶瓷、光学玻璃、橡胶、塑料、黏结剂和密封剂等。

选择材料要综合考虑各种因素，选用的主要原则是有足够的强度、刚度和断裂韧性，重量轻，具有良好的环境适应性、加工性和经济性。

(1)充分利用材料的机械及物理性能，使结构重量最轻。为满足这一要求，对有强度要求的构件选用比强度高的材料。合金钢、镁合金和铝合金的比强度大致相当，而钛合金的比强度最大，但基于对价格和加工性能的考虑，通常不选用钛合金作为弹体结构的主体材料。

对非受力构件，由于它们的剖面尺寸一般由构造要求或工艺要求来决定，要减轻它们的重量则应选用密度小的材料，如铝合金、镁合金、复合材料和塑料等。采用铝合金材料时应尽量去除无用重量；镁合金的密度更小，由于结构防腐蚀、成本等原因，目前在弹体结构材料中也很少采用。

(2)所选用材料应具有足够的环境适应性，也就是要求材料在规定的使用环境条件下具有保持正常的机械、物理、化学性能以及耐腐蚀高、不易脆化的能力等。

(3)所选用的材料应具有良好的工艺性能。材料的工艺性能包括成形性、切削性、焊接性、铸造性及锻造性能等。它体现对材料使用某种加工方法或过程获得合格产品的可能性或难易程度。因此，材料的工艺性能如何，会影响制导炸弹的生产周期和生产成本。

(4)选用的材料成本要低，且来源充足，供货方便，立足于国内。尽量选用国家已定制标准、规格化的材料，同一产品中选用的材料品种不宜过多，应尽量避免采用稀有的昂贵材料。

(5)相容性设计。相互接触的不同非金属材料间、金属与非金属材料间或不同金属材料间,应具有良好的相容性,不应产生损伤材料物理、力学性能的化学反应,如渗透、溶胀、电化学腐蚀和氢脆等。当不可避免时,应采取材料表面处理、隔离等防护措施。

1.7 制导炸弹结构设计的发展趋势

制导炸弹结构设计不是孤立地进行产品结构设计,而必须从满足全弹总体设计的要求出发,与总体设计密切配合,进行全弹结构总体设计。在保证总体设计最佳布局的前提下,形成既满足总体设计要求,又满足结构设计要求,且各部分相互协调的弹体结构方案。总体参数设计的主要任务是给出制导炸弹基本雏形,结构设计是根据基本雏形完成制导炸弹实体化设计,二者同步启动、并列进行,彼此制约、相辅相成。以往制导炸弹结构设计主要通过串行式的"静态、合格、确定性设计"选定满足总体参数要求的最佳结构方案,结果往往带有较大的局限性、盲目性、反复性,致使方案修改频繁、设计周期长,进而影响制导炸弹总体技术方案。在此背景下,具有并行式的"动态、优化、可靠性设计"的结构设计应运而生,由于能降低研制成本,缩短研制周期,这一设计思想更有助于提高制导炸弹结构设计能力。

随着科学技术的快速发展,制导炸弹也在不断地更新换代,弹体结构、材料、设计方法等也不断改进。目前,其发展趋势大致有以下几点。

(1)制导炸弹结构方面:要求结构模块化、通用化、标准化,便于系列化;便于挂机,广泛采用折叠式结构,如折叠弹翼、折叠舵翼等;由单一领域向复合领域拓宽,如空海一体化作战等,弹体结构防腐蚀越来越受重视;整体式结构程度不断提高,如整体铸造舱段得到越来越广泛的应用。

(2)材料方面:大量采用传统的铝合金、钢质材料等作为基础材料;高强度结构钢在受力严重的关键部位应用越来越多;钛合金、镁合金在制导炸弹逐步开始使用;复合材料在弹体结构中越来越受欢迎。

(3)设计方法方面:越来越广泛地采用结构优化设计、有限元法、结构可靠性设计等;在结构优化设计方面,多目标综合结构优化设计、模糊优化设计越来越受到重视;结构可靠性设计由静态设计向动态设计转变;广泛采用结构三维设计,如UG、Pro/E(均为三维计算机辅助设计软件)等;结构隐身设计已崭露头角。

第2章
弹身设计

2.1 概　　述

弹身通常指的是制导航空炸弹的封闭段，用于装载制导炸弹的有效载荷，安装吊耳(滑块)各翼面及舵面、电缆、弹上设备等。它是制导炸弹的主体，一般由头部整流罩、战斗部舱、制导控制尾舱等组成，其中战斗部舱为弹身的有效载荷。弹身重量在制导炸弹总重量中占比大，需要充分考虑弹身的减重，以提高弹身的有效载荷比。弹身的有效载荷比 λ 为

$$\lambda = W_1/W_2 \tag{2-1}$$

式中　λ—— 弹身的有效载荷比；

W_1—— 战斗部的重力；

W_2—— 弹身的重力。

弹身结构设计时，需要考虑以下几方面问题：

(1)满足全弹的气动外形。弹身的外廓线应与总体给定的理论外廓线一致；弹身的气动外缘公差应满足相应规范，一般气动迎风面要较光滑；选用合理的连接形式，保证部件对合处、窗口盖板、蒙皮等对缝间隙阶差满足要求，螺钉、铆钉等连接件凸出量在允许范围内。

(2)合理确定弹身的设计分离面与工艺分离面。设计分离面主要是要满足使用、维护要求，即设计分离面的连接要便于在使用、维护中迅速拆装，且具有

可靠的定位结构，一般都采用可卸连接，并要求具有互换性。工艺分离面是根据生产工艺装备水平而定的，凡是能单独平行装配的部件，其分离面只在制导炸弹制造中起作用，一般采用不可卸连接。

(3)在制导炸弹生命周期的不同阶段，弹身受力各不相同。在制导炸弹贮存、运输阶段，弹身主要承受支撑处的支反力；在挂机飞行阶段，弹身主要承受制导炸弹各翼面所传递的气动载荷、弹身吊耳处的悬挂载荷以及挂架给弹身的防摆止动载荷等；在载机投放及自由飞行阶段，炸弹主要承受载机挂架投放给弹身的弹射载荷及相关折叠机构动作时的冲击过载、翼面传递的气动载荷。自由飞行阶段弹身内部装载物的质量力、各空气动力面传来的空气动力和质量力，以及起吊、运输、支撑处的作用力等，常以集中力的形式作用于弹身。可以看出，制导炸弹弹身在不同阶段所受载荷不尽相同，载荷形式多样，且以集中载荷为主，受力较为复杂，因此弹身应有足够的强度与刚度。

(4)在制导炸弹的生命周期内，会经受高温、低温、湿热、盐雾、霉菌和沙尘等较为恶劣的自然环境。为了满足全弹长期贮存、作战使用的要求，弹身设计时，应设计合理的密封结构，使战斗部、弹上关键设备具有良好的密封环境，保证制导炸弹可靠工作。

(5)制导炸弹在使用周期内，应具有良好的可维修性。

2.2 弹身结构形式

2.2.1 头部整流罩结构形式

头部整流罩位于制导炸弹头部，用于对全弹进行整流，头部整流罩外形通常为尖拱形、抛物线形、半球形和圆锥形等，以减小气动阻力。根据制导炸弹功能需要，头部整流罩前端可安装导引头、引信旋翼等设备或器件。

头部整流罩主要设计要求：①具有良好的气动外形，气动阻力小；②具有足够的强度和刚度；③有密封措施。

头部整流罩通常为整体式结构，采用钢或铝材料整体加工成形，外表面为光滑的气动外形，内表面为减重而加工成空腔。近年来，随着精密铸造技术的发展，整体铸造结构在制导炸弹头部整流罩结构设计中得到广泛应用，整体铸造结构具有重量轻、批量生产、成本低、效率高等特点，同时，整体铸造结构还可在头部整流罩上制造出前翼安装座等异形结构。某产品整体铸造头部整流罩如图2-1所示。

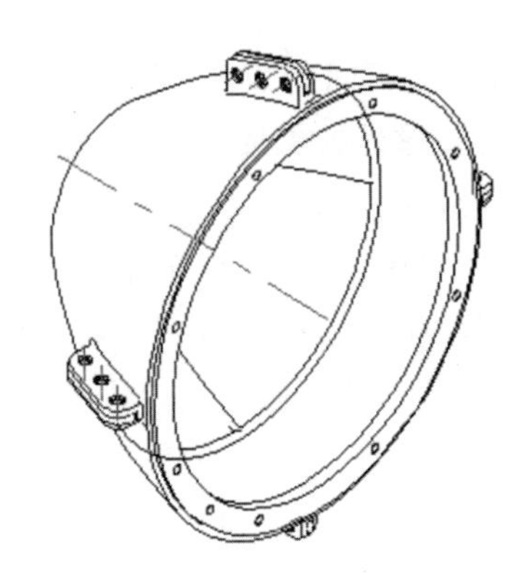

图 2-1　某产品整体铸造头部整流罩

头部整流罩主要承受制导炸弹飞行时的气动载荷，由于气动载荷较小，对结构强度要求较低，目前越来越多的头部整流罩采用成本低、重量轻的玻璃钢复合材料制造。国内某制导炸弹的头部整流罩结构如图2-2所示，该结构头部整流罩主体采用玻璃钢制造，通过铝合金连接框实现与战斗部精准对接，玻璃钢罩后部与铝合金连接框通过胶接加铆接方式进行连接。

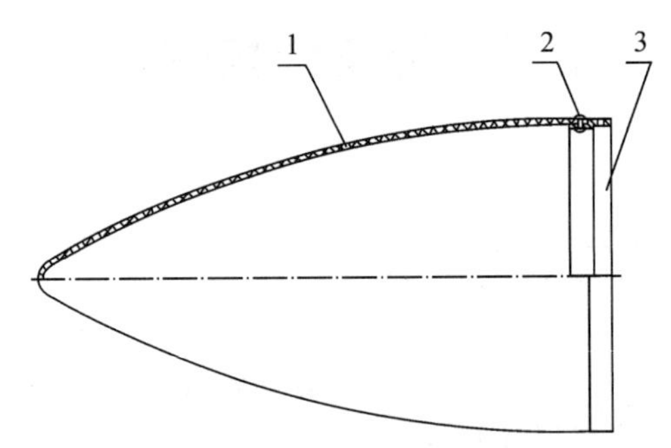

图 2-2　一种复合材料头部整流罩结构示意图

1—玻璃钢罩；2—铆钉；3—铝合金连接框

2.2.2　战斗部舱结构形式

战斗部舱是制导炸弹的作战载荷单元，战斗部舱按其截面一般可分为圆形截面及方形截面两种。目前国内外制导航空炸弹采用圆形截面战斗部舱的制导航空炸弹种类多，采用方形截面的相对较少，如美国的JSOW制导炸弹战斗部舱就是采用方形截面。

根据战斗部类型不同，战斗部舱结构形式一般可划分为以下几种。

1.整体式战斗部舱

整体式战斗部舱是一种应用最广的战斗部舱结构形式，直接以战斗部为舱段主体。此类战斗部通常为爆破战斗部、杀爆战斗部、侵彻战斗部等，其外壳壁通常较厚，可连接其他部件，承担全弹各种载荷。如美国大部分的“宝石路”及JADM系列制导炸弹均采用整体式战斗部舱结构。

整体式战斗部舱结构简单，吊耳、载机接口电缆等弹上附件直接安装固定在战斗部上，战斗部前、后端面可与头部整流罩、制导控制尾舱进行连接。图2-3为某整体式战斗部舱结构。

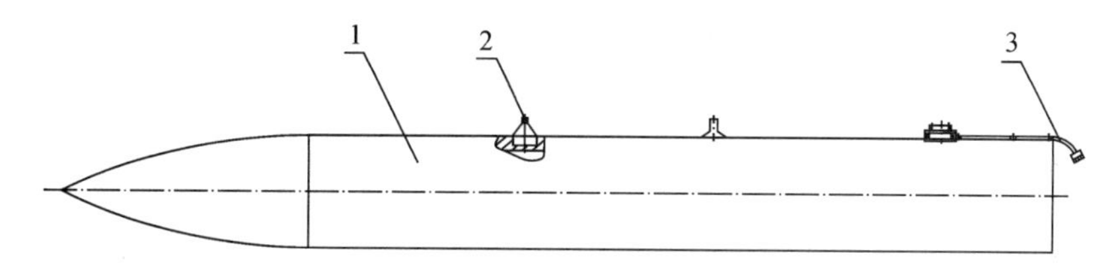

图2-3 整体式战斗部舱结构示意图

1—战斗部；2—吊耳；3—载机接口电缆

2.子母战斗部舱

子母型制导航空炸弹是一类品种较多的航空炸弹，一枚母弹平台内可装填数枚至数百枚的小子弹，炸弹飞至目标点上空时，将各枚小子弹一次或多次抛撒出来，使子弹药形成一定的散布面积和散布密度，依靠子弹药来摧毁目标。典型产品如美国CBU-105风修正子母炸弹等产品，如图2-4所示。

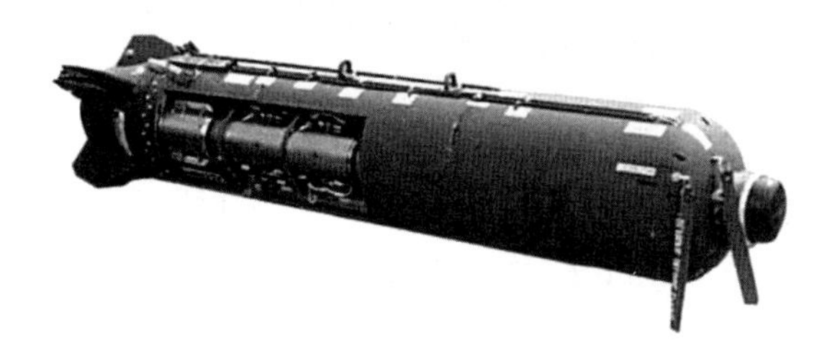

图2-4 CBU-105风修正子母炸弹

子母战斗部舱结构相对较为复杂，一般由开舱装置、抛撒机构、承力框架、子弹药、子弹箍带和蒙皮等组成，如图2-5所示。其中：承力框架与子弹箍带用于安装、固定子弹药；蒙皮维持制导炸弹良好的气动外形，并承受飞行过程中的气动载荷；开舱装置用于在指定时刻将制导炸弹外蒙皮打开，为子弹药抛撒分离让开通道，开舱装置可采用机械、火工等方式；抛撒机构在蒙皮打开后，按指定时序依次将各子弹药抛撒出去。

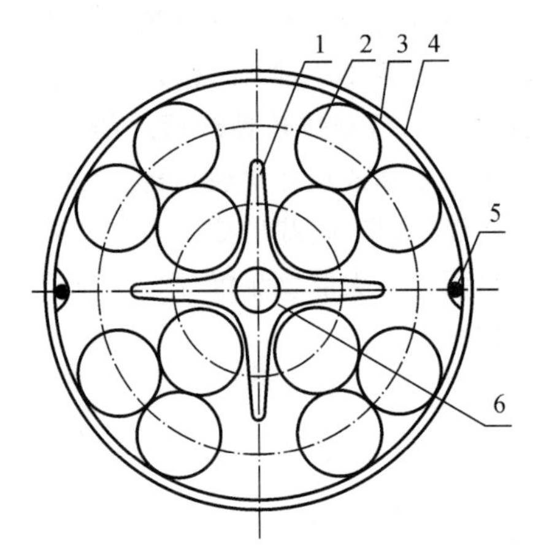

图 2-5　子母战斗部舱结构图

1—承力框架；2—子弹药；3—子弹箍带；4—蒙皮；5—开舱装置；6—抛撒机构

3.次口径战斗部舱

次口径战斗部是一种新型侵彻战斗部，其侵彻战斗部外径比制导炸弹整体外径要小，使战斗部侵彻过程中所遇到的阻力更小，从而具有更高的侵彻深度，如美国的 BLU-116(见图 2-6)。

图 2-6　BLU-116 次口径战斗部

次口径战斗部舱外壳通常较薄，用于维持制导炸弹气动外形，战斗部舱外表局部加强，以便安装吊耳等机弹接口，并固定内部侵彻战斗部，战斗部舱前、后端面分别留有与头部整流罩、制导控制尾舱的连接接口。

图 2-7 是一种典型次口径战斗部舱布局结构，可见其主要由侵彻战斗部、支撑环、剪切销、吊耳、蒙皮等组成。吊耳安装在支撑环上，支撑环为半圆形，共 4 块，支撑环主要用于支撑和固定侵彻战斗部，支撑环与侵彻战斗部之间装有剪

切销，防止运输、使用过程中侵彻战斗部轴向窜动。

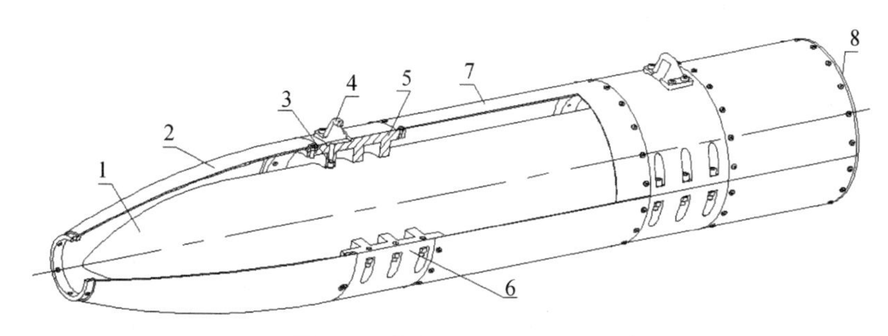

图 2-7 某次口径战斗部舱结构

1—侵彻战斗部；2—头部整流罩；3—剪切销；4—吊耳；5—上卡箍；6—下卡箍；7—蒙皮；8—后连接框

剪切销的设计是次口径侵彻战斗部设计的关键，需合理确定剪切销的直径与数量。剪切销一般取 2 个或 4 个，剪切销的直径与数量相关，直径选取过小则可能导致炸弹挂机飞行时过载较大而使侵彻战斗部从战斗部舱脱落，直径选取过大则会增大战斗部侵彻目标时的阻力，影响侵彻性能。

剪切销的剪力为战斗部质量与轴向过载的乘积，有

$$n \cdot [\tau] \cdot s = f \cdot m \cdot a_{\max} \tag{2-2}$$

$$s = \frac{f \cdot m \cdot a_{\max}}{n \cdot [\tau]} \tag{2-3}$$

式中 n—— 剪切销的数量，取 2 或 4；

$[\tau]$—— 剪切销许用剪应力，MPa；

s—— 剪切销剪切面积；

f—— 剪切销安全系数，一般取 4 ～ 8；

m—— 侵彻战斗部质量；

$a_{\max}$—— 炸弹飞行时的最大轴向过载。

2.2.3 制导控制尾舱结构形式

制导控制尾舱位于制导炸弹尾部，舱内部安装惯性导航（简称"惯导"）系统、弹载计算机、综合控制（简称"综控"）装置、卫星接收装置等制导设备，以及舵机、舵机控制盒等控制设备，在外部安装舵翼、尾翼等气动力面。图 2-8 为某制导炸弹制导控制尾舱设备安装图。

制导控制尾舱根据设备大小、安装操作需要可分为制导舱、控制舱，但随着

设备小型化、一体化技术的发展，将各设备集成到一个制导控制尾舱内安装可减轻结构重量，降低生产成本，是制导航空炸弹发展的趋势。

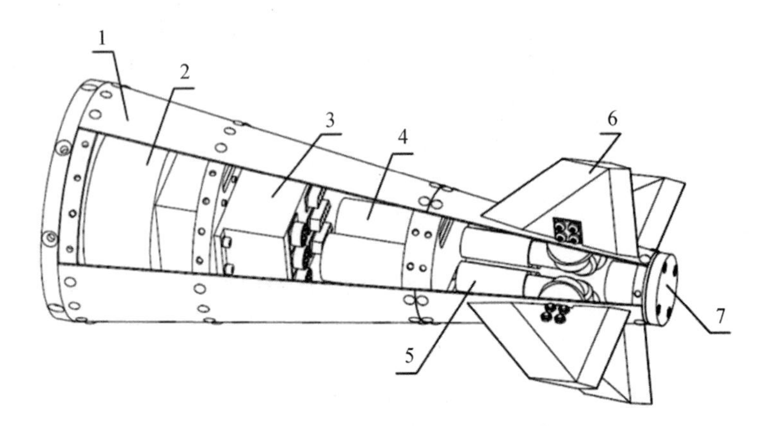

图 2-8　某制导炸弹控制尾舱设备安装图

1—制导控制尾舱舱体；2—制导组合体；3—电气综控装置；
4—热电池；5—舵机；6—舵翼；7—卫星接收天线

制导控制尾舱舱体一般可分为蒙皮骨架结构与整体式结构，蒙皮骨架结构根据承力方式又可分为硬壳式结构、桁条式结构、桁梁式结构。蒙皮骨架结构通过蒙皮与隔框、梁等结构组成承力框架，内部设置有设备安装框，以安装惯导、弹载计算机等设备。该结构成本较低，但生产过程周期较长，装配劳动强度较大。整体铸造式舱体一般采用高强铝合金精密铸造成形，一般壁厚 3～5 mm，内部分布环向和纵向加强筋。

1.制导控制尾舱舱体骨架蒙皮式结构

(1)硬壳式结构。这种结构的特点是没有纵向加强元件，整个舱段仅由蒙皮和隔框组成，构造简单，装配工作量少，气动外形好，容易保证舱段的密封，有效容积大；缺点是承受纵向集中力的能力较弱，不宜开设窗口，若必须开窗口，一般应在挖去蒙皮区域的周边设计加强区域。硬壳式结构适用于直径较小的弹身，因为圆柱形蒙皮的临界应力随炸弹直径的增大而降低，弹径越大，材料的利用率越低，结构重量越大。图 2-9 是某制导炸弹制导控制尾舱结构布局，制导控制尾舱舱体采用蒙皮骨架式结构。

前安装框与战斗部舱后端套接后，轴向用螺钉紧固，前安装框、隔框、连接框通过蒙皮Ⅰ铆接成一体，蒙皮Ⅱ前端与连接框铆接，后端与后安装框铆接，隔框上设有安装固定制导组合体、电气综合控制装置用的螺纹孔，连接框上加工有热电池螺纹安装孔，后安装框后端开有螺纹孔，用于安装卫星接收天线。

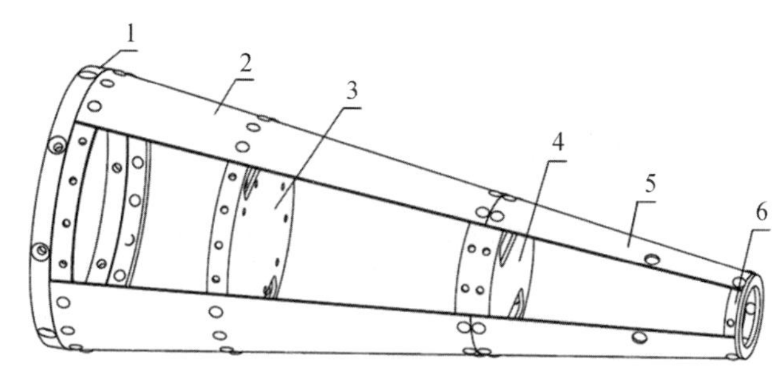

图 2-9 蒙皮骨架式制导控制舱体结构

1—前安装框；2—蒙皮Ⅰ；3—隔框；4—连接框；5—蒙皮Ⅱ；6—后安装框

(2)梁式结构。在梁式结构中，梁是主要承力件，承受轴向力和弯矩；蒙皮一般用于承受作用在弹身上的局部气动载荷、剪力和扭矩，因此蒙皮厚度较薄。当舱段需承受较大的纵向集中力或局部开大窗口时，常采用此结构。梁式结构示意图如图 2-10 所示。

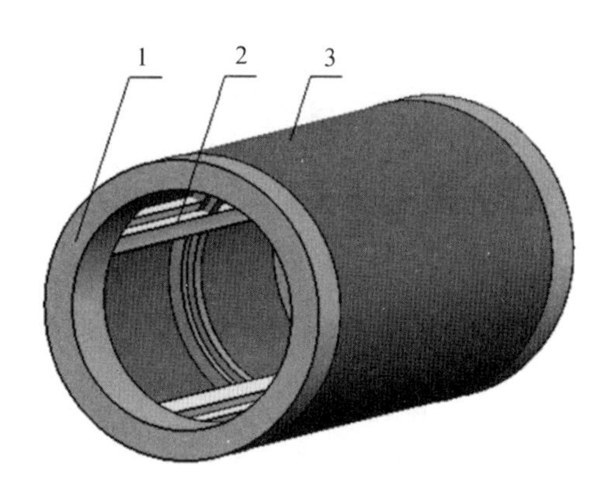

图 2-10 梁式结构

1—接框；2—梁；3—蒙皮

(3)桁条式结构。这种结构的典型桁条式结构横剖面如图 2-11 所示。其桁条布置较密，能提高蒙皮的临界应力，从而使蒙皮除了能承受弹身的剪力和扭矩外，还能与桁条一起承受弹身的轴向力和弯矩。与梁式结构相比，这种结构的材料大部分分布在弹身剖面的最大高度上，当结构重量相同时，该结构的弯曲和扭转刚度大。其缺点是舱体上不宜开大窗口，因为大窗口会切断较多的主要受力元件——桁条。为了弥补由开设窗口引起的强度削弱，开口处需要加强，这要增加结构重量。另外,由于桁条剖面比梁剖面弱得多,不宜传递较大的纵向集中力。

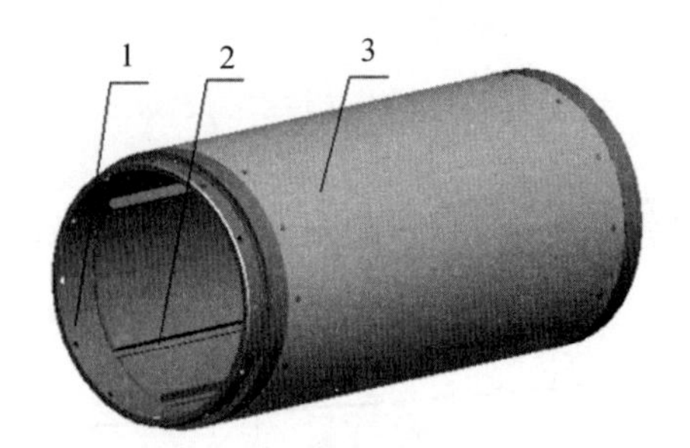

图 2-11 桁条式结构

1—接框;2—桁条;3—蒙皮

(4)桁梁式结构。桁梁式结构是梁式结构与桁条式结构的折中结构,由较弱的梁(也称桁梁)和桁条、蒙皮、隔框组合而成,轴向力和弯矩主要由梁和桁条共同承受,蒙皮只承受剪力和扭矩。其特点是便于在桁梁之间开设窗口,能充分发挥各构件的承载能力,结构重量较轻,适用于重型制导炸弹。桁梁式结构示意图如图 2-12 所示。

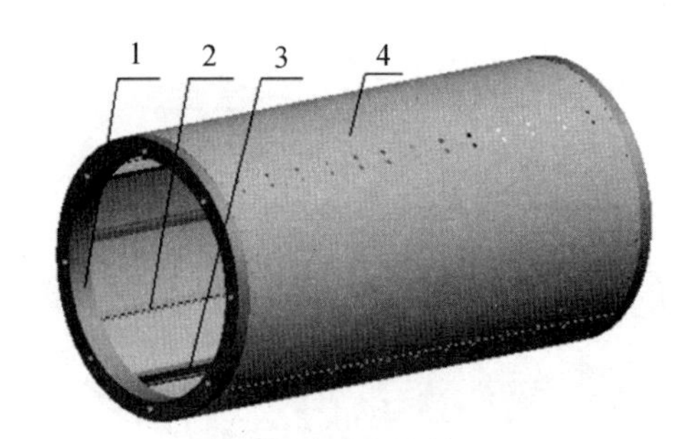

图 2-12 桁梁式结构

1—接框;2—桁条;3—桁梁;3—蒙皮

2.制导控制尾舱舱体整体式结构

整体式结构是将蒙皮和骨架(梁、框、桁条)元件加工成一体的结构形式。这种结构形式除了具有硬壳式结构的优点外,还具有强度和刚度好、结构整体性好、装配工作量少、外形质量高等优点。这种结构受加工条件限制,主要用于直径不大的制导炸弹舱体。

整体结构舱段的具体形式主要有机械加工圆筒结构、铸造结构、机械加工或化铣板材焊接结构和旋压壳体结构等。

随着兵器行业对轻量化的要求日益迫切,越来越多的制导炸弹舱体开始采用减重效果明显的大型薄壁铝合金铸件。整体铸造式舱体一般采用高强铝合金精密铸造成形，壁厚 3～5 mm，内部分布环向和纵向加强筋，铸造有设备安装面。铸造式舱体铸造完成后，为满足精度要求，一般还需要加工对接面、舵机安装面，以及相关定位销、螺纹孔等。某制导炸弹整体铸造式舱体如图 2－13 所示。

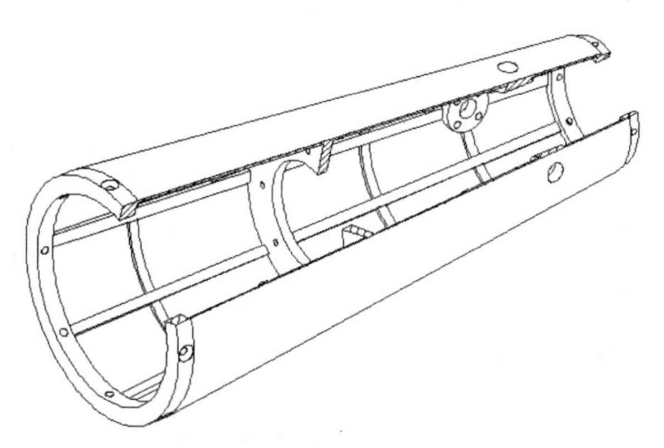

图 2－13 整体铸造式舱体

2.3 弹身结构连接

为了制造、装配、维护、贮存的方便，将制导炸弹弹身划分为若干舱段，各舱段之间一般为可拆卸式连接，这些舱段的连接必须符合若干严格的要求，才能保证弹身结构的完整性、可靠性。舱段的连接是结构设计的关键，如果舱段连接结构上有缺陷，连接不准确或者连接性能不好，都会影响到制导航空炸弹的飞行性能，舱段连接一般应考虑以下因素：

(1)连接尽量简单可靠，拆装方便，在满足安全系数的要求下重量轻。

(2)应合理安排受力构件和传力路线，使载荷合理地分配和传递，减少或避免构件受附加载荷，尽量不影响舱段结构件的承载性能，必须保证连接结构在制导炸弹使用过程中具有足够的强度、刚度及结构可靠度。

(3)各舱段的连接精度满足要求。舱段连接时，会产生位移偏差、弯曲偏差、扭转偏差，分别由 $\Delta\alpha$、$\Delta\varphi$、$\Delta\psi$ 表示，如图 2－14 所示，各偏差应满足制导炸弹制造精度要求。

(4)舱段连接满足互换性的要求。

(5)具有良好的密封性，以保证舱内设备、装药等处于良好的工作状态。

(6)连接结构应有良好的加工工艺性。

(7)避免舱体结构的平面部位与曲面蒙皮连接,产生装配间隙。紧固件连接时会产生压紧作用而使装配间隙消失,蒙皮将产生装配应力。

(8)对有密封要求的舱段,应选择密封性能良好的结构形式。

常见的连接形式有套接、对接、螺纹连接、卡环式连接等。

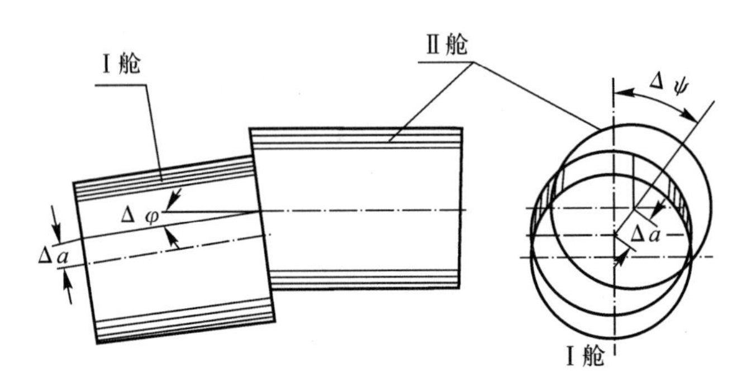

图 2-14　舱段连接可能造成的偏差

2.3.1　套接

套接常用于圆形截面舱段连接,利用相邻舱段内外表面相互配合进行套接,然后沿圆周用径向螺钉连接固定。套接的形式很多,可以直接由连接框套入配合,也可以通过铆钉在舱段上的衬套上连接。内框上可以利用托板螺母浮动自锁螺母,也可以直接在内框上加工螺纹;对于需多次拆装的铝合金、镁合金舱段,可以在螺纹孔内加装钢丝螺套,以提高连接强度。

采用套接的连接方式,除了舱段口部布置连接通孔外,舱段强度未被削弱,且 3 个连接偏差($\Delta\alpha$、$\Delta\varphi$、$\Delta\psi$)易于控制。另外,连接通孔沿径向分布,开敞性好,加工比较容易。然而,由于套接的配合面大,当弹径较大且连接处刚性较差时,零件的圆度公差很难保证,影响配合精度,造成装配困难。因此,在实际研制中,制导炸弹舱段的套接结构一般用于直径小于 300 mm 的配合,为了便于拆卸,同时保证配合精度,制导炸弹常用的套接一般选用基孔制配合。当精度要求较高时,直径小、刚度大的舱体配合一般选取 H8/f8、H8/e8;直径大、刚度差的舱体可选用 H10/d10、H11/c11 配合。不管采用哪种装配精度,首先应满足结构总体精度指标。舱段套接时不能过紧,也不能过松,既要保证相邻舱段的同轴度,又要便于拆装。

制导炸弹舱段套接常用的结构如图 2-15～图 2-17 所示。

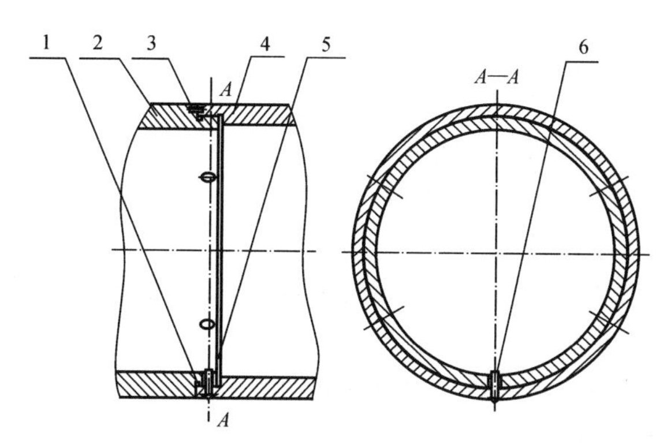

图 2-15 舱段套接结构(一)

1—密封圈;2—舱体Ⅰ;3—定位销;4—舱体Ⅱ;5—钢丝螺套;6—螺钉

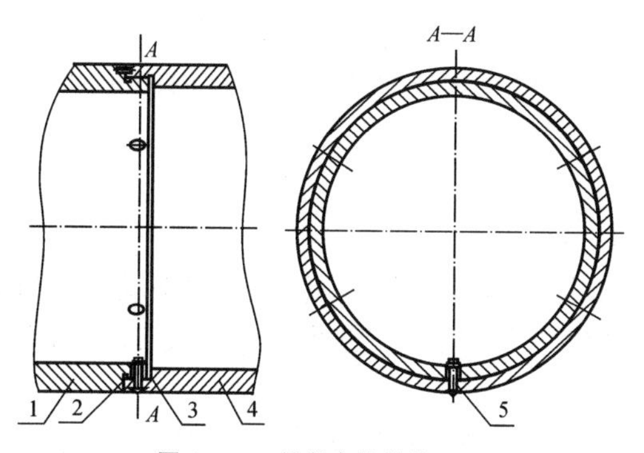

图 2-16 舱段套接结构(二)

1—舱体Ⅰ;2—密封圈;3—托盘螺母;4—舱体Ⅱ;5—螺钉

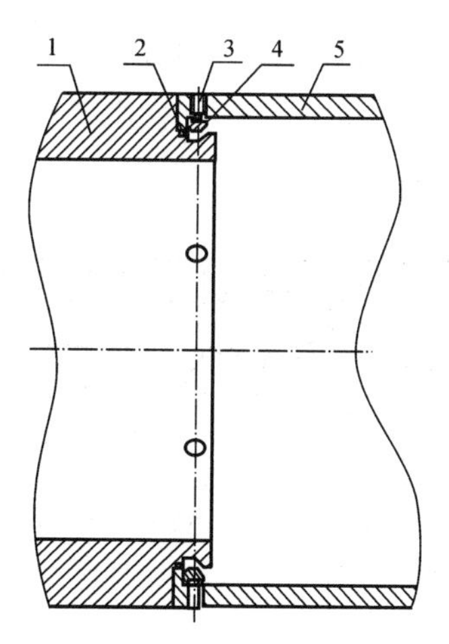

图 2-17 舱段套接结构(三)

1—舱体Ⅰ;2—密封圈;3—楔块;4—螺钉;5—舱体Ⅱ

套接结构的优点：

(1)在弹体外部安装连接件，操作性好；

(2)结构简单，连接部位结构重量轻；

(3)螺钉数目多，传力分散、均匀。

套接结构的缺点：

(1)对于大直径的薄壁舱段，其结构刚性差，加工变形量大，以致难以保证套接配合面的尺寸公差；

(2)连接刚度低，使全弹横向自振频率下降；

(3)密封效果不理想；

(4)配合面加工精度要求高。

此外，这种结构形式的连接螺钉受到剪切力作用，受力状态欠佳，为了提高连接强度和刚度，连接螺钉数量必然较多，则安装协调性差，装配工作量大。因此，这种连接结构形式适合在弹体直径较小和对接面受力不大的弹体上采用。

2.3.2 对接

两舱段端面对合后，采用沿圆周分布，与全弹轴线平行或不平行的螺栓连接固定称为对接，常用的对接连接形式包括螺柱式轴向连接、斜向盘式连接等。

1.螺柱式轴向连接

螺柱式轴向连接是一种较通用的对接方式，如图 2-18 所示，其适用于圆形截面或非圆截面舱段的连接。该连接方式连接刚性较好、操作简单，尤其在弹径大于 300 mm 的场合应用较多。

为了保证公差配合的要求，对接面一般采用一面两销的定位方式，定位销的配合精度一般采用 H8/e8、H8/f8。螺栓与螺孔之间有间隙，螺栓沿圆周分布的位置公差不大于±3′，垂直度不大于 0.05/100。

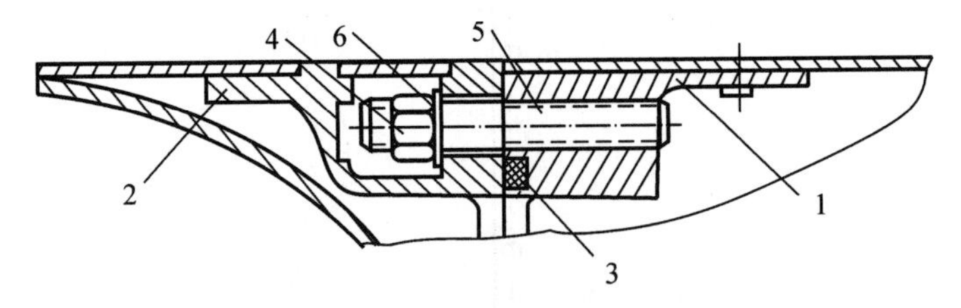

图 2-18 螺柱式轴向连接结构

1—连接框 1；2—连接框 2；3—密封圈；4—螺母；5—双头螺柱；6—弹垫

螺柱式轴向连接结构的优点：

(1)连接方便，拆装迅速；

(2)传力可靠,连接刚度好;

(3)密封效果好。

螺柱式轴向连接结构的缺点:

(1)槽型框传力不佳,需要进行结构局部加强,因而结构质量比其他结构形式大,且加工较复杂;

(2)两定位销之间的距离精度要求高;

(3)舱段连接结构径向占据空间大,结构重量重,弹径较小时不适用。

由于这种结构形式对接操作容易,因此在制导炸弹上应用比较广泛。

2.斜向盘式连接

斜向盘式连接的螺栓相对于弹身轴线有一定的倾角,该倾角一般在15°~20°范围内。连接螺栓倾斜布置的目的是便于从舱体外面拧入螺栓,其结构如图2-19所示。

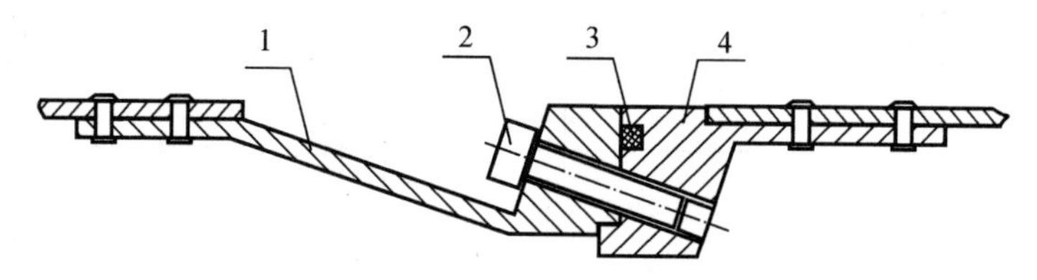

图2-19 斜向盘式舱段对接结构

1—舱体Ⅰ;2—螺栓;3—密封圈;4—舱体Ⅱ

斜向盘式连接的优点:在弹外进行连接,操作方便。

斜向盘式连接的缺点:

(1)对接框形状复杂;

(2)对接结合面的尺寸精度和斜孔位置精度等要求较高,因而加工难度较大;

(3)斜向螺钉受力较复杂,除受轴向力外,还承受弯距。

因此,斜向盘式连接一般只在要求外部快速连接和拆卸而承受载荷不大的弹体结构上采用。

2.3.3 螺纹连接

螺纹连接是指在两个舱段连接处分别加工出内、外螺纹,直接用螺纹进行连接、固定的方式。为了防止松动,两舱段连接好后用紧固螺钉固定,螺纹连接结构如图2-20所示。

螺纹连接的优点:

(1)结构简单,可承受较大载荷;

(2)连接方便,尤其适用于弹径较小的一些制导炸弹。

螺纹式连接的缺点：

(1)由于螺纹连接不可避免地有间隙，要求螺纹连接同时保证折弯、错移和扭转三个偏差不超过允许值较为困难；

(2)螺纹连接保证扭转偏差 $\Delta\psi$ 有一定困难，当螺纹转到需要保证的 $\Delta\psi$ 范围内时，即停止旋转，并立即拧紧锁紧螺母，进行锁紧，所保留的装配间隙 e 不应大于一个螺距。

因此，螺纹连接常用于对扭转精度没有要求的舱段之间连接，如没有翼的头部整流罩等，对舱段有较高扭转精度要求的场合该连接方式应慎用。

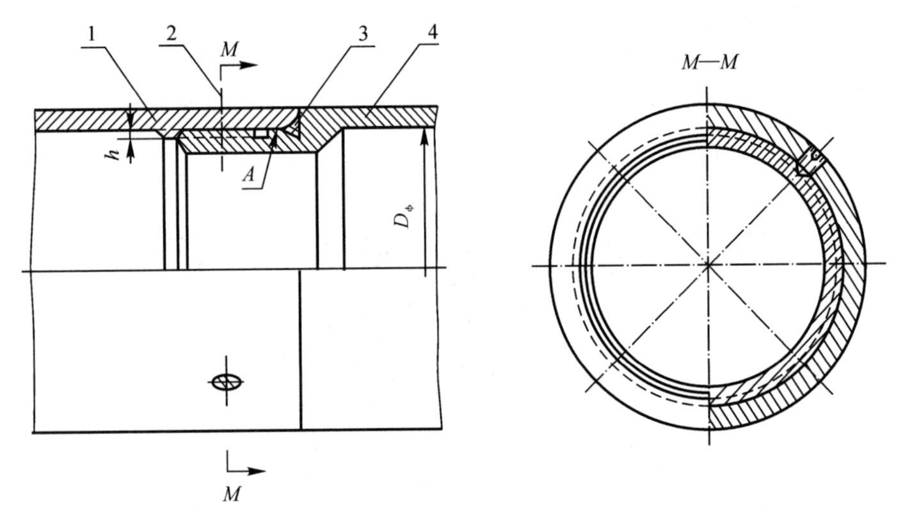

图 2-20 螺纹连接结构

1—舱段Ⅰ；2—紧固螺钉；3—密封圈；4—舱段Ⅱ

2.3.4 卡环式连接

卡环式连接(又称夹紧带连接)是舱段连接的最简单形式，其结构如图 2-21 所示。采用这种方式连接时，两舱段的前、后两端制有夹紧槽，夹紧带也制有与之相应的配合槽，夹紧带分成两个半圆弧，以便夹套于弹身之上，两夹紧带形状相似，一根两端部加工有沉头通孔，另一根两端部加工有螺纹孔，当弹体上安装好夹带之后，紧固连接螺钉达到预定的紧度，在螺钉头部及夹带环上加工有通孔，可插入安全销，防止螺钉松动。

卡环式连接的优点：结构简单可靠，适用于弹径较小、重量较轻的制导炸弹。

卡环式连接的缺点：卡环外凸，影响气动外形，当弹径尺寸较大时，卡环制造难度大。

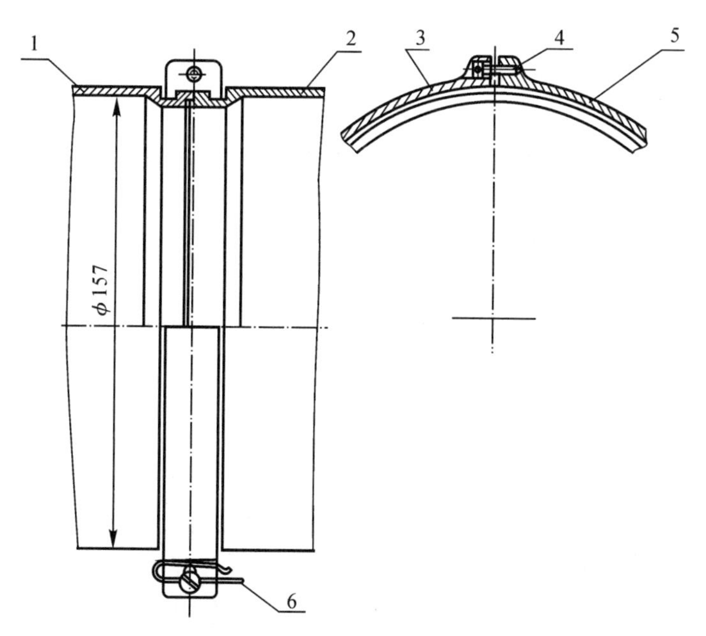

图 2-21 卡环式连接结构

1—舱段Ⅰ;2—舱段Ⅱ;3—左夹紧带;4—连接螺钉;5—右夹紧带;6—安全销

2.4 弹身结构密封

制导炸弹在贮存及使用过程中所处的自然环境较为复杂,为了保证弹上设备、电缆、接插件、火工品和引信等有良好的工作状态,必须采取防腐蚀、防盐雾、防霉菌、防潮的措施。最常用的办法是对弹身结构进行密封。

根据对密封要求的高低不同,舱段密封可分为气密和水密两种。气密要求不透气,保证舱内有一定的压力;水密要求不透水,保证舱内有一定的温度、湿度,湿度过大会影响设备正常工作和腐蚀舱体构造,影响炸弹寿命。水密的要求较气密低,因为水有黏性和表面张力,在较小的缝隙中不易通过,或者渗透较慢。要求不透气、不透水并不意味着一点都不透,而是指在一定的条件下,在规定的时间内,其压力和湿度的变化不超过允许的数值。

2.4.1 密封的机理和分类

由于结构件的接触面之间不可能是完全吻合的理想接触面,总是存在缝隙,因此流体介质(气体或液体)在压差的作用下,可能通过这些缝隙而流至非预想的区域,这就产生了泄漏。密封的机理就是,在这些潜在的接触面之间的泄漏通道上,提供一个理想的堵漏体,以达到防漏效果。

弹身结构的密封主要为静密封,常用的方式有密封圈、密封垫、密封胶。密封圈、密封垫的密封方式是在两接触面之间安放密封圈或密封垫,它们在螺栓紧固力作用下压缩,产生弹性变形,填满接触面之间凹凸不平引起的缝隙,并维持一定的接触压力,从而达到密封的效果。

密封胶的密封方法是在接触面之间涂以液态密封胶,固化后形成一层具有黏性、黏弹性或可剥性的膜,依靠这种膜对缝隙的填充作用来达到密封的目的。常用的密封胶有厌氧胶和硫化硅橡胶。

密封的形式根据密封面的形状而定,一般圆形的密封截面采用 O 形密封圈,非圆截面一般采用密封垫密封。选取 O 形密封圈时,应根据其使用温度、工作压力、接触的介质和密封特性等要求选用合适的胶料,避免与所密封介质不相容而失效。常用密封圈材料及性能如表 2-1 所示。

表 2-1　常用密封圈材的材料及性能

牌号	胶种	技术条件	邵氏 A 硬度	工作条件	
				介质	温度/℃
4161	氯丁	《航空橡胶零件及型材用胶料》(GJB 5258 — 2003)	62±5	滑油	-30～+130
				10# 液压油、仪表油、煤油、汽油	-40～+130
				空气	-30～+100
5080	丁腈	《专用胶料》(HG 6-878—1976)	80±5	10# 液压油、2# 煤油、8# 滑油	-50～+150
5171	丁腈	《航空橡胶零件及型材用胶料》(GJB 5258 — 2003)	77±5	空气、甘油酒精混合液	-45～+100
				仪表油、10# 液压油	-60～+100
5860	丁腈氯丁	《航空橡胶零件及型材用胶料》(GJB 5258 — 2003)	62±5	空气	-55～+100
5870	丁腈聚硫	《航空橡胶零件及型材用胶料》(GJB 5258 — 2003)	77±5	空气、酒精甘油混合液	-50～+100
				煤油、汽油	-55～+100
6144	硅胶	《国防工业用硅橡胶胶料》(HG 6-677—1974)	40～60	空气、臭氧和电场	-60～+250

2.4.2 常见的密封形式

1.舱段连接密封

对接舱段的密封，一般在一个舱段上加工出密封圈沟槽，在里面安装O形密封圈。按O形密封圈受挤的方向一般可分为轴向密封和径向密封，如图2-22所示。沟槽截面如图2-23所示。

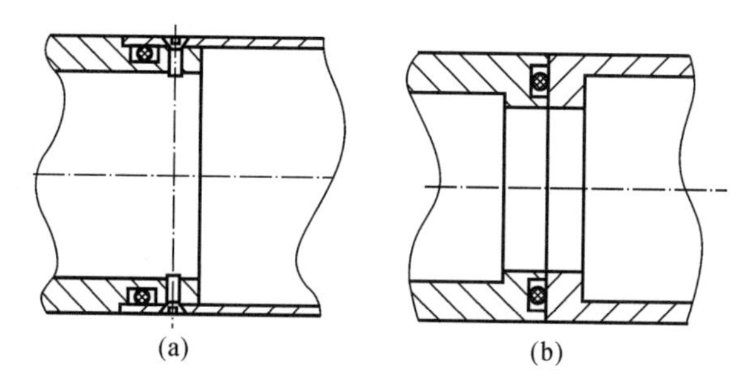

图2-22 O形密封圈结构图

(a)径向密封；(b)轴向密封

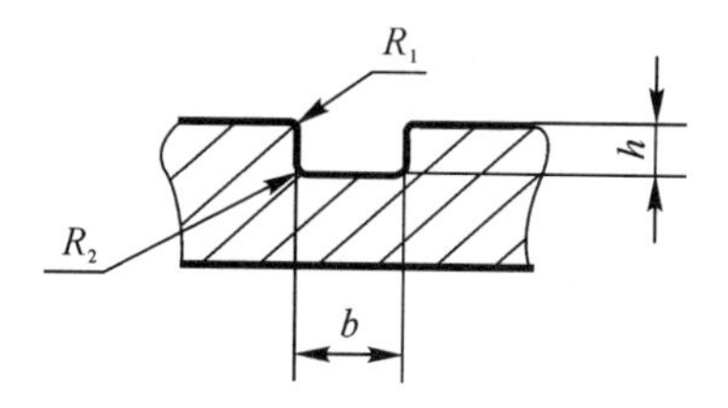

图2-23 沟槽截面

舱段连接密封设计时，密封圈沟槽尺寸参考表2-2和表2-3。

表2-2 径向密封沟槽尺寸(摘自GB/T 3452.3—2005) 单位:mm

O形密封圈直径	1.8	2.65	3.55	5.3
沟槽宽度 b	2.2	3.4	4.6	6.9
沟槽深度 h	1.4	2.15	2.95	4.5
沟槽底圆角半径 R_2	0.2～0.4		0.4～0.8	
沟槽棱圆角半径 R_1	0.1～0.3			

表 2-3 轴向密封沟槽尺寸(摘自 GB/T 3452.3—2005) 单位:mm

O形密封圈直径	1.8	2.65	3.55	5.3
沟槽宽度 b	2.6	3.8	5.0	7.3
沟槽深度 h	1.28	1.97	2.75	4.24
沟槽底圆角半径 R_1	0.2～0.4		0.4～0.8	
沟槽棱圆角半径 R_2	0.1～0.3			

(1)轴向密封:密封圈在轴向受挤压。在一个舱段制出密封槽,在另一个舱相应的位置加工凸起,在两个舱段对接时凸起就伸入压于密封槽,挤压密封圈,从而达到密封的作用;也可以不用凸起,但必须保证密封圈处于挤压状态。

(2)径向密封:密封圈在径向受挤压。在一个舱段的周边制出密封槽,在另一个舱段接触的径向加工出 20°～30°的倒角,以便顺利进行舱体对接,不致擦坏密封圈。

2.铆接密封

铆接密封是一种较为复杂的工艺过程。铆接的泄露主要在铆钉与铆钉孔之间的缝隙及被连接零件直径的缝隙处发生,用密封材料将这些通路堵死即可达到密封的目的。通常采用以下三种办法:①表面密封,即将密封材料加在铆缝外表面;②缝内密封,即将密封材料加在被连接零件之间;③混合密封,即表面及缝内均加密封材料,如图 2-24 所示。

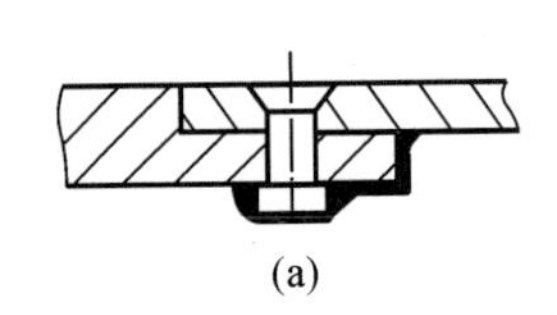
(a)

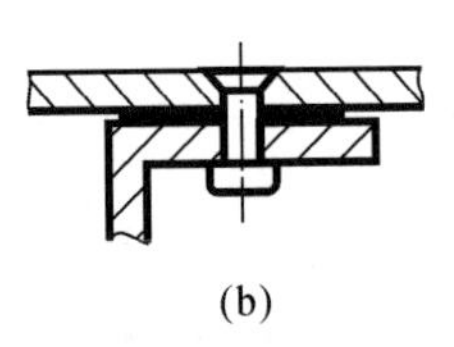
(b)

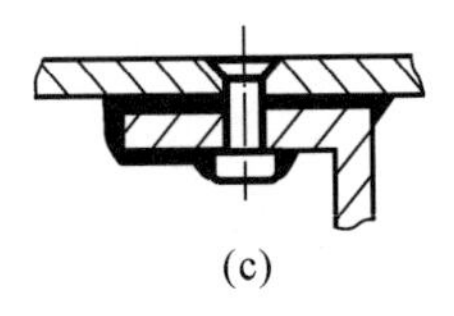
(c)

图 2-24 铆接的密封形式

(a)表面密封;(b)缝内密封;(c)混合密封

3.焊接密封

焊缝比铆缝的密封性好,但焊缝质量往往受到很多偶然因素的影响,不能保证每条焊缝都没有缺陷。如果仅从强度的方面考虑,可以允许少量的小缺陷存在,但从舱段密封要求的角度来看,许多原来合格的焊缝却是不合格的,因为小的缺陷可能导致漏气。为保证焊缝具有良好的密封性,可采用重叠焊缝来提高密封性。对于熔焊焊缝表面，则可考虑采取涂腻子、弹性剂加清漆等措施以保证焊缝的密封。

4.舱体窗口密封

制导炸弹由于其弹上设备安装、使用、维护和测试等原因，往往要在弹身舱体上开设各种类型的窗口，窗口的开设会造成舱体泄漏，因此对窗口也应进行密封，才能保证舱内设备正常的工作环境。

舱体窗口的密封，可采用密封圈（垫），常见结构如图 2-25 和图 2-26 所示。两种设计均采用密封垫实现窗口盖板的安装密封，其中：图 2-25 是舱体壁较薄的情况，通过在连接框上铆接带密封能力的气密托板螺母，实现螺钉连接部位的密封；图 2-26 则在舱体上直接加工不通的螺纹孔进行螺钉连接，适用于舱体窗口较厚的结构。

密封的各金属材料部件，一般要进行表面处理，制导航空炸弹的铝合金件一般进行表面阳极氧化处理，钢件则进行镀锌钝化或表面镀锌镍合金，这些表面处理不但增强了金属的抗腐蚀性，同时也提高了密封剂对金属的黏附性。对于表面处理后停放太久、表面污染的部件，密封前应进行清洗；对于不锈钢、复合材料，密封表面经除尘、清洗晾干后再刷黏结底漆，以提高其黏结稳定性。对于喷涂底漆的表面，如漆层已陈化或漆层与密封剂的结合力差，则对其密封部位都应除掉底漆，除掉底漆可采用溶剂溶解或打磨的方法。

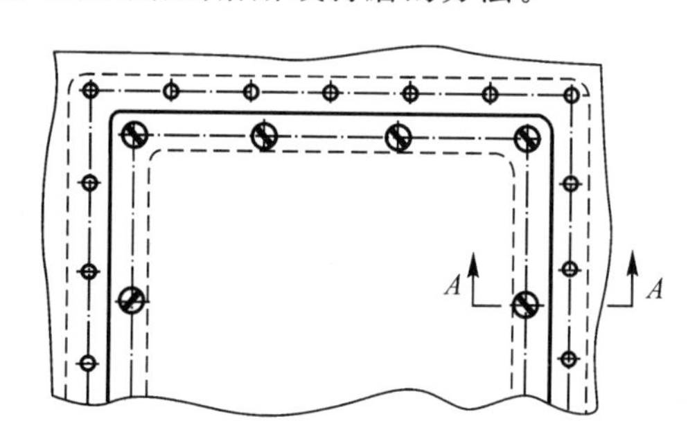

图 2-25 窗口密封形式（一）

1—窗口盖板；2—密封垫；3—气密托板螺母；

4—螺钉；5—连接框；6—铆钉；7—密封胶；8—舱体

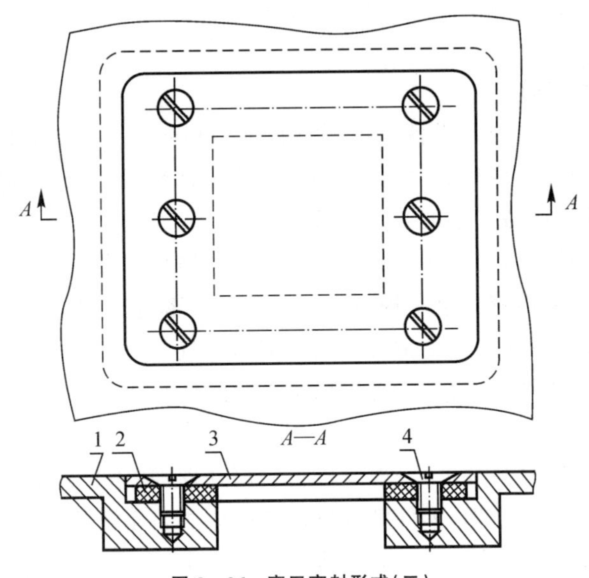

图 2-26 窗口密封形式(二)

1—舱体;2—密封垫;3—窗口盖板;4—螺钉

2.5 弹上设备的安装

制导炸弹上的弹上设备分属各个系统,包括制导控制系统、电气系统、遥测系统和引战系统等,各系统既独立,又互相关联,需要在弹身上协调、统一、可靠地安装,并通过电缆相互贯通,使其有机地组成一个完整的整体,协调工作。

2.5.1 弹上设备安装设计特点

弹上设备的安装设计主要任务是将设备可靠地固定在弹体结构上,它不仅是机械结构的安装设计,还有很大部分是总体协调,是一种复杂的综合性设计,需综合考虑各设备的安装要求,设备间的接线情况,以及调试、检测、维修的方便。与一般的结构设计比较,其特点是没有确定的具体指标。在整个的设计过程中,设备安装的独立性较差,往往受到炸弹总体布局、弹体结构、设备安装空间设备数量以及设备安装连接形式和设备操作使用要求等诸多因素的制约。

弹上设备安装设计的主要特点如下:

(1)需遵循制导炸弹的总体要求,使炸弹的质量分布均衡;要充分利用舱段的空间,安装使用要方便,布置要紧凑合理,充分考虑设备之间的相互影响,使各分系统之间的干扰、耦合最小。如弹上热电池,其工作时表面温度达 200 ℃,与其相邻的设备安装时应设计有足够的散热距离或采用有效的隔热措施。

(2)制导炸弹在总装后和使用前以及在贮存过程中,都需要进行一系列的检查测试,设备安装设计要能够使操作人员进行检测、拆卸、安装和更换设备时,容易接近且操作方便,又可以避免在人员操作中支撑或碰损设备,保障人员和设备的安全。设备安装设计时应考虑防错装设计。

(3)弹上设备的安装尽量采用标准化、通用化、系列化的结构,安装固定的紧固件应尽可能选用标准件,而且尽量统一,并应减少品种和规格。

(4)对于安装精度要求高的设备,如惯导、制导组合体等,应设计合理的安装位置和安装方式,确保设备的安装精度。设备在弹上安装准确与否,直接关系到制导炸弹的飞行姿态及最终的命中精度,因此安装部位的刚度要尽可能大,应尽量安装在弹体弹性振动振型的波峰或波谷附近,以减少弹性振动引起的转角变化的影响。

2.5.2 弹上设备安装设计要求

制导炸弹的设计与生产是一个相当复杂的过程,研制周期较长,在总体方案初步确定之后,就要了解弹上设备的设计情况,根据弹上设备的总体布局设计,进行设备与弹体结构的协调。进行设备的安装设计前,应使其满足以下基本要求:

(1)自然及力学环境条件要求;

(2)具备弹上设备的系统框图(一般为布置图或连接图);

(3)设备的外形结构、尺寸、重量、重心及安装精度要求。

制导炸弹的弹体空间是有限的,在有限的空间要布置较多的弹上设备、连接电缆,因此,安装设计时要与设备研制厂家进行充分、及时的协调,明确设备的相关机械接口及外形尺寸,确定提出的接口及外形尺寸指标是否能够达到。一般要经过多轮次的迭代才能确定最终的接口及外形尺寸。此外,制导炸弹的研制过程中,设备技术状态改变比较频繁,设备的安装设计者要能准确、迅速地适应这种变动,随之进行状态变动的安装设计。

导引头、战斗部、惯导组合体等大部件,可视情况设计成单独舱段。舵机、舵机控制器、热电池等集中放置,尽可能安排在同一舱段内,实现模块化安装。

1.导引头

导引头可以分为雷达型、光学型和复合型导引头,它们都要求导引头视场前方有一个比较大的视野，以进行目标的搜索、捕获和跟踪。导引头由天线（雷达型）、位标器（光学型）和电子组件等组成。雷达型和光学型导引头搜索、瞄准视野的正前方，由于制导炸弹只有弹体头部满足这一工作环境，所以导引头一般安装在制导炸弹的头部。

导引头通常将相关的组成部分包装成一个整体，安装在制导炸弹的头部，外加整流罩加以保护，改善气动外形。整流罩将对信号的传输产生衰减、折射甚至畸变等不利影响，因此整流罩的外形设计、结构材料选择应综合考虑信号传输、气动性能和工艺等方面的要求。

导引头与战斗部的连接一般采用套接或对接结构，通过定位销保证其装配精度。

2.控制系统

控制系统主要包括舵机和舵机控制器，为了便于安装及测试，应尽量将其安排在同一舱段。舵机通常安装在制导控制尾舱内，舵机控制器因无装配精度要求，一般通过螺钉拧紧即可，而舵机与舱体的连接通过定位销保证装配精度。舵机是控制制导炸弹舵面偏转的伺服机构，应尽量靠近操纵面，以提高控制的准确度，提高和稳定舵传动系统的模态。舵面安装部位应具有足够的刚度，避免舵面受力后安装舵机周围的结构产生变形，造成舵机传动机构运动受限。

3.导航系统

导航系统设备主要包括惯导组合体、任务机等，为了准确"感受"制导炸弹质心位置的运动参数，最好将惯导组合体安排在制导炸弹质心附近刚度大的结构件上，同时应保证惯导组合体的安装精度，并远离振动源。惯导组合体对机械安装精度要求较高，可通过"一面两销"的安装方式满足定位要求；而任务机一般无装配精度要求，通过螺钉拧紧即可。

4.引信与战斗部系统

引信一般可分为近炸引信和触发引信。近炸引信是按目标特征或环境特性感觉目标的存在、距离和方向而作用的引信，一般由发火控制系统、安全系统、爆炸序列和能源装置等部分组成。近炸引信安装位置应远离振动源，如果允许，引信应靠近安全解除保险装置、战斗部，以免电路损耗大，影响战斗部起爆。触发引信应安置在与弹体直接相连的结构刚度比较大的部位，如舱体本体或舱段连接框上，一般采用螺纹连接。

战斗部通常单独成舱段，分为整体战斗部和子母战斗部，其外围应避免有过强的结构，以免影响战斗部的起爆威力。战斗部在制导炸弹临近目标时，在适当的时刻起爆，迅速地释放能量，产生爆炸作用，在一定的范围内对目标进行物理毁伤，甚至摧毁目标，因此战斗部是制导炸弹不可缺少的组成部分。

5.电气系统

电气设备中的热电池、综合控制装置(简称“综控装置”)等可根据空间需要合理放置,电缆的布置需考虑舱段的空间拆装要求。热电池、综控装置等弹上设备一般无装配精度要求,通过螺钉拧紧即可,电缆一般通过线卡或捆扎线的形式固定在舱体内。

6.遥测系统

遥测系统设备安装在研制阶段的靶试试验弹上,在产品定型阶段后取消,一般情况下,用配重块代替遥测设备。因此,在研制阶段放置遥测设备时,应综合考虑其安装位置的操作便利性问题。若安装处采用铸造结构,应充分考虑铸造模具,尽量避免重新设计模具。遥测设备的安装一般无装配精度要求,通过螺钉拧紧即可。

2.5.3 弹上设备布局图

进行弹上设备安排时必须考虑弹上各系统及设备的特殊要求,保证弹上设备具有良好的工作环境。目前,“小型化、模块化”是制导炸弹设计的发展方向,各系统设备的小型化设计可以增大部位安排空间,减小全弹质量;分系统设备的模块化设计,不仅有利于弹体空间部位的合理安排和调整,同时提高了系统互换性,也利于安装维护。弹上设备安排的结果具体反映在安排布置图上。制导炸弹的研制过程,也是弹上设备安排布置图的细化、完善的过程。在制导炸弹结构总体设计的初期,弹上设备通常用矩形块或方块表示。随着设计工作的深入和反复协调,通过三维建模或利用原理样弹、模型弹实物,最终把弹上设备在弹体的安装位置确定下来。

为了完成制导炸弹的质心定位,要求用较大的比例尺绘制两个投影的部位安排图。在主视图上应尽可能多地反映弹上设备,当两个投影图无法清楚表示各弹上设备的安装位置关系时,应增加相应的视图。各弹上设备之间应留出合理的安全距离,以避免在振动的条件下设备之间发生碰撞。

电缆、线路等往往难以绘制在弹上设备安排布置图上,在部位安排中需要留出必要的边缘空间。目前,随着三维软件 UG、Pro/E 等的快速发展,已出现电缆、线路走线设计模块,使电缆与线路走线在结构总体布局中越来越便利。

随着计算机技术的发展以及图形学的出现,目前基本上利用计算机实现了制导炸弹的弹上设备安排。绘制弹上设备安装布置图还应与原理样弹或三维模型配合进行。弹上设备安排是一项涉及面广、影响因素多的系统工程,因此,即使在相同原则指导下进行此项工作,各类制导炸弹的弹上设备的安排形式也差

异甚大。图 2－27 所示是某制导炸弹弹上设备布局示意图。

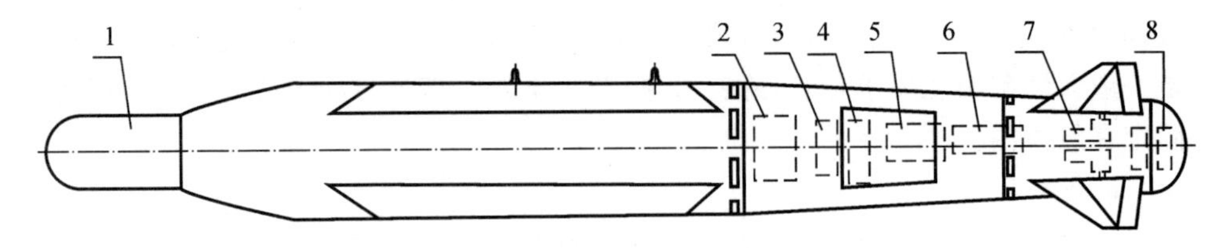

图 2－27　某制导炸弹弹上设备布局示意图

1—激光导引头；2—惯导；3—弹载计算机；4—舵机控制器；
5—电气综控装置；6—热电池；7—卫星接收机；8—卫星天线

2.5.4　弹上设备的安装方式

弹上设备在制导炸弹上的安装方式多种多样，安装设计时，应根据各设备的具体安装要求设计合理的安装方式。设备常用的安装方式有轴向安装、径向安装、组合安装等。

1.轴向安装

弹上设备安装时，紧固件安装方向与炸弹轴向同向，设备可直接安装在舱体平面上，也可通过转接板进行安装。

图 2－28 是某制导炸弹惯导的安装方式，安装面上加工有 2 个定位销孔和 4 个螺纹孔，安装平面与定位销孔的垂直度、两定位销孔的对称度加工时保证，惯导安装时，通过 2 个定位销确定惯导的位置精度。

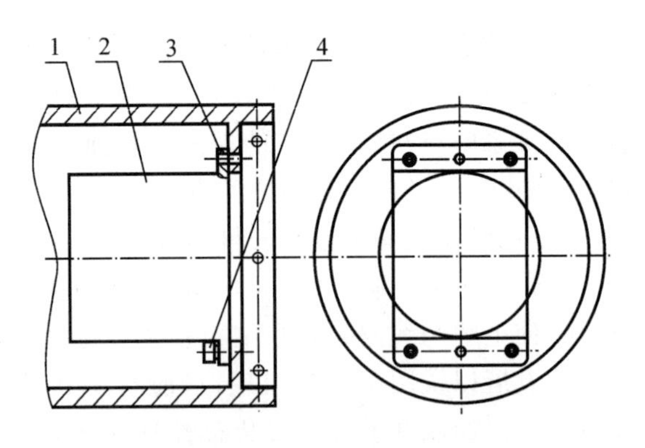

图 2－28　一种惯导固定方式

1—舱体；2—惯导；3—定位销；4—螺钉

2.径向安装

径向安装方式适合于圆柱型设备的安装，安装精度较高，且能有效提高空间利用率。图 2 - 29 是某制导炸弹激光导引头径向安装方式，导引头前端与舱体套接配合，轴向用 1 颗定位销定位，径向用 8 颗螺钉紧固。

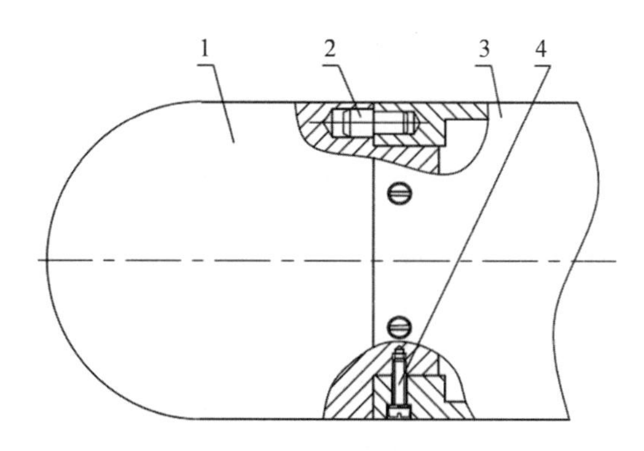

图 2 - 29 一种导引头径向安装方式

1 —导引头；2 —定位销；3 —舱体；4 —螺钉

图 2 - 30 是某制导炸弹的制导组合体的安装方式，制导组合体与舱体套接，径向 1 颗定位销定位，同时径向用 8 颗螺钉紧固。制导组合体与舱体的配合采用 H8/e7 的间隙配合，在满足制导组合体安装精度要求的同时保证其互换性。

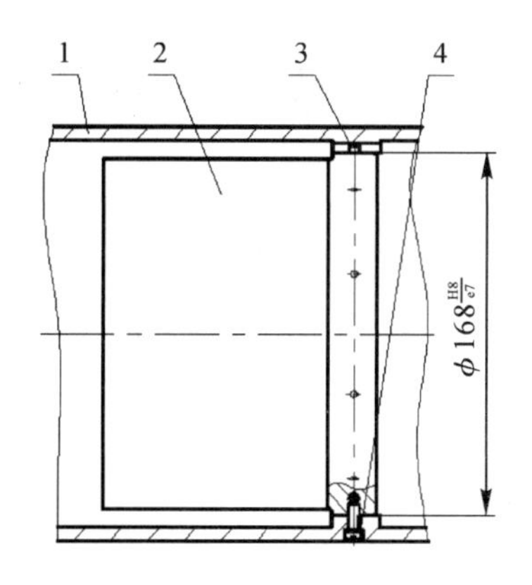

图 2 - 30 一种制导组合体的径向安装方式

1 —舱体；2 —制导组合体；3 —径向定位销；4 —螺钉

3.组合安装

组合安装方式既有轴向安装形式，也有径向安装形式，主要用于安装尺寸受限而设备尺寸较大的情况。图 2 - 31 所示是某制导炸弹弹载计算机与舵机控制

器的安装方式。弹载计算机、舵机控制器与安装板连接组成一体后装入舱体内，用径向螺钉固定。

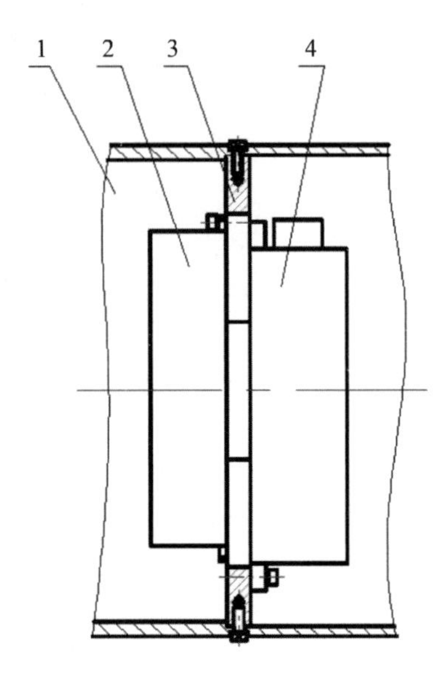

图 2-31　一种组合弹上设备安装方式

1—舱体；2—弹载计算机；3—安装板；4—舵机控制器

2.6　吊挂与支撑设计

制导炸弹与载机挂架机械连接时，需要炸弹上有相应的吊挂，吊挂类型与数量一般应符合相应的规范。一般制导炸弹吊挂有吊耳式和滑块式两种结构。制导炸弹包装运输、与地面保障设备对接时，需要在弹身上设计支撑区。

2.6.1　吊耳式结构

采用吊耳形式的制导炸弹结构外形如图 2-32 所示，吊耳大小及吊耳间距主要依据制导炸弹的重量进行设计，典型的三个不同重量级的吊耳见表 2-4。吊耳一般采用 40CrNiMoA 棒材锻造后加工成形，热处理硬度（HRC）为 39～44。吊耳为制导炸弹关键件，其失效直接危及载机安全，一般吊耳表面处理前应进行百分之百的磁粉探伤，每批吊耳应抽样进行拉力试验。

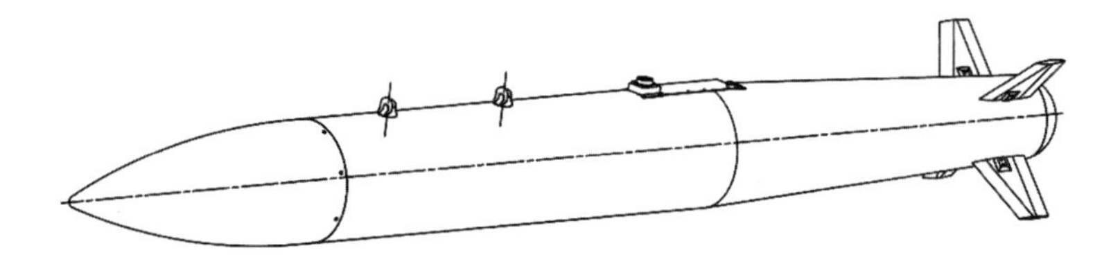

图 2－32 吊耳形式的制导炸弹外形图

表 2－4 制导炸弹重量级与吊耳配置

重量级	质量范围/kg	吊耳数量	吊耳间距/mm	能承受的最大载荷/kN
Ⅰ	10～50	2	355.6	54
Ⅱ	51～700	2	355.6/762	180
Ⅲ	701～1 600	2	762	356

三种不同重量级的吊耳的外形图如图 2－33～图 2－35 所示。

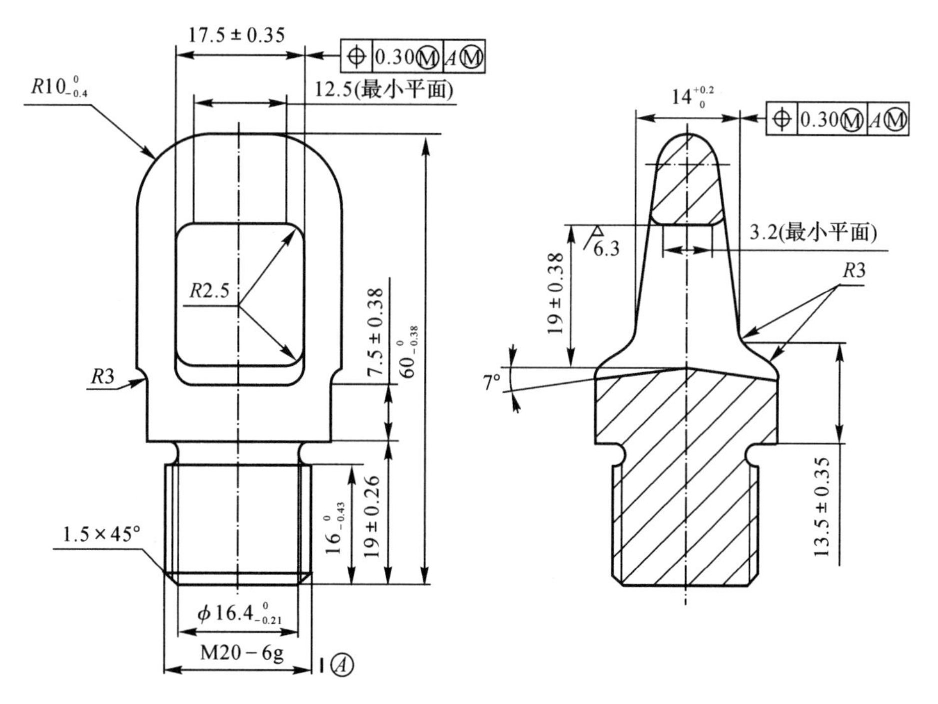

图 2－33 第Ⅰ重量级吊耳外形图

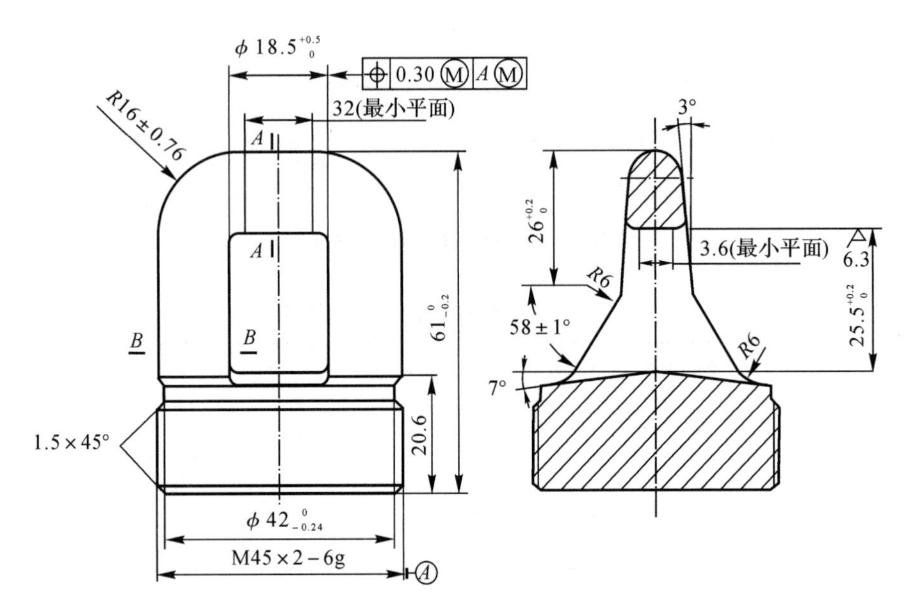

图 2-34　第Ⅱ重量级吊耳外形图

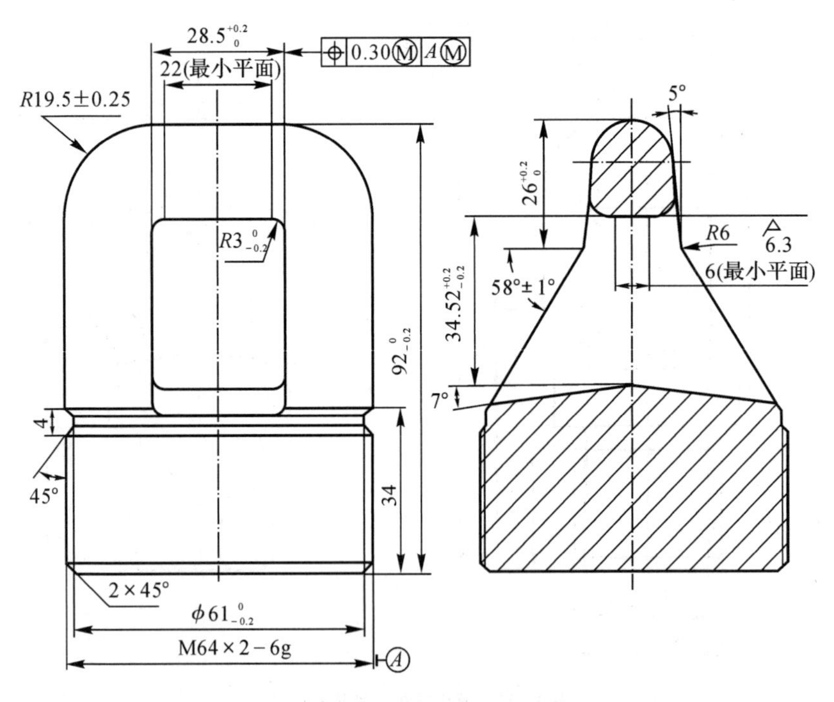

图 2-35　第Ⅲ重量级吊耳外形图

在吊耳安装处应设置支撑区和防摆止动区，两吊耳中间有弹射区，相应的要求如表 2－5 和图 2－36 所示。支撑区、防摆止动区、弹射区应有足够的强度和刚度，应能承受设计载荷，支撑装卸区应能承受 3 倍航空炸弹重量载荷而不产生永久变形，保证炸弹在地面使用、包装运输及在载机挂架上挂载、投放的安全性。

表 2－5　支撑装卸区、防摆止动区、弹射区位置要求

重量级	防摆止动区沿轴向最小弧长/mm	支撑区前端与前吊耳中心最小距离/mm	支撑区后端与前吊耳中心最小距离/mm
Ⅰ	130	150	50
Ⅱ	200	150	50
Ⅲ	250	76	150

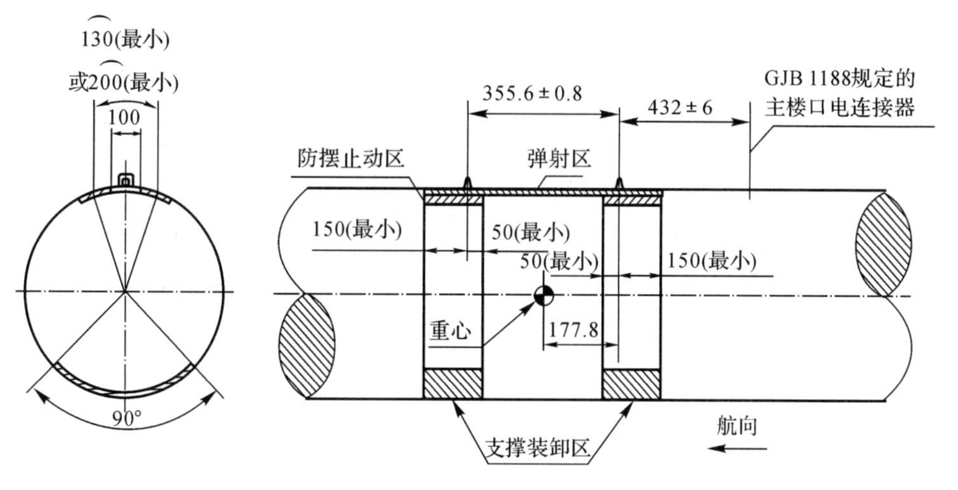

图 2－36　支撑装卸区、防摆止动区、弹射区示意图

2.6.2　滑块式结构

制导炸弹采用滑块式结构时，一般采用间距为 1 540 mm 的两个滑块，滑块为 T 形内滑块，如图 2－37 所示。滑块与弹身一般采用螺纹连接，滑块安装处为支撑装卸区，支撑装卸区最小宽度不小于 200 mm，如图 2－38 所示。

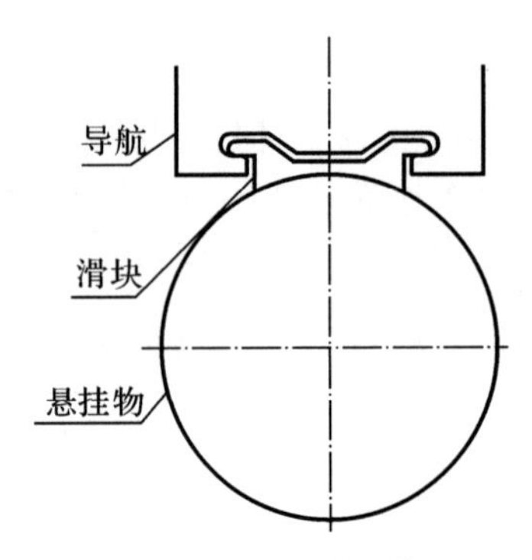

图 2－37　T 形内滑块

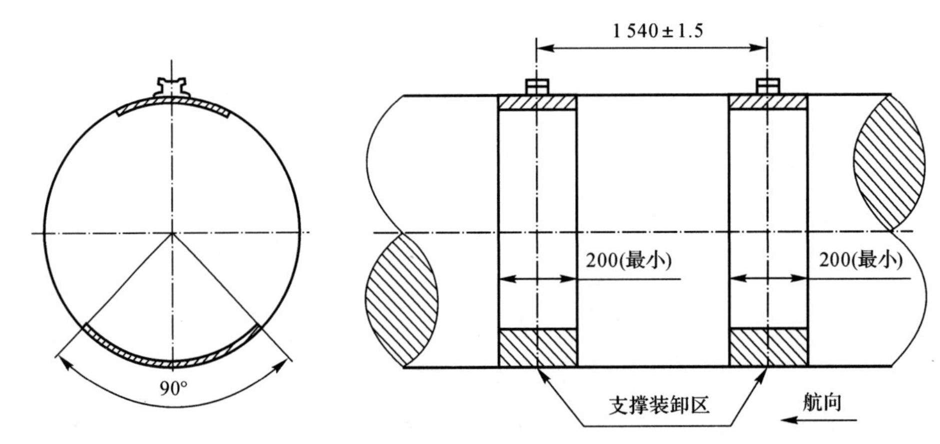

图 2－38　T 形滑块结构

第3章

翼面设计

3.1 概　　述

制导炸弹的翼面指各种空气动力面，包括弹翼、安定面（尾翼、反安定面）、操纵面（舵翼、副翼）等，是制导炸弹弹体的重要组成部分。

弹翼的功能是产生升力，平衡制导炸弹在飞行中的重力和机动飞行所需的法向力，实现制导炸弹的远距离飞行。随着现代战争对制导炸弹射程要求的提高，越来越多的制导炸弹采用了具有较大升力的大展弦比弹翼。

安定面通常指尾翼和反安定面，用以保证制导炸弹的纵向飞行稳定性，一般呈“一”字形或“X”形布置。

操纵面（舵翼）的功能是给制导炸弹提供控制力。进行操纵舵面外形设计时，应考虑制导炸弹的稳定性、操纵效率等，合理安排舵轴位置，使铰链力矩尽可能小。

制导炸弹在飞行过程中，作用在翼面上的载荷有空气动力 q_y、翼面质量力 q_w，在这些外载荷的作用下，翼面会产生弯曲、剪切和扭转。翼面受载示意图如图 3-1 所示。弹翼产生的空气动力所形成的升力及舵面的控制力矩实现航空炸弹的飞行，同时，通过调整弹翼的几何参数和布局，保证航空炸弹压心位置及其变化规律，使炸弹具有必要的操纵性和稳定性。

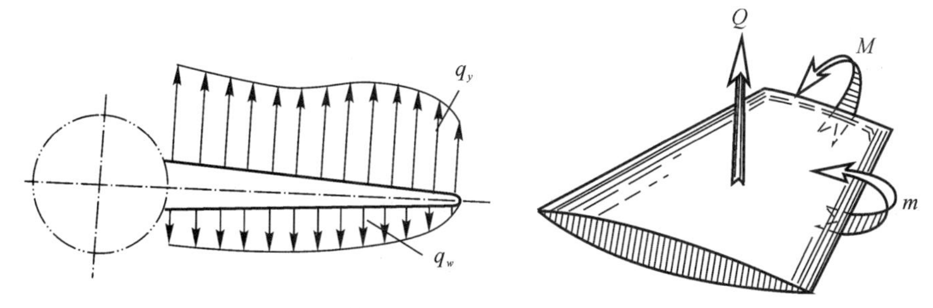

图 3-1 翼面受载示意图

在弹翼设计过程中，应综合考虑各种因素，除了要满足炸弹结构设计的基本要求，还需满足以下几点特殊要求：

(1)气动外形准确度要求。对于翼面来说，要求翼面结构必须具备良好的气动特性，以便保证制导航空炸弹具有良好的升阻力特性、操纵性和稳定性。翼面的气动性能与外形准确度和表面质量密切相关，因此，翼面的表面粗糙度值应尽可能小，翼面的实际外形相对理论外形的偏差、翼面安装角、翼面反角偏差要小。

(2)强度和刚度要求。翼面是制导炸弹的关键承力件，设计中应特别注意翼面的强度、刚度问题，结构的动力特性问题，以及颤振、发散等稳定性问题。对于大展弦比的弹翼，由于弹翼较薄，展长较大，如果弹翼扭转刚度不足，容易发生气动弹性不稳定现象，导致弹翼破坏。

弹翼材料一般采用铝合金、合金钢、复合材料等。所选材料应具有足够的环境稳定性，即要求材料在规定的使用环境条件下保持正常的机械、物理、化学性能。一般亚声速滑翔飞行的制导炸弹弹翼常用的金属及非金属材料，不必考虑气动加热的温度影响。超声速滑翔飞行的制导炸弹则必须考虑气动加热对材料的影响。此外，材料应有足够的断裂韧性、良好的加工性，且成本低、来源充足、供应方便等。

3.2 翼面结构形式

3.2.1 蒙皮骨架式翼面

蒙皮骨架式翼面属薄壁型结构，主要由接头、蒙皮、骨架结构组成，如图 3-2 所示。其中接头的作用是将翼面的载荷传递到弹身上。骨架结构分为纵向结构件和横向结构件。所谓的纵向是指沿翼展方向，横向是指垂直于翼展方向。纵向结构件包括翼梁和纵梁，横向结构件主要指翼肋。蒙皮是包围在翼面骨架上的维形构件，用铆钉、沉头螺钉或黏结剂固定在骨架上，形成翼面的气动外形。

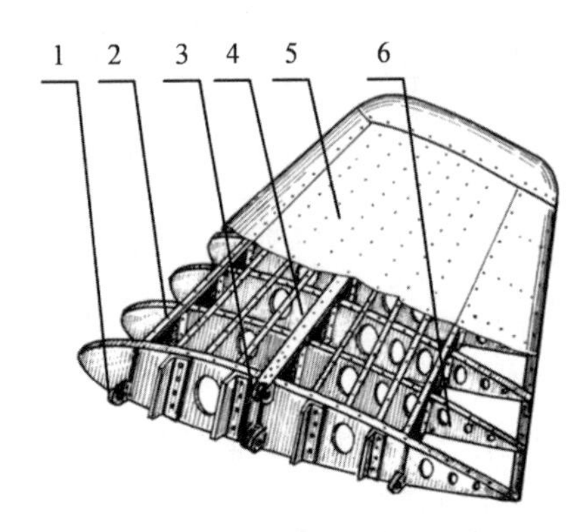

图 3-2　蒙皮骨架式翼面

1—辅助接头；2—纵梁；3—主接头；4—翼梁；5—蒙皮；6—翼肋

骨架蒙皮结构由于其材料沿四周分布，具有强度高、刚度大、重量轻、装配工艺复杂、装配精度要求高等特点，目前主要用于大型弹翼的制导炸弹上。图 3-2 所示蒙皮骨架式翼面的翼梁沿翼面最大厚度线布置，这种布置能使梁具有最大的剖面高度，且沿翼展展向直线变化，对强度和刚度均有利，该弹翼的翼肋顺气流方向排列，翼肋的间距影响屏格蒙皮的横向变形，普通翼肋的间距约为 250～300 mm。翼面根部为传递集中载荷的弹翼接头。

(1)蒙皮。蒙皮的主要作用是维持翼面的气动外形，承受空格处蒙皮上的局部气动载荷。在翼面受力时，它主要用来承受由扭矩引起的剪流，当蒙皮较厚时，它能不同程度地以轴向力的形式承受部分弯矩，此时蒙皮在其自身平面内受正应力和剪应力。制导炸弹一般采用铝合金蒙皮，蒙皮加工成预定的形状后与骨架连接。

(2)翼梁。翼梁是弹翼的主承力梁，承受弹翼大部分的气动载荷。蒙皮、纵梁和翼肋所承受的载荷最终都传给翼梁。翼梁一般采用高强铝合金材料，可采用整体式和组合式的结构形式。

(3)翼肋。翼肋通常用铝合金板材冲压成形，其主要功用是维持弹翼剖面所需的形状，与纵梁一起支撑蒙皮，并将局部气动载荷从蒙皮传递到翼梁上，一般翼肋不参与弹翼的总体受力。翼肋支撑蒙皮和纵梁并提高它们的抗失稳能力。

(4)纵梁。纵梁的构造与翼梁相似，其主要作用是同蒙皮、翼肋一起构成封闭的盒式结构，抵抗扭矩产生的扭转变形，并起到支撑蒙皮的作用，以提高蒙皮的屈曲承载能力。

3.2.2 整体结构式弹翼

整体结构式弹翼相对于蒙皮骨架结构零件，数量少，结构简单，装配工作量小，强度、刚度较好，一般用于较小的翼面结构。整体式结构翼面有以下几种形式。

1.整体骨架式翼面

整体骨架式翼面，顾名思义，即采用整体式的“骨架＋蒙皮”结构，整体骨架采用金属板材机械加工或精密铸造，蒙皮通过螺钉或铆钉与整体骨架连接，如图3－3所示。整体骨架的加强筋与蒙皮骨架式翼梁、翼肋的功能相似，能够以最短的路径将载荷传递至弹身。

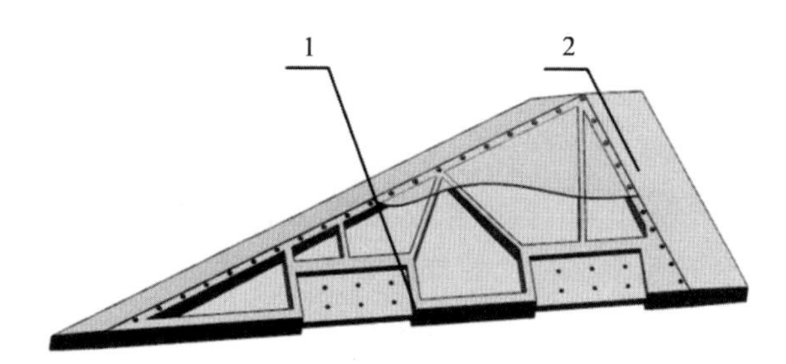

图3－3 整体骨架式翼面

1—机加骨架；2—蒙皮

2.分块式翼面

分块铆接式翼面通常分为左、右两半块，两半块之间通过螺钉连接、铆钉连接或焊接的方式连接成整体。图3－4所示为某制导炸弹固定尾翼结构，即采用两块铝板折弯成形后进行铆接，再通过铆钉固定在尾舱上。

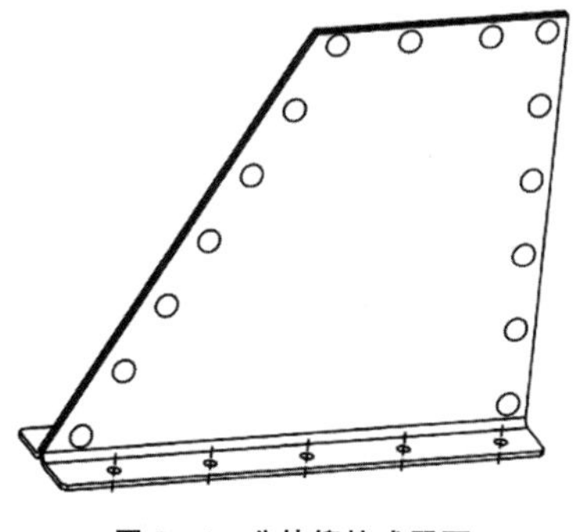

图3－4 分块铆接式翼面

近年来，随着新型制造工艺技术的发展，超塑性成形与扩散连接开始用于翼面的成形。超塑性成形是利用材料的超塑性来成形的一种工艺方法，扩散连接是材料在一定的温度和压力条件下，使接触面在不形成液相状态的情况下产生固相扩散而达到连接的方法。翼面扩散连接的过程：将两半块弹翼紧压在一起，并置于真空保护空气炉内加热，两焊接表面的微小不平处产生微观塑性变形，达到紧密接触；在随后的加热保温中，原子间相互扩散，形成冶金连接。

图 3-5 所示为某制导炸弹舵面，采用两半块翼面扩散连接成一体。

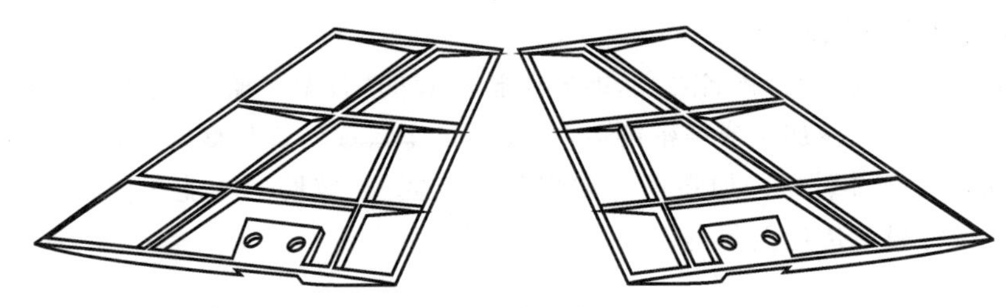

图 3-5　两个半块翼面

3.实心式整体翼面

实心式整体翼面多用于小型弹翼或翼面，它由模锻或板材加工成形，构造简单，加工方便。一般采用机械加工的方法制造实心翼面，大批量生产可采用模锻件（外表面不加工），所用材料多为铝合金及镁合金。实心式整体翼面如图 3-6 所示。

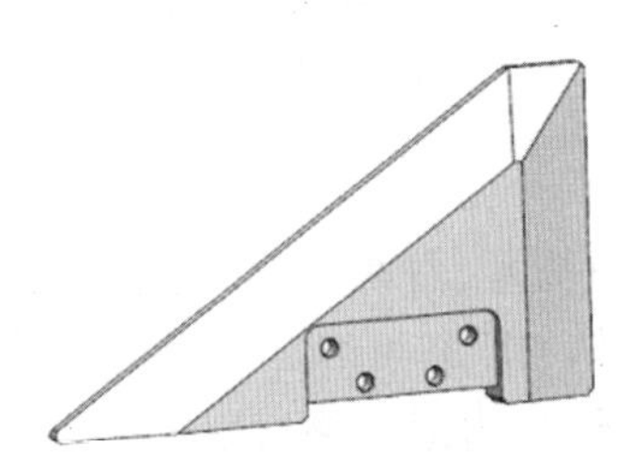

图 3-6　实心式整体翼面

3.3　复合材料翼面

复合材料是指由两种或两种以上组分相材料组成的材料，各组分相材料基本上仍保持其原来各自的物理性质和化学性质，彼此间有明显的界面。

制导炸弹向远程化方向发展，对翼面的轻量化提出了更高要求，越来越多的制导炸弹采用复合材料进行翼面结构设计。随着复合材料的飞速发展，其在翼面结构中所占的比重越来越大，所应用的部位已从次承力小型翼面结构向主承力大展弦比弹翼结构方向发展。

3.3.1 复合材料翼面特点

与常规材料的弹翼相比，复合材料弹翼具有显著的特点，主要表现在以下几个方面：

(1)重量轻。复合材料弹翼相对于传统的金属弹翼，在满足同等强度及刚度要求的前提下，可大幅减轻弹翼重量，这主要归功于复合材料良好的比强度与比模量。所谓材料的比强度与比模量是对材料性能与自身重量的一个非常重要的衡量参数。表3-1列出了几种典型材料的性能数据。可以看出，碳纤维的比强度和比模量要远高于钢和铝合金。工程实践证明，用复合材料代替铝或钢，减重率可达40%。

表3-1 几种典型材料的性能数据

材料	密度(ρ)/($g \cdot cm^{-3}$)	抗拉强度(σ)/MPa	拉伸模量(E)/GPa	比强度/($GPa \cdot g^{-1} \cdot cm^{-3}$)	比模量/($GPa \cdot g^{-1} \cdot cm^{-3}$)
高模碳纤维	1.8	5000	240	2.8	130
高强钢	7.8	680～2 100	206	0.08～0.27	27
铝合金	2.7	144～700	69	0.05～0.25	26
钛合金	4.5	940	112	0.21	24.8
硼纤维	2.63	2 800	385	1.1	146
芳纶纤维	1.5	2 800	130	1.87	87

(2)可设计性。复合材料由各向异性的单层组成，通过改变铺层方向，可设计出满足要求的复合材料翼面，既可采用纯复合材料结构，也可以根据需要，将翼面设计成“金属＋复合材料”的组合形式。

(3)易成形。复合材料可以成形各种型面的零件，这是采用复合材料的最大优越性所在。有时还可以一次成形，甚至是整体成形，大大减少了零部件的数量，同时可减少连接件及紧固件的数量，减少装配环节，有利于总体减轻结构的重量，降低制造成本。尤其近年来三维编织及相应的低成本制造技术的出现，使制造形状更为复杂的复合材料件得以实现，而且能够有效简化工艺过程，提高复合材料的生产效率。

3.3.2 复合材料翼面结构形式

应根据翼面尺寸、承载要求、成形工艺、成本等因素，选择合适的结构形式，制导炸弹复合材料翼面结构形式一般分为整体式、梁式和夹层式，典型结构如下。

1.整体式

翼面采用复合材料整体成形，无内部结构，如图 3－7 所示。整体式结构具有刚度大的特点，适合较薄的小型翼面，但材料的利用率不高。

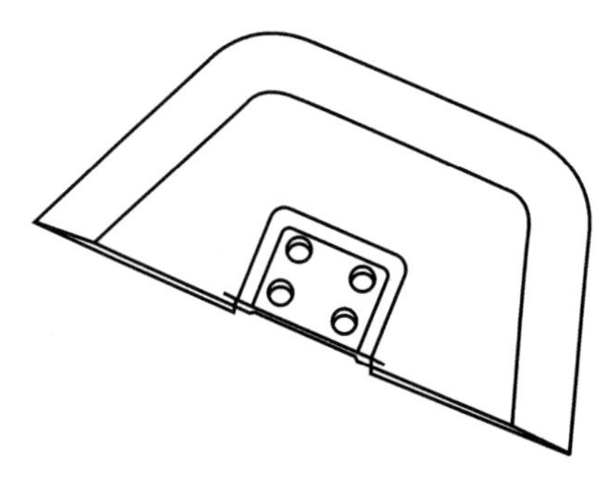

图 3－7 整体式翼面结构示意图

2.梁式

翼面由梁、蒙皮等组成，梁采用复合材料或金属制造成形，蒙皮采用复合材料制造成形，根据梁的数量，可分为单梁式与多梁式结构。单梁式结构只有一根较强主梁承担弯矩，适用于展长较长的大展弦比翼面，如图 3－8 所示；多梁式结构具有多根梁，适用于弦长较长的小展弦比翼面，如图 3－9 所示。梁式结构具有承弯能力较强、材料利用率高的特点。

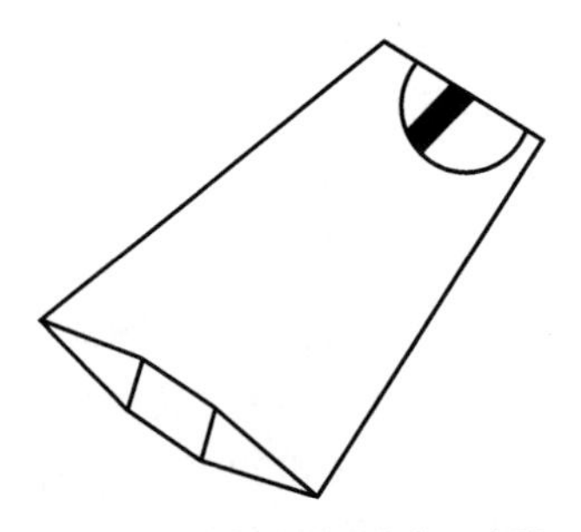

图 3－8 单梁式翼面结构示意图

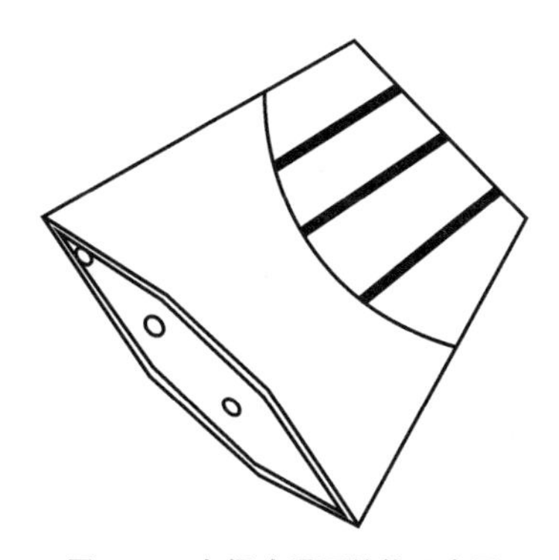

图 3-9　多梁式翼面结构示意图

3.泡沫夹层式

翼面由蒙皮、接头、夹层结构等组成。蒙皮采用复合材料制造成形，主要承受弯矩和扭矩，接头采用金属加工成形，根据翼面弯矩情况，可做成一定梁式结构伸入蒙皮内部，其余空间用泡沫填充，主要承受剪应力，对蒙皮起支撑作用。泡沫夹层结构具有重量轻、强度高、刚度大的特点，多用于小型翼面，如图 3-10 所示。

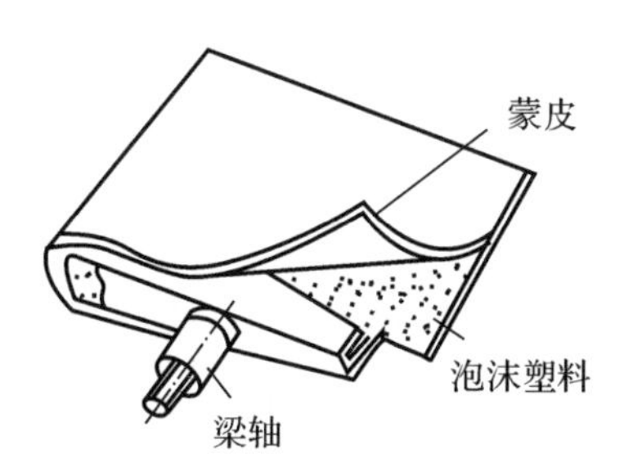

图 3-10　泡沫夹层结构

该结构有两种制造方法：一种是填充发泡式，即按配方调好原料，搅拌均匀，填入结构的空腔内，常温或加温使之充满空腔，形成夹层，此法多用于零件多的部件，并要求整个部件的各零件定位准确、牢固，否则发泡时易造成零件错位，发泡后要和面板粘牢；另一方法为预置夹芯，即在模具中按零件外形要求发泡成泡沫块，再用胶黏剂将面板粘到泡沫块的表面上，组成泡沫夹层结构。

4.蜂窝夹层式

蜂窝夹层结构如图 3-11 所示。面板由蜂窝夹芯支撑，除质量小、强度和刚度大外，该结构还可大大提高面板临界应力，因此可以采用铝合金和较薄面板。蜂窝夹层结构工艺复杂，装配质量受多种因素影响，不易控制，检验方法比较

复杂。

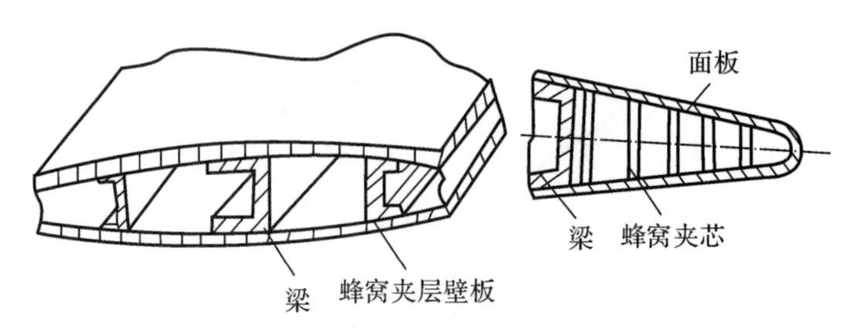

图 3-11　蜂窝夹层结构

1—蜂窝夹层壁板；2—全高度蜂窝夹层翼面

(1)蜂窝夹芯。正六边形格子的蜂窝夹芯应用广泛。如图 3-12 所示，其特点是纵向抗剪强度大，制造工艺简单，胶接夹芯还有便于拉伸成形、生产效率高的优点，可根据不同设计要求在格子纵向镶嵌加强条，以提高纵向抗剪能力，或在格子中填充泡沫塑料，以提高抗压强度，还可以用不同尺寸格子组成变密度夹芯，除常用的正六边形夹芯外，还有正弦波形、等边非正六角形、四边形夹芯等。

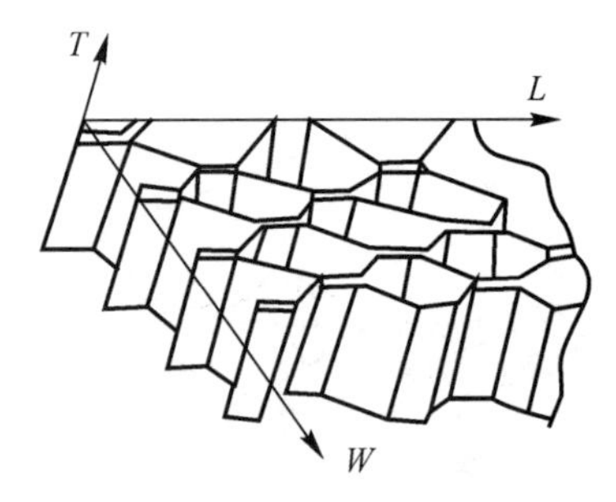

图 3-12　正六边形夹芯

(2)胶接铝蜂窝夹层结构。这种结构由铝合金面板和夹芯胶接而成，夹芯分为侧壁上带孔和无孔两种，孔是为了排除胶黏剂固化时挥发的气体和水汽，夹芯侧壁是否开孔由胶黏剂种类决定。夹芯所用的胶黏剂应有较高的节点强度和剥离强度，以及高的韧性，能经受重复固化温度影响。面板和夹芯连接用的胶黏剂应具有良好的综合性能，并尽量采用胶膜形式。因受夹芯抗压强度限制，固化压力不能过高。

(3)非金属蜂窝夹层结构。这种结构多用于小型翼面上，或用于需穿透电磁波的结构，常用的材料为玻璃钢，即面板和夹芯均用浸胶的玻璃布制成，工艺性好，成本低，有较高的比强度，蜂窝格子多采用边长为 4～5 mm 的正六边形，以 0.1 mm 的无碱玻璃布制成，面板可设计成变厚度，常用 0.1～0.29 mm 厚的平纹或斜纹无碱玻璃布铺层(见图 3-13),面板铺层应有利于接头集中力的扩散、传递。

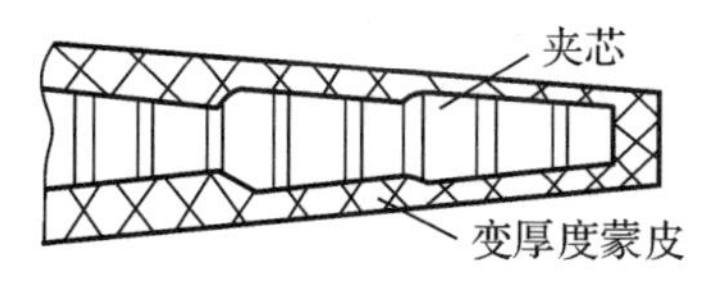

图 3-13 非金属蜂窝夹层结构

3.4 大展弦比弹翼设计

地面防空系统的发展使载机投弹时面临的威胁越来越大,因此对制导炸弹的安全性要求越来越高,人们也越来越重视增程化设计。如美国小型化制导炸弹“SDB-Ⅱ”所采用的2片大展弦比可折叠弹翼,在高空投放时其射程可达80 km以上,大幅提高了制导炸弹的使用射程,具备防区外发射能力。目前,国内外相当部分的新型制导炸弹采用了大展弦比弹翼,其升力效率高,阻力小,但同时要求重量轻、承载高,因此大攻角时升力效率和稳定性降低,易发生颤振,翼根强度问题严重,设计难度较大,是制导炸弹翼面设计的难点。下面介绍大展弦比弹翼设计中的几个关键点。

3.4.1 大展弦比弹翼设计的依据

弹翼设计的原始依据应包括弹翼的功用、工作时间、载荷分布、设计技术指标(强度及刚度指标、重量指标等)、弹翼的边界情况等。设计之初应全面分析以上原始依据,为弹翼设计做好准备。

3.4.2 弹翼结构方案选择

选择弹翼结构方案时,应综合考虑所有的设计要求,如弹翼的工作时间、翼载、弹翼的边界情况及其工艺要求等。大展弦比弹翼一般折叠于制导炸弹弹身中,并能够绕弹身上的固定轴旋转,投放后通过驱动机构展开。由于需要在较短时间内可靠展开到位,因此要求弹翼绕转轴的转动惯量尽可能小,这就给弹翼轻量化提出了更高要求。大展弦比弹翼具有较大的升阻比,在飞行时能够提供最高超过全弹80%的升力。大展弦比弹翼根据气动特性要求,一般采用翼型截面，通常预置一定的安装角。

对于翼面厚度相对较小、承载相对较小的弹翼，可选用刚性大、重量轻的结构形式，如整体式弹翼形式。图 3-14 所示为某小直径制导炸弹大展弦比弹翼，该弹翼弦长为 140 mm，翼型最大厚度为 12 mm，翼展为 1 800 mm，采用高强铝合金机械加工成形，翼根设有转轴孔，翼端加工有 8 个细长减重深孔。

图 3-14　某制导炸弹铝合金实心弹翼

弹翼的展开动力源、展开时间要求等也是弹翼设计时需要考虑的重要因素。弹翼采用弹簧展开时，弹簧提供的动力有限，如果弹翼重量较重，则会导致弹翼无法展开到位，此时应特别注意减轻弹翼重量。图 3-15 所示为某 25 kg 级金属接头+复合材料大展弦比折叠弹翼，金属接头采用 7 系列高强铝合金，复合材料采用碳纤维复合材料预浸料模压成形。

图 3-15　金属接头+复合材料弹翼结构

1—弹翼接头；2—复合材料

当弹翼尺寸承载大、结构尺寸也较大时，可根据需要采用蒙皮骨架式弹翼结构或复合材料弹翼结构。图 3-16 所示为某 1 000 kg 级制导炸弹大展弦比弹翼的结构，该弹翼采用蒙皮骨架式结构，一端设计有接头，中间设有翼梁，延展向布置有 6 根翼肋。

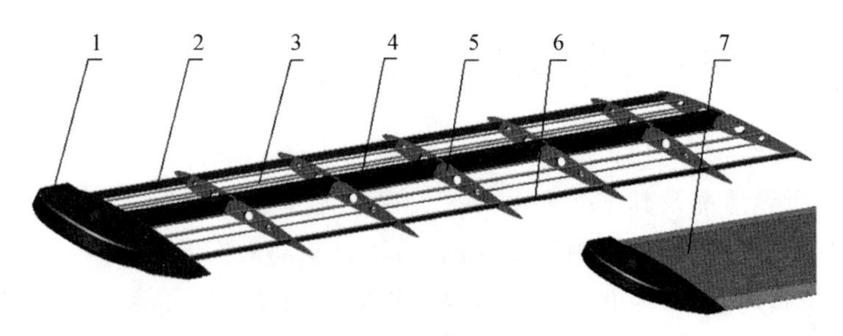

图 3-16　蒙皮骨架式弹翼结构

1—弹翼接头；2—前墙；3—桁条；4—翼梁；5—翼肋；6—后墙；7—蒙皮

在选择结构方案时应考虑工艺实现，根据翼型剖面高度空间选取合适的结构。当翼型剖面高度较小时，不宜选用蒙皮骨架式铆接翼面；若选用整体式结构，也应考虑制造工艺的要求。

以上介绍了大展弦比弹翼设计的几个主要方面，远没有涵盖弹翼设计的所有内容。通过方案选择后，应形成2种以上可行的结构方案，进行分析论证并择优选取。

3.4.3 受力元件设计

1.弹翼接头

弹翼接头是弹翼主承力件，将弹翼载荷传递至弹身，同时承受弹翼气动力引起的附加弯矩及扭矩，弹翼结构根据受力情况不同而选用不同的材料。一般承力较大时，选用高强合金钢，如30CrMnSi、35CrMnSi等；承力中等时，可选用7系高强铝合金，如7075等；承载较小时，可选用2系列铝合金，如2A12、2A14等。

弹翼接头上一般有与安装在弹身上的转轴连接的通孔，一端有与前墙、桁条、翼梁、后墙连接的接口。弹翼接头为铝合金时，转轴孔位置一般应设置钢套，钢套与翼接头之间采用过盈配合，与桁条等的接口应根据桁条的形状不同而不同。图3-17为某铝合金弹翼接头结构图。

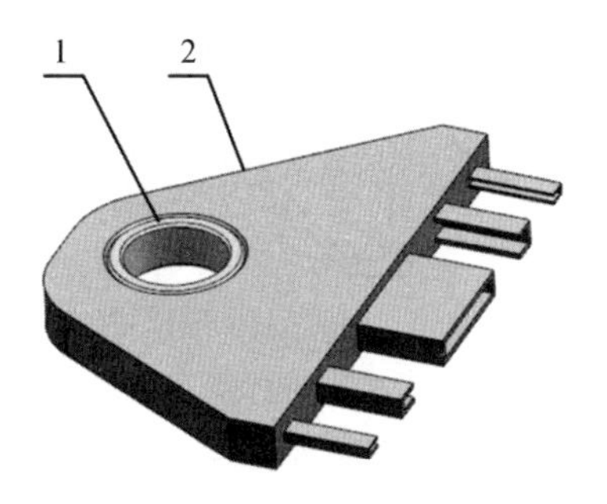

图3-17 铝合金弹翼接头结构图

1—钢套；2—弹翼接头

2.翼梁

翼梁是大展弦比蒙皮骨架式弹翼中最重要的受力元件，在弹翼中所占比重较大，因此需合理地选择梁的结构形式、剖面形状和材料。翼梁的结构形式有组合式、整体式和混合式。组合式翼梁可由高强铝合金（如7075）或高强合金结构钢（如35CrMnSi）材料制造成的凸缘和腹板通过铆接或焊接组成。这种结构形式材料利用率高,但装配工作量大,常用于大尺寸的翼梁。整体式翼梁一般通过锻件或型材机械加工而成,它的强度高,外形准确度高,采用锻件时机械加工量大,材料利用率低。

翼梁的剖面形状有工字形、[形、盒形、圆形等。在图 3-18 中,1 和 6 有特制的薄耳片作连接,可消除因铆钉孔使强度削弱的影响;5 和 10 能承受较大弯矩及扭矩,常在夹层结构弹翼中作翼梁用;9 也能承受弯矩和扭矩,常用作操纵面的转轴。

近年来,随着碳纤维复合材料的飞速发展,以及碳纤维原料国产化的实现,越来越多的大展弦比弹翼开始采用碳纤维复合材料制作翼梁,碳纤维的翼梁截面通常为[形和矩形,结构重量轻、强度大,适合于对重量有严格要求的弹翼。

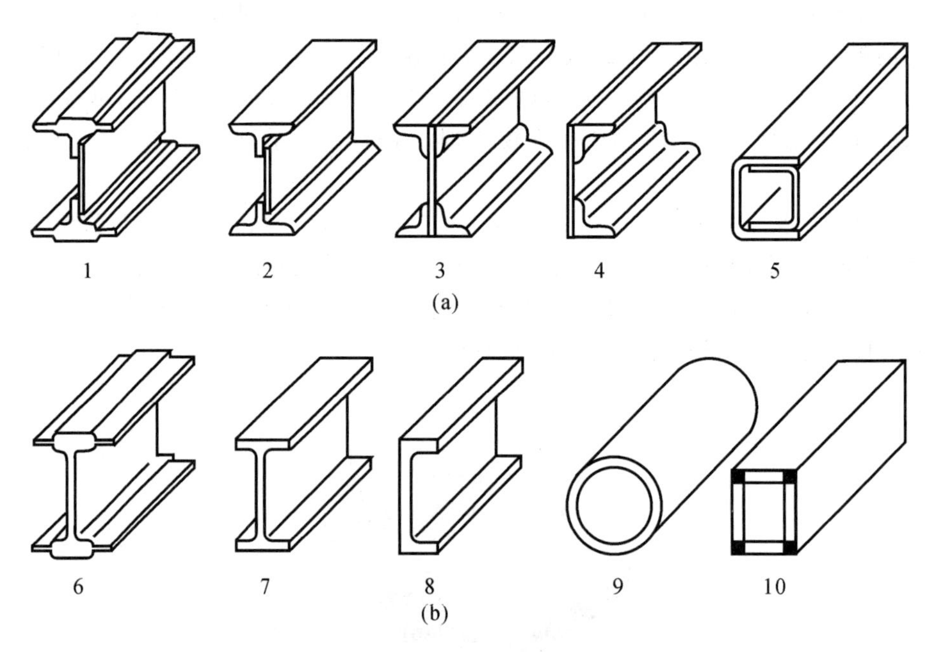

图 3-18 翼梁的结构形式和剖面形状

(a)组合式;(b)整体式

3.桁条

桁条的剖面形状和种类较多,一般可分为挤压型材和钣弯型材两大类。如图 3-19 所示,前者比后者的强度及刚度要大,常用在承受正应力的桁条上;后者常用于承受局部弯曲的桁条。挤压型材的剖面上有一圆头,它能提高桁条的总体稳定性和局部稳定性。增大桁条的宽厚比和改善桁条与翼肋的连接,也能提高桁条的稳定性。桁条的材料一般为铝合金。

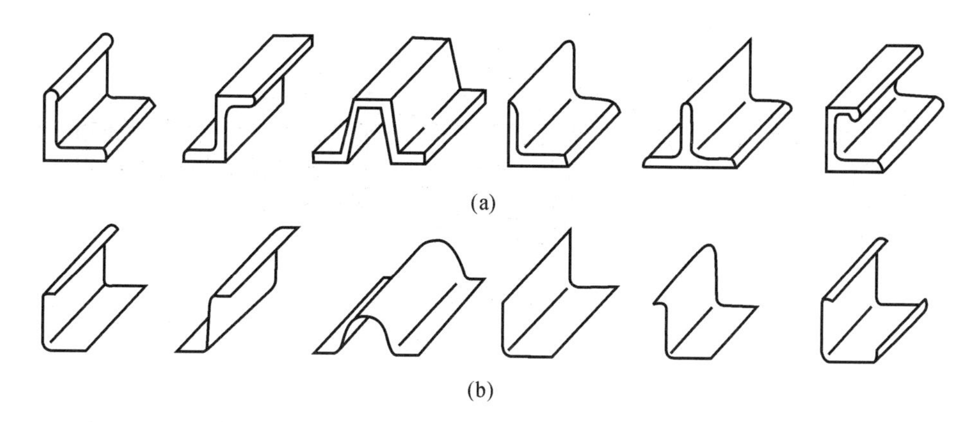

图3-19 桁条的结构形式

(a)挤压型材；(b)钣弯型材

4.蒙皮

蒙皮的主要作用是维持弹翼的气动外形，同时也是主要的受力元件。蒙皮与弹翼接头、翼梁、桁条、翼肋等铆钉连接。铆接结构的蒙皮常有对缝，对缝的连接形式有对接和搭接两种，如图3-20所示。蒙皮对缝一般位于翼梁上，不布置在弹翼的迎风面，同时严格控制对缝的缝隙大小及均匀性，以减小空气阻力。蒙皮太薄时易造成沉头铆钉与蒙皮贴压不紧。采用桁条加强蒙皮可提高蒙皮的承载能力。

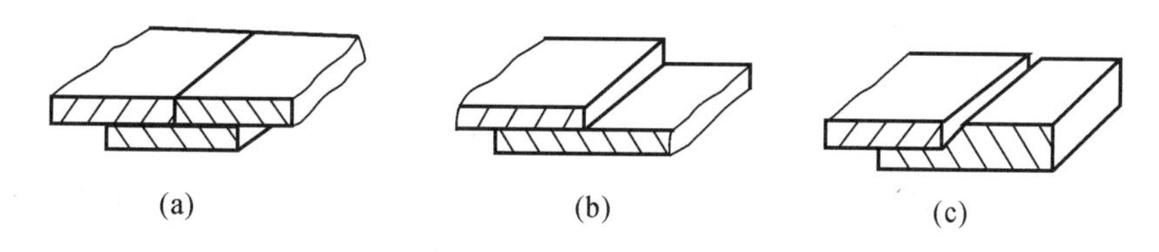

图3-20 蒙皮对缝的连接形式

(a)对接；(b)搭接(1)；(c)搭接(2)

5.翼肋

从翼肋受力形式上看，翼肋相当于在自身平面内受载的梁，故翼肋也有凸缘和腹板，普通翼肋由铝合金板材弯曲成形，如图3-21(a)所示，其凸缘和腹板厚度相等。腹板的剩余强度一般较大，因此常在腹板上开孔减重，为了提高腹板的抗剪能力，减重孔的边缘一般有加强的翻边。凸缘上的槽口为穿越桁条用。对于受集中载荷的加强肋，多采用整体铸造或锻造件，如图3-21(b)所示。

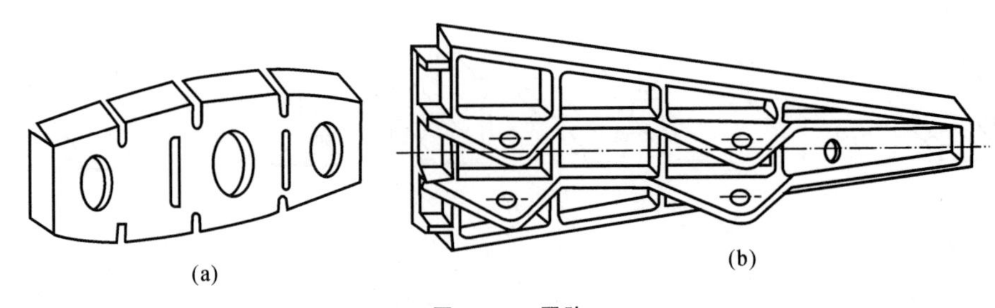

图 3－21　翼肋

(a)普通翼肋；(b)加强翼肋

3.5　翼面与弹身的连接形式

弹翼和弹身一般通过弹翼接头连接，弹翼接头是弹体上重要的承力构件，接头的构造形式取决于弹翼和弹身的构造特点、几何外形、外载荷的分布情况和大小及传力的方式等。

接头要确保弹翼与弹身的相对位置准确，通常将弹翼的安装角误差和反角误差的 1/3 分配到接头上，相对位置不准确导致的附加力矩将影响全弹的静稳定度。

弹翼与弹身一般采用可拆卸连接，以便分段生产、装箱和贮存，通过接头将弹翼载荷传递给弹身，接头既要便于装卸，又要可靠地传递载荷，同时工艺性要好。为了保证弹翼的安装质量，接头最好可以调节。

按受力特点和构造形式，接头可分为铰接接头和刚性接头，后者可以传递力和力矩。主接头一般为刚性接头，铰接头一般只作辅助接头。

按弹翼和弹身的连接特点，可分为集中传力接头和分散传力接头。前者通过主接头传递集中力，如轴颈式连接，适用于梁式弹翼；分散传力接头是通过多个连接接头将力传到弹身上，适用于单块式或翼型厚度较小的整体式弹翼。

选择弹翼和弹身的连接位置时，必须考虑弹翼的变形特性和受力构件的布局，弹翼的连接接头应尽可能靠近压力中心，以缩短传力路线，减小接头上的载荷，减轻弹翼重量。为了使弹翼扭矩最小，弹翼的刚性轴应靠近压力中心线，对根部翼弦较长的小展弦比弹翼，为了减少弹翼前缘和后缘的翻折，需装辅助接头。为适应弹翼接头和受力构件的布局，可将翼型最大厚度位置后移，以不使气动阻力显著增加为准。

3.5.1 多榫式连接

多榫式连接属于分散接头，这种接头刚度好，抗弯能力大，如图 3－22 所示。它适用于薄形整体弹翼，翼面载荷主要靠榫头传递，扭矩的一部分由辅助接头承担。

接头数目越多，传力越均匀，但工艺协调越困难，加工精度要求越高，相应的生产成本就会越大。由于接头多，如果其中任一个接头稍有变形或不符合要求，就会造成装卸失灵。

为了改善装配，一般使榫头前面的高度比翼根处小一些，易于弹翼装入，然后拧紧固定螺钉于弹体之上。

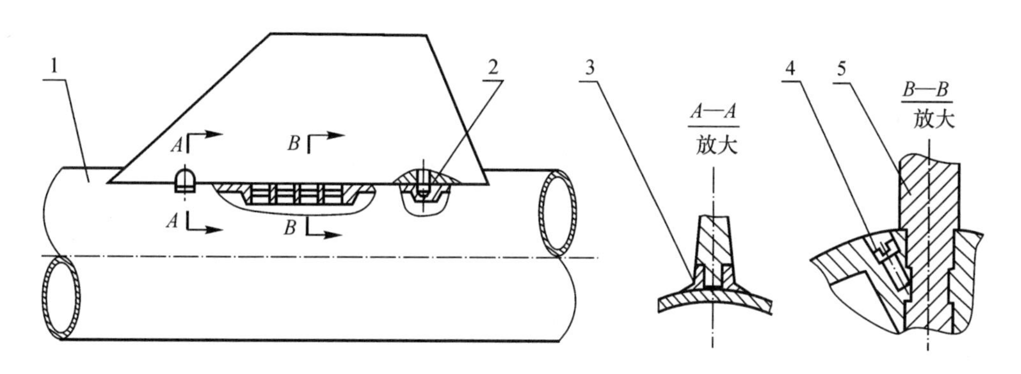

图 3－22 多榫式连接

1 —弹体；2 —后辅助接头；3 —前辅助接头；4 —固定螺钉；5 —弹翼

3.5.2 凸缘连接

凸缘连接又称盘式连接。如图 3－23 所示，这种连接的装配性较好，缺点是，安装弹翼对弹身安装位置强度削弱较为严重，如果从内部加强，又会影响弹内容积。另一种形式是单块式弹翼，螺栓从内部安装，弹翼上装有托板螺母，从弹体内紧固螺栓就可以将弹翼连接。这种形式的缺点是，上、下螺栓的距离受到翼根剖面高度的限制，拆装很不方便。由于翼根高度小，承受弯矩的能力较弱，主要适用于弹身直径较大、拆装弹翼不影响结构强度的连接。如果采用外连接，由于螺栓暴露于气流之中，对气动性能有一定影响。

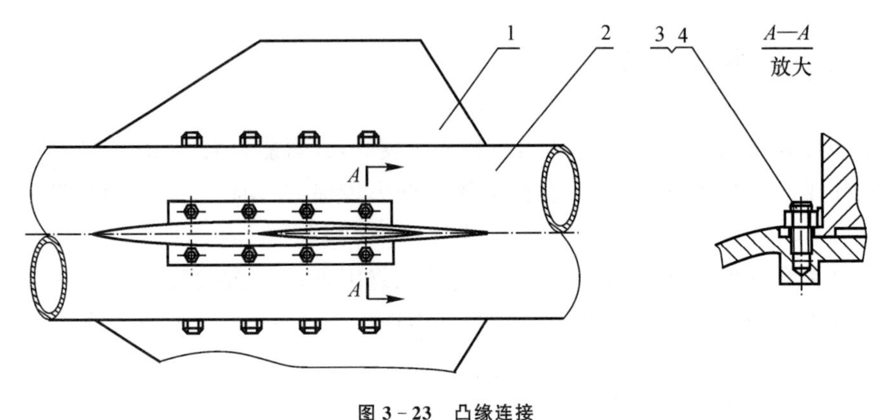

图 3-23　凸缘连接

1 —弹翼;2 —弹体;3 —连接螺栓;4 —螺母

3.5.3　耳片连接

耳片连接又称夹持槽连接(见图 3-24),即在弹身的凸梗上铣出沟槽(称为夹持槽),弹翼则插入此槽中,用螺栓固定,弹翼在被弹身夹持的翼根部分稍有减薄,以保证良好配合。

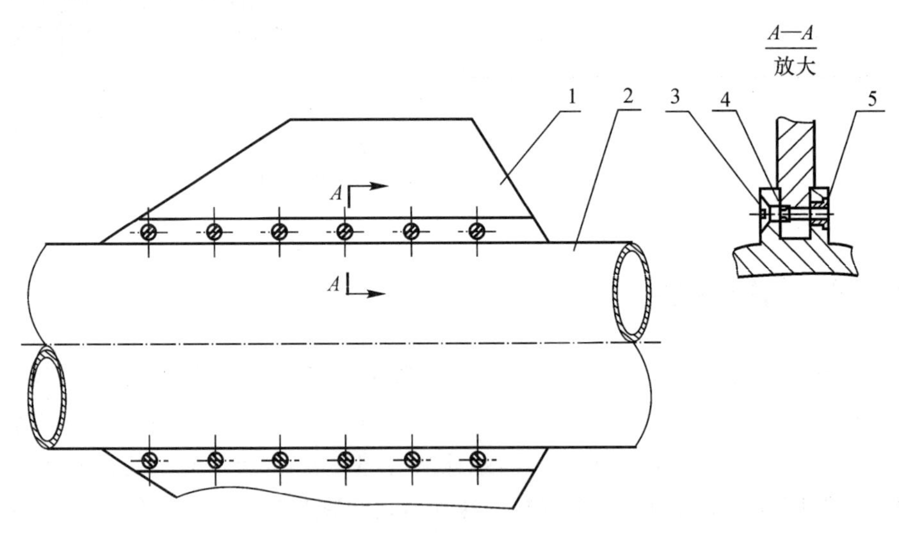

图 3-24　耳片式连接结构

1 —弹翼;2 —弹体;3 —螺钉;4 —橡皮胶圈;5 —固定螺母

在螺钉连接处,弹翼上开有 Ω 形缺口,连接螺栓先在弹上装好,但并不拧紧,连接螺栓的小直径小于Ω形缺口尺寸,这样弹翼就可直接插入弹身凸梗内;然后再拧紧螺栓,使其大直径正好位于Ω形缺口中央,从而将弹翼固定在弹身上。螺母由合金钢材料制成,圆周方向加工有直纹滚花,预先将螺母压入弹身相应的孔中,不致自松脱落,螺栓上的橡皮胶圈可以防止螺栓由于振动自松脱落。这种连接方式的优点是构造简单、拆装方便、工艺性好,缺点是由于弹体上需要有凸梗,所以弹体工艺性较差。

3.6 翼面隐身设计

近年来,随着预警探测系统、防空系统和拦截武器系统的性能不断提升,探测能力不断增强,给制导炸弹特别是带大展弦比弹翼的滑翔增程制导炸弹生存带来了严重威胁,也对制导炸弹的隐身性能提出了更高要求。制导炸弹的隐身性能通常用雷达散射截面(Radar Cross Section, RCS)来衡量,而翼面是制导炸弹上的强散射源之一,是影响制导炸弹头部方向RCS的重要因素,必须采取有效措施缩减才能保证全弹的隐身性能。

3.6.1 翼面隐身方法

翼面隐身主要通过隐身材料和隐身结构两种方式实现。隐身材料主要是指在翼面上涂覆雷达波吸波材料,而隐身结构是指通过设计一定的结构,使翼面既能够满足外形和承载要求,又能明显减小雷达散射截面。

传统的吸波材料常用的有石墨、导电纤维、铁氧体系列、钛酸钡和铁电陶瓷系列、磁性金属粉等,均已广泛应用。目前吸波材料正向宽频带、薄厚度、轻质量、强吸收等高性能方向发展。新型吸波材料有纳米吸波材料、宽频谱吸波材料、手性吸波材料、导电高分子吸波涂料、结构吸波材料、多晶纤维吸波涂料、电路模拟吸波材料和等离子体吸波材料等。

隐身结构是由非金属材料与吸波材料、透波材料及其他材料共同构成的承载复合结构,具备复合材料轻质、高强、可设计特点,是现代隐身结构发展的重要方向。与单纯表面涂覆吸波材料方案相比,隐身结构厚度更大,吸收电磁波的能力更强。隐身结构主要包括泡沫夹芯吸波结构、蜂窝夹芯吸波结构等多种形式。

3.6.2 翼面隐身结构形式

1.泡沫夹芯吸波翼面结构

泡沫夹芯吸波结构翼面是由透波蒙皮、吸波泡沫和金属梁构成(见图3-25),通过低介电常数的透波蒙皮实现与自由空间的阻抗匹配,使电磁波进入翼面内部。翼面内部空间填充吸波泡沫,通过泡沫中的吸收剂,将入射的电磁波能量转换为热能,同时,吸波泡沫还具有支撑蒙皮、维持翼型、传递分布载荷的作用。泡沫夹芯吸波材料是将预聚体与吸波剂混合制成树脂基体,然后进行聚合发泡或者将具有吸波性能的泡沫芯子与树脂预浸料共固化。泡沫夹芯结构隐身复合材料不仅对雷达波、红外线有很高的吸收率,而且具有强度高、韧性好、重量轻、各向同性、损伤容限高、易成形加工等特点。泡沫夹芯吸波结构翼面能充分利用翼面内部空间,利用吸波泡沫的结构长度对电磁波进行有效吸收。

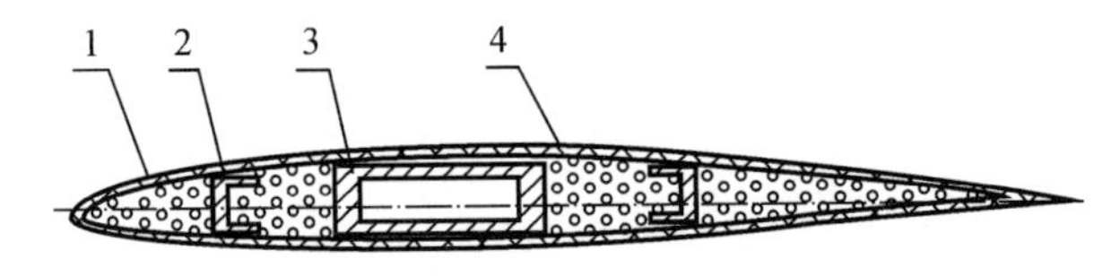

图3-25 泡沫夹芯吸波结构翼面

1—吸波泡沫;2—桁条;3—翼梁;4—透波蒙皮

2.蜂窝夹芯吸波翼面结构

蜂窝夹芯吸波翼面结构与泡沫夹芯吸波翼面结构基本相似,不过用蜂窝结构代替了吸波泡沫,起到维持翼型、传递载荷的作用,如图3-26所示。夹芯结构有正方形、正六边形、菱形等多种形状,以正六边形居多,通过浸渍,在蜂窝壁面上形成吸波材料层。当电磁波进入蜂窝夹芯结构内部时,在蜂窝壁面上发生多次反射、折射、吸收,最终达到吸收电磁波的目的。

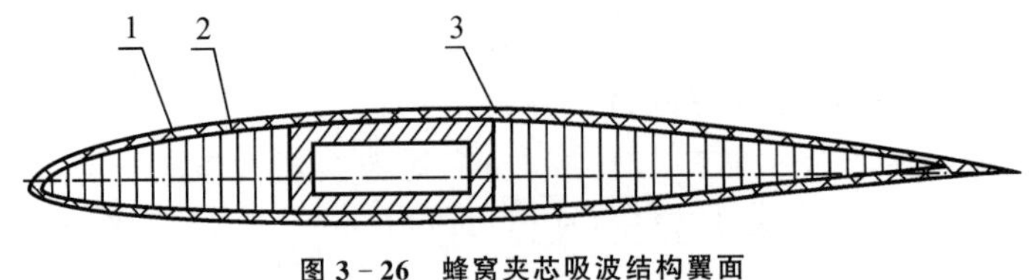

图3-26 蜂窝夹芯吸波结构翼面

1—夹芯蜂窝;2—翼梁;3—透波蒙皮

蜂窝夹芯结构也可以与泡沫夹芯结构相结合,通过在蜂窝内部发泡,就可以

实现吸波泡沫吸收性能与蜂窝结构抗压性能的优势互补，在保证 RCS 缩减效果的同时，进一步提高其力学性能。

3.7 弹翼气动弹性设计

3.7.1 弹翼气动弹性的基本概念

制导炸弹在自主飞行时，弹翼变形会改变结构变形和攻角，进而改变气动力，即产生附加的气动载荷，而附加的气动载荷又使结构发生进一步变形。由于气动力随气流速度增加而迅速增加，弹翼结构的弹性恢复力与气流速度无关，故存在一个临界的气流速度，当气流速度超过临界值时，结构的弹性恢复力不再平衡气动力，弹翼结构变成不稳定的。上述现象中，气动力与时间无关，称之为气动弹性的静力学问题。当气动力与弹性恢复力相互作用时，结构变形有很大的加速度，会出现振动现象，致使结构惯性力参与结构平衡。此时，气动力也随时间而变，这就是气动弹性的动力学问题。

气动弹性力学是研究弹性变形对定常气动升力分布的影响及气动力产生的静变形的稳定特性的学科。它对航空炸弹升力面及操纵面的结构设计具有特别重要的意义。由于这类问题在大展弦比弹翼中更为突出，因此对弹翼进行气动弹性设计是不可或缺的关键技术之一。气动弹性设计结合了总体气动布局、结构强度、飞行控制等多个领域，是涉及空气动力学、结构动力学、试验技术等多学科的一项综合技术。

3.7.2 颤振

大展弦比弹翼的刚度一般较小，在飞行载荷及惯性力作用下，会产生较大的弯曲及扭转变形。结构弹性的改变会引起弹翼气动参数的变化，当弹翼在飞行中振动引起的惯性力、弹性恢复力及附加空气动力三者作用于弹翼时，可能出现3种情况。当弹翼的飞行速度小于一特定数值时，阻尼不断损耗能量，振动不断衰减，这种情况下结构是动力稳定的。当飞行速度超过这个特定值时，振动系统从气流中吸取的能量将大于结构阻尼引起的能量损耗，结构会由于振幅不断扩大而迅速破坏。此时结构是动力不稳定的。把这种由于自身的振动而给出激振频率的自激振动称为颤振，它是能使弹体振幅迅速扩大的十分危险的振动。

3.7.3 防止颤振的措施

为避免弹翼颤振或提高结构的稳定性，可采取以下措施：

(1)避免各种频率互相接近。应合理设计弹翼的刚度与质量分布，使扭转振动与弯曲振动不合拍，从而提高弹翼临界颤振速度。

(2)提高弹翼的弯曲刚度及扭转刚度。在颤振中扭转起主要作用，扭转刚度的影响较大，只提高弯曲刚度，临界颤振速度变化不大，因为颤振时，弯曲与扭转要以同一频率联合振动。必须在提高弯曲刚度的同时提高抗扭刚度，使两者保持一定的差值。

(3)使弹翼各横截面的重心位于弹性轴之前。重心位置向弹翼前缘移动会明显增加弹翼临界颤振速度，通常通过在弹翼前缘增加配重来调整重心位置。

第4章

弹上机构设计

4.1 概　　述

弹上机构是指使制导炸弹及其部件、组件完成规定的动作或特殊功能的机械组件，其在弹上控制系统的指令下，实现与载机的机弹分离、部件动作、控制飞行，最终到达目标区域后毁伤目标。弹上机构是制导炸弹上必不可少的重要组成部分。

按功能可对弹上机构进行如下分类。

1.折叠翼机构

随着现代军事科技与国防工业的迅速发展，战斗机正在向着高空、高速、隐身方向发展，新的战机大都要求载弹从外挂转为内挂。由于飞机内挂空间有限，内挂的制导炸弹不允许占用更多的空间，而由于制导炸弹的翼展长通常相对弹身直径较大，所以内挂的制导炸弹需采用折叠翼，即便是对于外挂的制导炸弹，从减小气动阻力、适应载机高空高速飞行要求、减小挂载空间、提高载机挂载量、减小雷达反射面以及提高载机隐身性要求等方面考虑，采用折叠翼也十分有必要。

折叠翼机构用来实现制导炸弹在贮存、运输及挂机飞行时使翼面部分或全部折叠，制导炸弹发射离机后，折叠翼接受指令可靠展开、锁紧，为制导炸弹提供升力或控制力矩。

2.连接与分离机构

制导炸弹作为载机主要对地攻击武器，涵盖的攻击能力较多。随着新技术的发展，许多制导炸弹攻击时，需要实现机构分离，使武器的攻击单元外露，目标打击效率提高。

3.抛撒机构

子母型制导炸弹是指在一个母弹平台内装备一定数量的相同或不同类型的载荷单元，如各种子炸弹、火箭弹、子导弹、末敏弹、智能子雷、无人机等，并在预定的抛撒点母弹开舱，将载荷单元从母弹平台内抛撒出来，形成一定散布面积与散布密度的作战效果。其中抛撒机构是子母型制导炸弹的核心功能部件，通过它使母弹平台内各载荷单元按照设计的方向、速度从舱内分离，实现散布。

4.2　折　叠　翼

4.2.1　折叠翼的组成及功能

制导炸弹折叠翼应能够在炸弹地面贮存及挂机投放前实现翼面折叠、锁紧的功能，其外形尺寸满足挂机要求；炸弹投放后，实现翼面解锁、展开，到位后锁紧；折叠翼展开到位后，外形尺寸满足气动要求，为炸弹提供飞行升力或控制力矩。

制导航空折叠翼通常由翼面、初始锁紧机构、展开机构和到位锁紧机构四部分组成。

(1)翼面。翼面是折叠翼的主要组成部分。其展开状态可实现制导炸弹完整气动外形，为炸弹提供飞行升力或控制力矩；在折叠状态，翼面结合初始锁紧机构，实现翼面折叠、锁紧；在展开过程中，翼面结合展开机构和到位锁紧机构实现翼面的可靠展开与锁紧。

(2)初始锁紧机构。初始锁定机构主要由锁紧单元、支撑单元、传动单元以及解锁单元等组成，保证炸弹发射前可靠锁紧舵翼，炸弹投放离机后，接到解锁指令时解除对舵翼的锁定。

(3)展开机构。展开机构由支撑单元、驱动单元等组成，在折叠翼解锁后，通过驱动单元作用，实现翼面展开。

(4)到位锁紧机构。到位锁紧机构一般主要由限位单元、锁紧单元组成，在翼面伸展到位后，安全、可靠地锁紧翼面，避免翼面在飞行过程中发生位置变化。

4.2.2 折叠翼设计要求

1.展开时间

展开时间指从制导炸弹与载机分离后，折叠翼接收到展翼指令，开始动作，至展开到位并锁紧可靠的这段时间。该时间应满足总体设计提出的要求，需要兼顾载机安全、炸弹姿态、炸弹控制等关键因素。

对于尺寸较大、重量较大的折叠翼，展开时间一般在 0.5～1.5 s 范围内，对于尺寸较小、重量较轻的折叠翼，展开时间一般在 0.05～0.5 s 范围内。当制导炸弹有多片折叠翼需同时动作时，为避免因不同翼面展开时间不同，造成制导炸弹产生不对称干扰力，各折叠翼展开时间误差一般不大于 0.05 s。

2.强度与刚度

根据折叠翼使用、保管环境条件，以及任务剖面，对折叠强度与刚度有以下要求：

(1)折叠翼在收拢状态时，结构应满足运输、存贮、挂机飞行、投弹瞬间等各环节的使用载荷要求，防止翼面意外展开或破坏，尤其是挂机飞行不得出现意外解锁动作。

(2)折叠翼展开、锁紧后，结构应满足制导炸弹飞行过程中的气动载荷要求，翼面变形应满足总体设计提出的变形要求，受翼面变形引起的气动力损失一般不得超过气动力的 10%。

(3)因为折叠翼翼展通常较大，翼面动特性对炸弹飞行稳定性影响较大，所以折叠翼的模态特征应与全弹模态特征相匹配，武器研制时通常需进行模态试验、振动试验、颤振试验等工作。

3.安全性

折叠翼在全寿命周期内，其安全性应满足下列要求：

(1)炸弹贮存、运输、检测、挂飞时处于折叠锁紧状态，不得展开；

(2)炸弹投放离机后，折叠翼解锁、伸展过程中不应产生对载机有危害的分离物；

(3)机构内若含有火工品，按火工品相关要求进行设计与试验。

4.2.3 折叠翼设计

1.设计程序

折叠翼设计程序可按图 4－1 进行。

折叠翼设计应根据设计输入要求，首先开展总体设计，设计折叠翼的类型、结构形式、布局方式，选择功能部件的方案，初步确定展开时间，确定强度与刚度的要求、维修性方案、可靠性方案、安全性要求、寿命要求、环境适应性方案以及电磁兼容性设计方案。

根据确定的总体方案，进行翼面、初始锁紧机构、展开机构、到位锁紧机构等各部分的结构设计，并经静力试验、伸展试验、模态试验、环境试验、可靠性试验、飞行试验等验证产品性能。

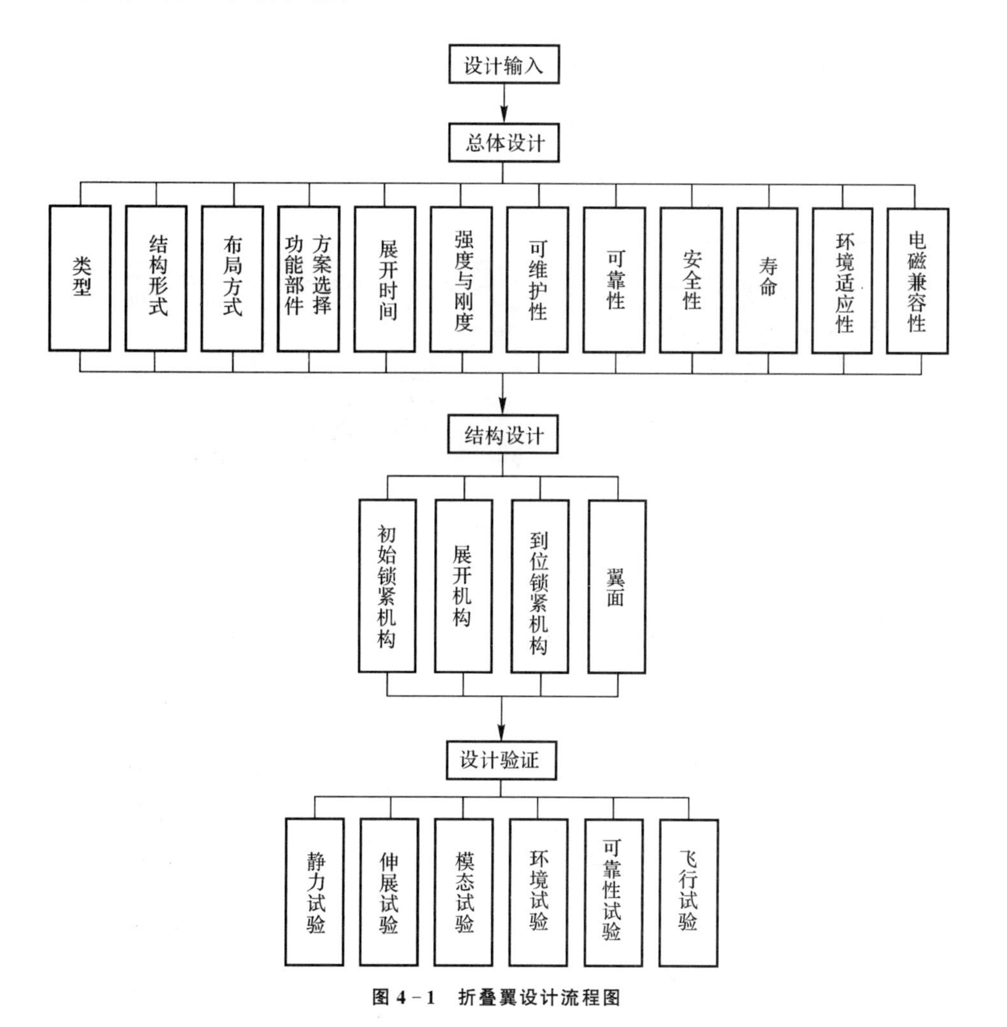

图 4-1 折叠翼设计流程图

2.折叠翼类型

折叠翼可分为折叠弹翼和折叠舵翼两种。折叠弹翼展开到位后相对于弹身不再运动,并可靠固定,在炸弹飞行过程中为炸弹提供飞行升力或稳定力矩;折叠舵翼展开到位后,舵翼可根据控制信号在舵机操纵下相对弹身转动,在炸弹飞行过程中为炸弹提供飞行控制力矩。

3.结构形式

根据制导炸弹要求、结构具体情况,以及载机挂载空间要求等,选取折叠翼结构形式。折叠翼结构形式一般分为纵向折叠式和横向折叠式两种,典型结构如下:

(1)纵向折叠式。此类折叠翼折叠、展开运动方向与弹体纵轴是一致的,翼面折叠部分的旋转轴都与弹体纵轴垂直,如图 4-2 所示。

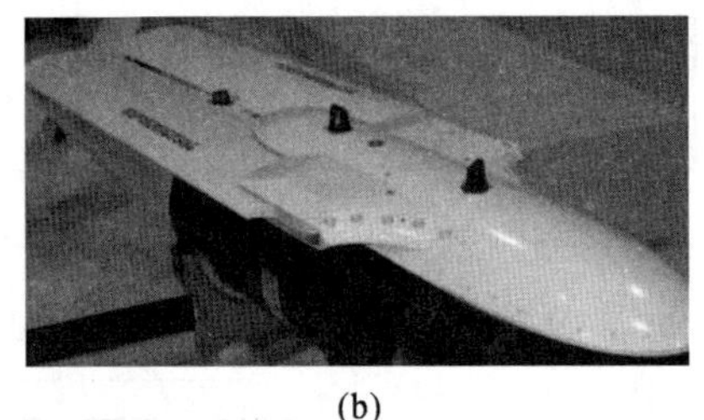

(a) (b)

图 4-2 纵向折叠式

(a)折叠舵翼;(b)折叠弹翼

(2)横向折叠式。横向折叠翼面是在翼面的根部或中部,沿气流方向设置一弦向分离面,使外翼部分可绕分离面上的转轴折叠或展开,如图 4-3 所示。

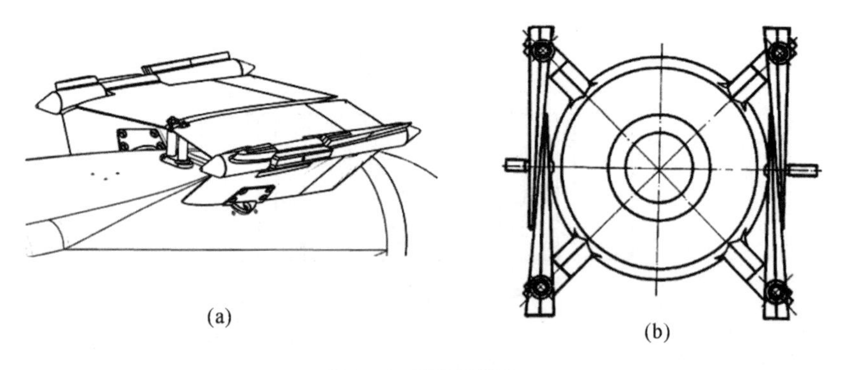

(a) (b)

图 4-3 横向折叠式

(a)折叠舵翼;(b)折叠弹翼

4.折叠翼机构设计

(1)翼面。翼面设计应综合考虑强度、刚度、重量、成本、批量生产等因素，选择合适的翼面结构形式；按炸弹翼面最大使用载荷计算翼面变形量，应满足要求；翼面与转轴间隙在保证转动灵活性的情况下应尽可能小，以提高翼面安装精度，一般可采取 GB/T 1800.1 — 2009《产品几何技术规范(GPS)极限与配合》规定的 H8/f7、E8/h7 配合。

(2)初始锁紧机构。根据折叠翼全寿命周期内可能出现的翼面意外展开力进行初始锁紧力设计。意外展开力通常包括运输情况、挂机飞行，以及地勤操作时产生的展开力；初始锁紧力可根据需要分别设计挂机锁紧力与地面锁紧力；初始锁紧力应大于翼面最大意外展开力与安全系数的积，安全系数一般取 $f=2$。

设计初始锁紧机构时尽可能采用简单可靠的结构，使初始锁紧机构在接到解锁指令时，及时对翼面解锁。初始锁紧力应提供可靠，满足炸弹贮存、使用环境与寿命要求；初始锁紧机构运动件间隙设计应合理，机构运动灵活，一般采取 H8/f7、H9/d9 的配合；必要时，可采用箍带、地面保险针等形式，增加一道折叠翼地面锁紧结构，对这些炸弹起飞前需拔除的部件，采用红色标识带、喷红色标识等方法进行标识。

(3)展开机构。根据翼面展开时间、翼面质量、翼面载荷、摩擦阻力、机构运动关系进行展开力设计，展开力计算公式为

$$\left.\begin{aligned} M_t &= M_O + M_f + M_a \\ M_O &= J \cdot \omega \\ F &= f(M_t, l_i) \end{aligned}\right\} \tag{4-1}$$

式中　M_t—— 展开机构展开所需的展开力矩，N·m；

M_O—— 折叠翼展开过程中产生的惯性力矩，N·m；

M_f—— 折叠翼展开过程中零件之间的摩擦力矩，N·m；

M_a—— 折叠翼展开过程中的气动力形成的阻力矩，N·m；

J—— 翼面绕转轴的转动惯量，$g \cdot m^2$；

ω—— 翼面展开角度加速度，rad/s^2；

F—— 展开力，展开机构提供力时所需的展开力为展开力矩 M_t 与机构尺寸 l_i 的函数，N；

l_i ——折叠翼尺寸，m。

展开力设计时，综合考虑炸弹在不同飞行高度、投弹速度情况下的翼面载荷，优先选用自适应动力装置；对展开力进行迭代设计，满足翼面运动参数的协调；展开力设计应适当，在展开力作用下，不应出现因冲击过大造成的结构损伤。展开机构设计时综合考虑温度、砂尘、气动力等环境带来的机构运动影响，为运

动件之间留有足够的间隙;若采用火工品或压缩空气提供展开力,要考虑环境温度为展开力带来的变化,尤其是低温环境下提供的展开力应不小于所需的最小展开力;优先采用翼面联动机构,以保证翼面动作的一致性;翼面转动部分通过铰链连接时,铰链内部不可避免地会有间隙存在,通过分析、试验,验证间隙对翼面刚度、颤振、气动力变化等问题的影响;必要时,设计翼面到位缓冲机构,减缓展开机构到位时的冲击,缓冲机构可采用薄壁筒变形、橡胶、气压、油压、压簧等结构。

(4)到位锁紧机构。锁紧元件设置在翼面指定展开位置处,更能有效保持翼面停留在展开位置;锁紧元件应具有足够的强度和刚度,能承受翼面到位时的惯性冲击载荷;采用锁紧销等形式锁紧时,端部应采用锥角的形式,以保证锁紧销能快速进入销孔;设计合理的运动件间隙,减小锁紧时翼面晃动,一般可采取GB/T 1800.1—2009 规定的 H8/f7、H8/e8 配合。

4.3 连接与分离机构

为满足制导炸弹在各任务阶段的不同需求,有时会把制导炸弹的某些部分设计成可分离结构。制导炸弹上可分离的部分通常有翼面、舵面、整流罩和舱体蒙皮等。这些需要分离的部分需用连接机构与制导炸弹弹身相连接,在适当时刻又可快速、方便地实现分离,使制导炸弹更好地完成攻击任务。

连接与分离机构主要由连接装置、分离装置以及相关零部件组成。

连接装置的功用是将待分离部件与制导炸弹本体可靠地锁紧连接或压紧在一起,分离时能及时、可靠地将两者解锁(或释放)断开。常用的连接装置有卡块包带式连接装置、爆炸螺栓、线性炸药索等。

分离装置的功用则是为解锁以后的两分离体提供相对分离速度。常用的分离装置有压缩螺旋弹簧组件、气动作动筒、火药作动筒等。对于中小型的制导炸弹,有时也直接利用空气动力、弹簧力和重力作为分离力,而不设计专门的分离冲量装置。

连接装置和分离装置通常配合使用。

4.3.1 连接与分离机构设计要求

(1)连接可靠。在制导炸弹运输、起吊及分离前的飞行过程中,应保证弹身与待分离部件具有足够的强度、刚度、连接可靠性和合理的结构动力特性。

(2)解锁与分离可靠。机构应使待分离部件与制导炸弹弹身迅速、准确而可靠地解锁与分离。

(3)符合气动要求。机构安装后,应保证气动外形符合总体设计要求。

(4)分离动作正确。在分离过程中要求对制导炸弹冲击、扰动小,不损伤制导炸弹弹身。因此,要求分离时具有正确的分离速度和分离姿态。

(5)可维护性好。机构应简单,动作灵活,易于调整,使用维护方便。

(6)密封要求。如分离对接面有密封要求,则需通过舱内压力明确预紧力,并适当提高对接框和结构件的强度和刚度。

(7)冲击环境要求。分离时对结构产生的冲击不能破坏结构件,损坏弹上设备。

(8)安全性要求。在对连接与分离机构进行安装、操作、维护和试验时,不应发生火工品误起爆、有害气体泄露、结构破坏以致飞出碎片等事件,避免造成对人员的伤害和对产品的损伤。

4.3.2　连接与分离机构设计

1.设计程序

连接与分离机构设计分为系统设计与机构设计两部分。

系统设计的任务是:通过分析计算,制定连接与分离系统方案,计算分离所需的分离力、工作行程等参数;选择分离程序与分离信号;提出对连接与分离机构的设计要求;确定机构的类型、数量及其在舱体上的位置;确定系统试验方案以验证系统设计的正确性。在系统设计时需要不断地与相关的制导炸弹各分系统进行技术协调。

连接与分离机构设计的初始条件主要由总体设计与系统设计提供。例如,载荷、环境、连接形式与接口,机构占用的空间与位置情况,解锁时间及其误差范围,分离速度与同步性要求,密封要求,火工装置的分离冲量及允许偏差,等等。连接与分离机构设计的任务主要是,制定机构的具体方案,进行机构运动学和机构动力学以及强度、刚度计算,确定元件配置,协调接口关系,确定试验方案,并通过试验考核、验证机构设计的正确性。

2.连接与分离机构类型

连接解锁装置形式很多,主要可分为以下几种形式。

(1)由卡环或包带与爆炸螺栓组成串联装置。此处以包带与爆炸螺栓组成的串联装置为例,此装置由薄金属包带、V形块和无污染爆炸螺栓组成。预紧金属包带上的切向爆炸螺栓,在预紧力的作用下通过V形块将被连接的两部分的对接框连在一起，分离时，爆炸螺栓起爆解锁，V形块脱落，两对接框松开，实现分离。这种连接可靠性高，分离冲击载荷小，已广泛用于有效载荷的分离。

(2)爆炸螺栓。爆炸螺栓多用于多点连接分离面，即同一个分离面由多个爆炸螺栓连接，它利用螺纹连接将导弹本体与被分离部分连接起来，每个爆炸螺栓形似普通螺栓，内部装有炸药和点火器。分离时，炸药被引爆，使剪切销剪断或者沿螺栓削断槽断开，实现两分离体解锁。

爆炸螺栓品种多，主要有开槽式、剪切销式、钢球式和无污染式等。这种装置的优点是承载能力大、尺寸小、质量轻、结构简单、工作可靠、使用方便。其不足之处是：由于释放时需要的分离力大于连接力，因此需要采用较大爆炸能量来释放或解锁，故造成的冲击较大；又由于往往需要多个螺栓，保证全部螺栓同时断开困难较大。

爆炸螺栓连接分离时还要保证螺栓残骸不伤及周围的结构和设备，故必要时应相应地设置保护结构。开槽式解锁螺栓如图 4－4 所示，剪切销式解锁螺栓如图 4－5 所示。

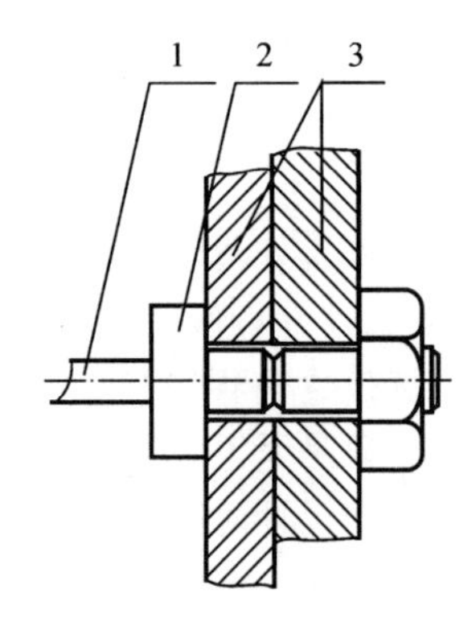

图 4－4　开槽式解锁螺栓示意图

1—导线；2—爆炸螺栓；3—连接件

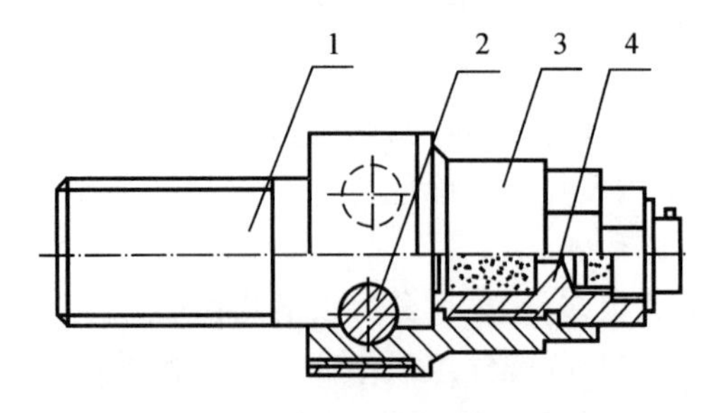

图 4－5　剪切销式解锁螺栓

1—螺栓体；2—剪切销；3—分离体；4—起爆器

(3)切割索。切割索是一种内装炸药的细长金属软管,使用时将它沿分离面安装在截面为U形的压环内。分离时,通过炸药定向爆炸与U形压环相对应的分离区切割壳体蒙皮,使两分离体解锁。这种装置可使两分离体之间没有预制分离面,因而结构质量较小,连接刚度易保证,分离同步性好,可靠性高。然而,定向爆破后,产生的冲击载荷大,释放出的爆炸气体对周围环境污染严重。

一般常用的分离装置有如下几种。

(1)压缩螺旋弹簧组件。这种装置技术成熟,生产简单,可靠性高,无污染,分离冲击小,成本低,但是当要求提供较大分离冲量时不宜采用,因为弹簧组件及其支承结构的重量将大大增加。

(2)气动作动筒。利用高压气体推动作动筒的活塞产生推力,形成分离冲量。这种装置分离冲击小,但装置复杂,体积和质量较大,使用不便。

(3)火药作动筒。它靠火药爆燃产生的燃气推动活塞。这种装置克服了气动作动筒的缺点,但推力作用时间较短,分离冲击较大。

3.结构形式

制导炸弹的连接与分离机构根据不同的分类方法,分为不同的类型。本书仅从分离运动的特点出发,介绍纵向分离机构和横向分离机构。纵向分离机构也称为串联式分离机构,横向分离机构也称为并联式分离机构。

(1)外卡环式分离机构。这种分离机构通过两个带V形槽的半圆形卡环和两个轴向定位销将弹体和弹翼、舵翼、整流罩等可分离部件夹紧,实现对接连接。其按螺栓的作用和安装位置又可分为外装式和内装式两种。外装式用爆炸螺栓施加预紧力沿环向直接夹紧外卡环。爆炸螺栓起连接和解锁作用,它的连接力小,可用小型爆炸螺栓实现解锁,分离力则主要由空气动力或发动机燃气冲击力提供。在两分离部分的连接框上,应设计轴向定位销,定位销起导向定位作用,并通过它传递剪切载荷和扭矩。卡环式连接与分离机构的主要优点是机构简单、占舱体内部空间小,只要爆炸螺栓可靠,就能保证可靠分离;它的缺点是连接刚度不大,不适用于大截面的制导炸弹,具体如图4-6所示。

(2)聚能切割开舱机构。聚能切割开舱机构由起爆器、传爆装置、聚能切割装置等组成。起爆器由机械、电、冲击波或激光刺激其中装药而产生燃烧或爆轰,用于点燃或起爆后续装药,其输出可以是热、气体、光或燃烧粒子等,但不包括由这些独立组件组成的完整爆炸装置。起爆器包括撞击、电起爆器、隔板起爆器等。传爆装置包含线形装药组件的爆炸序列装置,用于将起爆器产生的爆轰或燃烧传递到终端装置。传爆装置包括各种索类火工装置、延期装置等。聚能切割装置爆炸时作用在V形金属条上,形成调整流体射向预定目标。

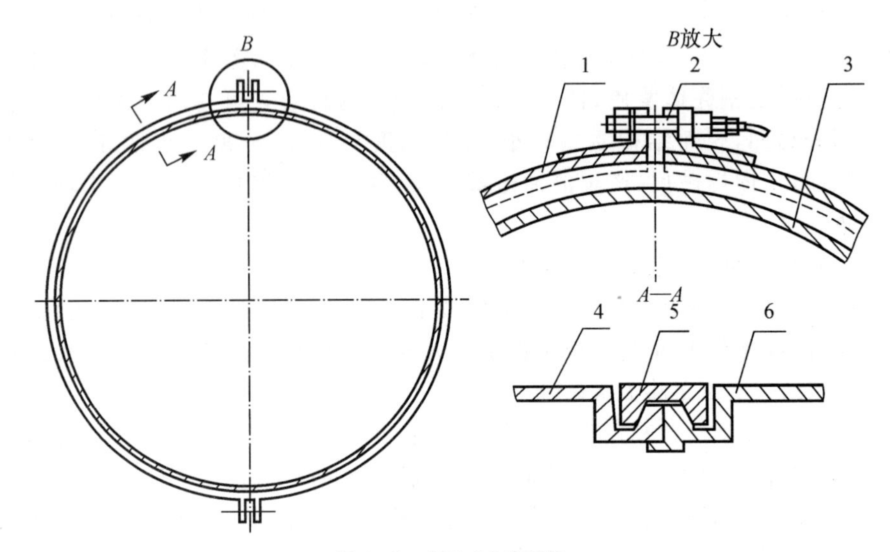

图 4-6　卡环式分离机构

1—外卡环；2—爆炸螺栓；3—弹身；4—外卡环；5—待分离部件

4.连接与分离机构设计

连接与分离机构的设计是连接与分离系统设计的一部分。它具有以下设计特点。

(1)应当正确确定连接面的载荷。载荷条件是进行连接与分离机构设计的重要输入条件,所以设计时首先必须明确诸如制导炸弹在地面停放、起吊、翻转等操作过程,以及运输、发射、飞行等阶段的载荷。

在发射阶段,由于横向载荷的作用,在连接面会产生弯矩和剪力,作用在连接面的弯矩使连接件受到拉力。在进行连接件设计时,必须综合考虑工作拉力、弯矩产生的附加拉力的联合作用。对于由横向载荷产生的剪力,一般由剪切销或其他抗剪部件承受,通常不应由连接件承受。

(2)连接与分离可靠性设计是设计的关键之一。连接与分离机构的工作环节较多,又因为是主要机构,一个工作环节失效会导致机构失效,故可靠性设计是关键问题之一。

(3)为了保证机构工作时不发生运动受阻、卡滞和与周围结构碰撞的现象,必须进行机构运动学分析和仿真。为了正确地确定分离姿态和分离力,保证分离过程中不发生碰撞,必须进行机构动力学分析和分离计算。这是连接与分离机构设计的重要内容。

(4)为了保证连接可靠性,必须进行连接计算,并重视预紧力的确定。现以外卡环式连接分离机构为例加以说明。

对外装式爆炸螺栓,采用连接计算确定爆炸螺栓夹紧卡环,保证分离面贴合。其所承受的总拉力为 N_a。

由图 4-7 可知,若分离面作用弯矩 M,平衡方程如下:

$$M=2\int_{0}^{\pi}P\cos\alpha RR_{0}\,\mathrm{d}\beta \tag{4-2}$$

按平剖面假设:

$$\frac{P_{0}\cos\alpha}{P\cos\alpha}=\frac{R_{0}}{R}$$

$$R=R_{0}\sin\beta$$

则

$$P=P_{0}\sin\beta \tag{4-3}$$

式中 P_0—— 当 M 作用时卡环斜面上的最大单位长度法向力,N/m;

P—— 当 M 作用时卡环斜面上任一点单位长度法向力,N/m。

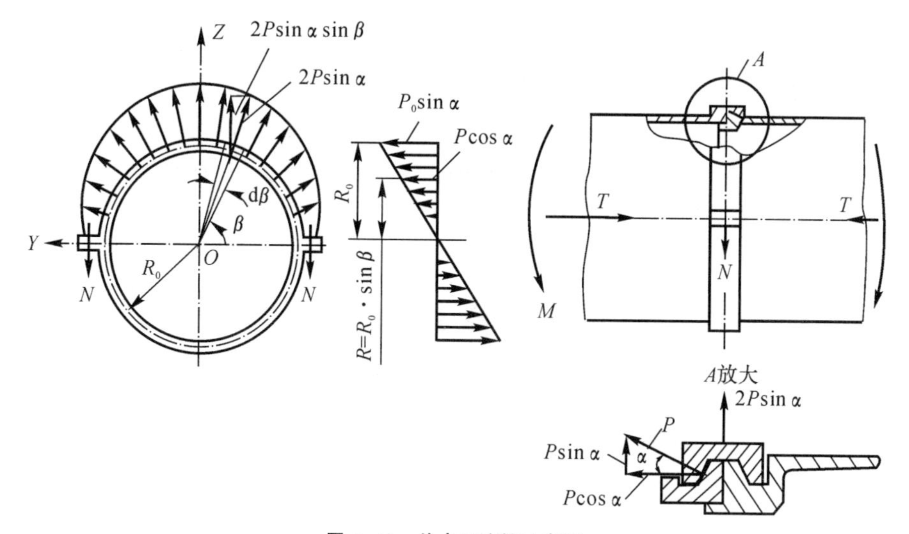

图 4-7 外卡环连接示意图

将式 $P=P_0\sin\beta$ 代入式(4-2)可得

$$M=\pi R_{0}^{2}P_{0}\cos\alpha$$

则

$$P_{0}=\frac{M}{\pi R_{0}^{2}\cos\alpha} \tag{4-4}$$

由平衡条件得

$$N = \frac{1}{2}\int_0^{\pi} 2P\sin\alpha\sin\beta R_0 \mathrm{d}\beta \tag{4-5}$$

将式(4－3)代入式(4－5)可得

$$N = \frac{\pi}{2} P_0 R_0 \sin\alpha \tag{4-6}$$

将式(4－4)代入式(4－6)可得

$$N = \frac{M}{2R_0}\tan\alpha \tag{4-7}$$

为了使分离面紧密贴合，取安全系数 $f=1.5\sim3$，则夹紧螺栓的设计载荷为 $N'=fN$。若加预紧力，则夹紧螺栓的总拉力近似为

$$N_a = 2fN = \frac{fM}{R_0}\tan\alpha \tag{4-8}$$

由此可确定夹紧螺栓的材料、尺寸。预紧力矩计算和强度条件与前述相同。

当分离面处还有轴力作用时，一般为压力，使分离面压紧，设计夹紧螺栓时可以略去；若 T 为拉力，可按上述分析予以叠加。

(5)在连接与分离机构设计中，应该重点进行刚度设计。这是因为连接与分离机构直接影响分离面处的连接刚度，而连接分离面又往往是全弹载荷较严重的部位。因此，连接与分离机构及相关舱体结构的刚度设计，对全弹的变形和结构动力特性(包括全弹模态)都有明显的影响，而结构分析中，连接面的刚度特性又是分析的难点，故必须将结构的刚度设计作为设计重点之一。

4.4 抛撒机构

抛撒机构应能够在制导炸弹地面贮存及挂机投放前，将载荷单元在母弹平台可靠固定，制导炸弹投放后，在预定目标点按规定方向、速度实现载荷单元解锁、抛撒等功能。

4.4.1 抛撒机构设计要求

1.载荷单元抛撒速度

为了有效地实现子母型制导炸弹作战目标，需要对母弹平台内载荷单元的散布范围和散布密度提出相应的要求。抛撒机构作用时，载荷单元抛撒速度是影响载荷单元散布范围和散布密度的重要因素之一。

母弹平台设计时，应根据平台内装载的载荷单元类型、尺寸、重量，以及所要求的散布范围和散布密度等，计算载荷单元抛撒速度。抛撒速度选择应考虑散布性能、可实现性、载荷单元承受能力等因素，抛撒速度设计并非越大越好。对于有较多电子器件、动作器件的载荷单元，必要时还应规定载荷单元最大抛撒过载值。

2.强度与刚度

子母型制导炸弹在全寿命周期内的贮存、运输、挂飞和自主飞等各个环节受到各种力学环境的作用，在这个过程中，母弹平台内的载荷单元应在母弹平台内可靠固定，避免发生窜动、位移而造成安全隐患。在抛撒机构设计过程中，应根据母弹平台使用、保管环境和条件，以及任务剖面，提出抛撒机构强度与刚度设计要求，一般要求如下：

(1)在母弹平台贮存、运输、挂飞、投弹瞬间和自主飞行等各个环节中，抛撒机构不得意外动作或破坏，其固定、约束载荷单元的零部件不得发生解锁、破坏，应对载荷单元可靠固定。

(2)抛撒机构工作时，系统应能承受载荷单元运动过程中产生的反作用力以及抛撒机构内部作用载荷，保证抛撒动作的完整性、持续性。

(3)对于多次抛撒，前一次抛撒动作完成后，系统产生的变形、位移不得影响后一次抛撒动作。对于抛撒完成后还需滑翔飞行的制导炸弹，前一次抛撒动作后，结构强度、刚度能满足制导炸弹飞行载荷要求，其气动外形变化不应影响飞行，需要时应采取维形装置恢复气动外形。

3.安全性

抛撒机构设计时，应明确在母弹平台全寿命周期内的安全性设计要求，一般应包括：

(1)制导炸弹贮存、运输、检测、挂飞时抛撒机构应处于安全状态，设计过程中应综合考虑制导炸弹寿命周期内的力学、自然、电磁等各种环境载荷的影响，必要时，抛撒机构的起动装置应通过多种环境力解锁。

(2)若机构内含有火工品，则按火工品相关要求进行设计与试验。

4.4.2 抛撒机构设计

1.抛撒机构形式

抛撒机构按动力源的不同，可划分为惯性动能抛撒、机械力抛撒、燃气动力抛撒、电动力抛撒和电液动力抛撒等形式。

(1)惯性动能抛撒。惯性动能抛撒包括重力抛撒、离心力抛撒等多种形式。

重力抛撒机构如图 4－8 所示，制导炸弹飞至目标点上方，外蒙皮开舱分离、载荷单元约束装置释放后，载荷单元依靠自身重力从母弹平台内抛撒出来。离心力抛撒则是依靠母弹旋转运动产生的离心力抛出载荷单元，这种方式适用于旋转的制导炸弹，尤其是转速较高的制导炸弹，可以达到很好的抛撒效果。该抛撒形式结构简单、造价低、安全性高，但由于无附加动力，子弹无法获得较高抛速，在低空或超低空抛撒时不易大范围散布。其典型产品为美国的 CBU－87、CBU－104 等子母炸弹，其中 CBU－87 在作战使用中，转速范围为 0～2 500 r/min，散布面积为 20 m×20 m(低转速、低高度)～120 m×240 m(高转速、高高度)。例如，开舱高度为 91.4 m，转速为 500 r/min，子弹药散布面积为 36.6 m×61.0 m。图 4－9 所示为 CBU－104 外形图。

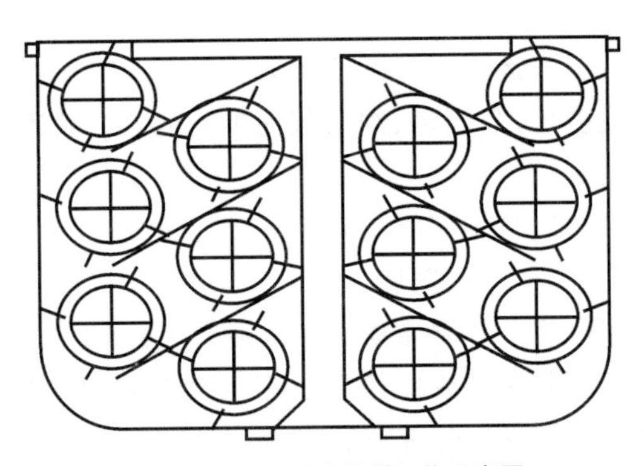

图 4－8　CBU 重力抛撒机构示意图

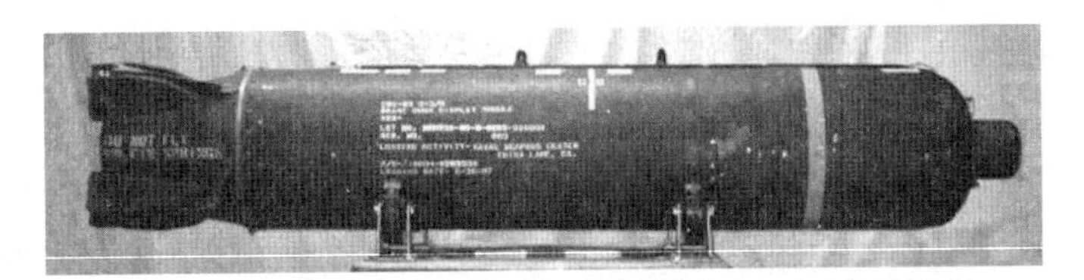

图 4－9　CBU－104 外形图

(2)机械力抛撒。机械力抛撒是通过子弹本身的重量、导向杆弹簧等机构的作用，赋予子弹与母弹分离的动力。该抛撒形式一般都与惯性动能抛撒相结合。

(3)燃气动力抛撒。燃气动力抛撒是依靠火药燃烧释放出的高压气体推动载荷单元抛离母体，它可以获得较高的载荷单元抛速和可控的抛撒散布，是目前应用较为广泛的一种抛撒技术。常见的有中心爆管抛撒机构、活塞式抛撒机构、燃气囊抛撒机构等。

中心爆管抛撒机构是通过位于母弹中心的中心爆管来提供抛撒动能推动载

荷单元运动的一种抛撒方式。典型中心爆管抛撒机构结构如图 4－10 所示，当制导炸弹飞至目标点上空时，控制系统发出抛撒机构动作信号，中心爆管内的抛撒药燃烧，释放出高压气体；当压力超过管本身所具有的承压强度极限时，中心管爆裂，燃气压缩中心爆管周围的填充物将载荷单元压向四周的蒙皮等约束装置；当推力集聚到一定值时，蒙皮等约束装置破坏，载荷单元在高压燃气作用下沿径向向四周运动，最终抛离出母弹平台。

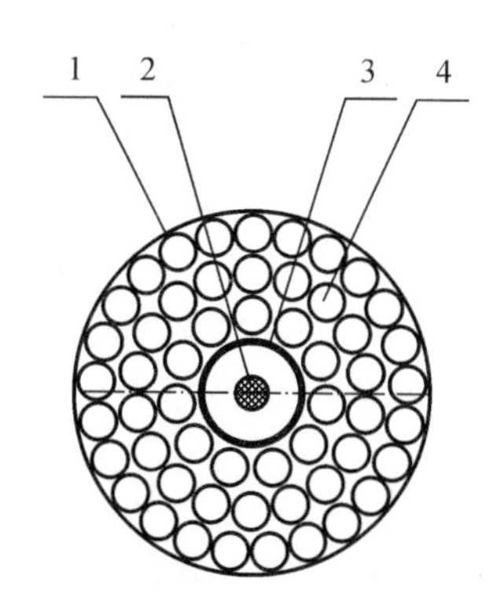

图 4－10 典型中心爆管抛撒机构结构示意图

1 —母弹壳体；2 —中心爆管；3 —内衬；4 —载荷单元

中心爆管抛撒机构的优点是结构简单、动作可靠、抛速高，可使内外层载荷单元具有一定的速度梯度，顺序抛撒，使内、外层载荷单元散布均匀；缺点是载荷单元承受的冲击过载过高，加速度为几万倍甚至十几万倍重力加速度，而且这种过载具有高峰值、短脉宽的特征，容易影响载荷单元的强度，使载荷单元变形。

活塞式抛撒机构是利用燃气药在燃烧室燃烧产生的火药气体压力推动活塞和载荷单元运动的一种抛撒方式。典型活塞式抛撒机构如图 4－11 所示。当制导炸弹飞至目标点上空时，控制系统发出抛撒机构动作信号，燃烧室内的燃气药燃烧，释放出高压气体，推动活塞向外运动，推挤载荷单元，载荷单元被约束装置约束而处于静止状态，直到活塞推力达到一定值，以致约束装置中卡板变形，失去约束，载荷单元才在活塞推力作用下沿径向向四周运动，最终抛离出母弹平台。

燃气囊抛撒机构是利用燃气药燃烧，使气囊充气膨胀推动载荷单元运动的一种抛撒方式。其优点是利用气囊延长燃气对载荷单元的有效作用时间，使载荷单元平缓加载，其过载一般可控制在 2 000g 范围内，是一种相对理想的抛撒机构，具有广阔的应用前景。

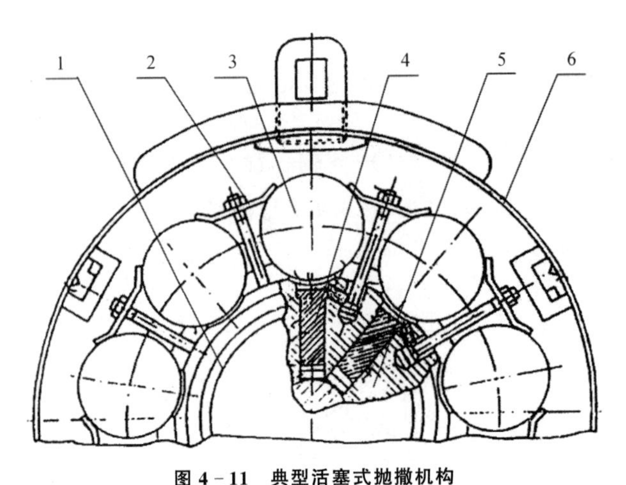

图 4-11　典型活塞式抛撒机构

1—燃烧室；2—约束装置；3—载荷单元；4—活塞；5—燃气药；6—外蒙皮

图 4-12 所示为一种单舱单囊内燃式气囊抛撒结构，该抛撒机构在每个弹舱内设置一个气囊，燃烧室位于母弹轴心，载荷单元可分多层均匀分布在气囊周围。该抛撒机构在结构上与中心爆管抛撒结构类似，不同的是燃烧室不炸裂，仅靠燃气药产生的燃气压力使气囊迅速膨胀，推动载荷单元运动。燃气药在燃烧室内燃烧，燃气通过喷孔流入气囊，在燃烧室内形成一个高压燃烧区，在气囊内形成一个低压膨胀做功区，既可保证燃气药在高压下正常燃烧，又可保证载荷单元在气囊的低压作用下平缓加速，有效降低了载荷单元的抛撒过载。该抛撒机构的优点是结构设计简单，缺点是对于尺寸较大的载荷单元，气囊结构设计和强度设计都将十分困难，且载荷单元的运动规律也难以预料，需要进行大量反复试验验证，选取适合的结构参数。

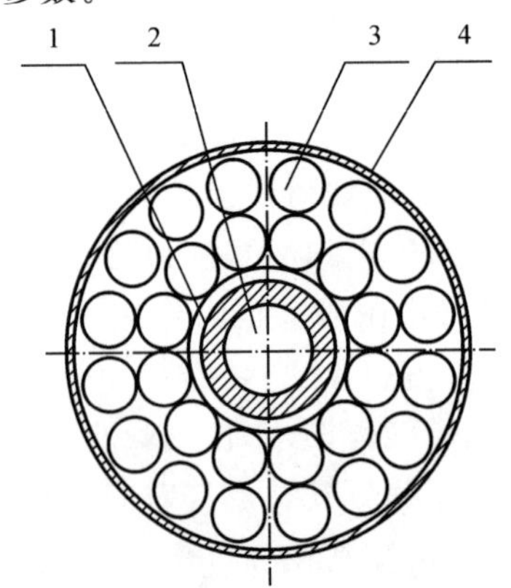

图 4-12　单舱单囊内燃式气囊抛撒结构

1—气囊；2—燃烧室；3—载荷单元；4—外蒙皮

图 4-13 所示为一种单舱多囊内燃式气囊抛撒机构，母弹平台内通过隔板等结构将弹舱分成几个抛弹巢，每个抛弹巢内设置一套气囊和燃气发生系统，由于火药直接在气囊内燃烧，所以对气囊材料的要求较高。这种抛撒机构结构较复杂，一个弹舱内具有多个燃气发生室，要求各燃烧室内燃气药同时点燃、正常燃烧，以使各抛弹巢内载荷单元均匀、一致地抛出，对系统的可靠性、一致性设计要求较高。

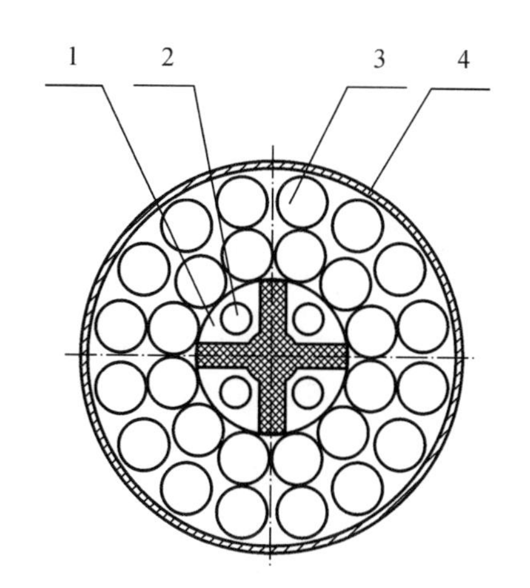

图 4-13 单舱多囊内燃式气囊抛撒结构

1—气囊；2—燃烧室；3—载荷单元；4—外蒙皮

图 4-14 所示为一种外燃式气囊抛撒机构，该结构由星形框架、燃气室、燃气导管、气囊、载荷单元和弹箍等子系统组成的。星形框架将母弹平台分隔成多个抛弹巢，并用于支撑载荷单元安装，燃气药在燃气室内燃烧，产生高温燃气。当燃气达到一定压力时，冲破燃气发生室内限压薄膜，高压燃气通过燃气导管进入气囊，气囊膨胀，压力作用在载荷单元上并传递到弹箍；当压力继续上升到一定值时，弹箍断裂，子弹解除约束，作加速运动，最终被抛射出去。

2.抛撒机构设计方法

子母型制导炸弹设计过程中，抛撒机构对产品载荷比、性能指标、可靠性等方面有较大影响，设计过程中应从多方面考虑。

(1)作用功率与质量比设计。制导炸弹作为一个武器系统，应力求携带更多的载荷单元，尽可能减少非战斗部分质量，系统设计应遵循尽可能减小消极质量的原则，努力提高抛撒机构作用功率与质量比，以较小的结构质量获得较大的输出功率。

燃气动力抛撒机构使用燃气药产生燃气作为工作介质，不需要任何形式的

能量转换，节省了中间环节，其作用功率与质量比高于一般机械动力抛撒机构。

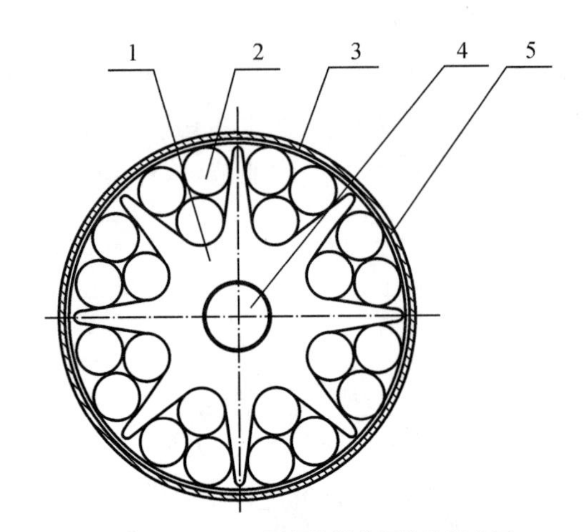

图 4-14　外燃式气囊抛撒装置结构示意图

1—星形框架；2—载荷单元；3—弹箍；4—燃气室；5—外蒙皮

(2)响应速度。制导炸弹到达目标点后，给出抛撒指令，抛撒机构应能快速作出响应，具有良好的“爆发力”，以便使载荷单元在较短的加速时间内获得所需速度。惯性动能抛撒机构依靠转速或惯性力实现抛撒，系统响应速度较慢，且不易控制；燃气药作为动力源，响应速度快，可在极短的时间内提供很大动力，时间上可达到毫秒级至微秒级，加速性能好。

(3)子弹药抛撒初速调节技术。为有效封锁目标，布撒器抛撒的子弹药应满足合理的散布范围和散布密度要求(即达到一定的封锁效率)，而布撒器的封锁效率受抛撒高度(布撒器的飞行高度)、飞行速度、子弹药抛撒初速度、子弹药数量、目标尺寸等参数的影响。在实际作战应用中，布撒器在某一高度范围，以某一速度进行超低空飞行，在飞行中实时动态调节飞行高度或飞行速度比较困难，而实现抛撒速度调节，无论从原理上还是从结构上都相对简单得多，耗费的成本也比较低。

以燃气活塞式抛撒系统为例，相对于布撒器，静止的子弹药是在燃气压力的作用下获得一定的加速度，经过一个加速过程，达到一定的初速度后才被抛出弹舱的。因此，要改变子弹药的初速，有以下两种途径：改变子弹药行程，但要根据需要动态地改变子弹药的行程较难实现，即使实现，增加子弹药行程必然使机构变得庞大，增加布撒器的消极质量，所以此方法不适宜；调节气体压力，子弹药在不同的气体压力作用下获得的加速度不同，在相同的作用时间内最终速度也是不同的，因此通过调节燃气压力就可以达到改变子弹药抛撒初速度的目的，可通

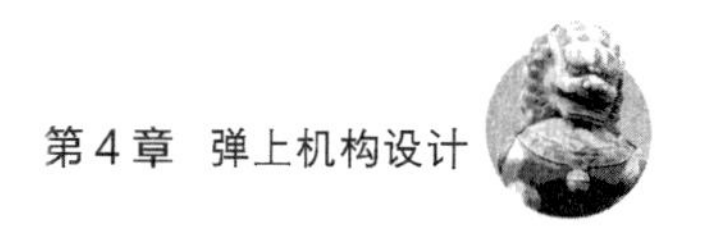

过泄压调压、节流调压、变装药调压和改变装药量几种方案来实现。

(4)贮存寿命。制导炸弹作为一种武器装备，需要长期贮存以备战时使用，而环境温度、湿度、霉菌等贮存条件对产品可靠性的不利影响主要体现在：使非金属元件产生老化甚至失效；使金属零件锈蚀，整机绝缘性能下降。

机械动力抛撒机构设计过程中弹性元件的选择应考虑贮存环境、时间对弹性指标降低的影响；燃气动力抛撒机构设计时，应考虑密封件、气囊等橡胶材料受贮存环境温度、湿度、霉菌综合作用时，对气密性以及承压能力的影响。

第5章

载荷分析

5.1 概　　述

制导炸弹在全寿命周期内的贮存、运输、挂机飞行和自主飞行等各个环节，受到各种力学环境的作用，因此确保弹体结构强度满足指标要求是其完成预定作战任务的必要条件。

载荷是制导炸弹在贮存、运输、挂机飞行以及自主飞行过程中，施加在弹体结构上的各种作用力的总称。制导炸弹结构设计完成后，需对制导炸弹在各阶段的载荷进行详细分析与计算，确定弹体承受的载荷类型及其分布情况，进而为强度仿真分析和静力试验等提供设计输入，以验证弹体结构的强度、刚度及可靠性是否满足要求。

5.2 制导炸弹载荷

制导炸弹在全寿命周期内，主要考虑地面载荷、挂机载荷及自主飞行载荷的影响。为保证制导炸弹弹体结构设计的可靠性，在载荷计算分析过程中，应考虑适当的安全系数。

另外，制导炸弹所受载荷具有一定的随机特性。在全寿命周期内，制导炸弹在同一时刻受多种载荷影响，并且各种载荷随时间变化存在一定的随机性，作用在制导炸弹上的载荷一般服从正态分布或对数正态分布。在使用载荷对制导炸弹弹体结构进行可靠性计算时，应考虑载荷的随机特性，以保证计算结果的准确性。

制导炸弹载荷分析计算的一般步骤如下：

（1）确定制导炸弹承受的载荷类型，选择设计计算工况；

（2）确定各工况制导炸弹过载系数及安全系数；

（3）定义载荷坐标系并规定载荷正负号；

（4）合理简化载荷计算模型；

（5）计算弹体结构支反力；

（6）统计弹体质量分布及气动力分布；

（7）进行全弹载荷详细计算。

5.2.1 载荷类型

1.地面载荷

地面载荷主要指制导炸弹在地勤处理及运输等过程中受到的载荷，可以分为以下两类：

（1）地勤处理中的载荷，如起吊载荷、支撑载荷等。

（2）运输过程中的载荷，如运输振动等。

2.挂机载荷

挂机载荷主要指制导炸弹在随载机起降及挂机飞行过程中受到的载荷，可以分为以下三类：

（1）沿弹体表面分布的气动载荷。气动载荷指由于弹体与空气相对运动，而以吸力或压力的形式作用在制导炸弹表面的作用力，一般由风洞吹风试验或气动仿真获得。

（2）机弹接口载荷。其包括滑块载荷、吊耳/止动器载荷。

（3）惯性载荷。惯性载荷由沿弹身分布的质量力引起。

3.自主飞行载荷

自主飞行载荷主要指制导炸弹从载机投放后，自主飞行过程中受到的载荷，可以分为以下两类：

（1）气动载荷。气动载荷的大小与制导炸弹的飞行状态有关，炸弹不同部位受到的气动载荷也不一样。

（2）惯性载荷。惯性载荷的大小与制导炸弹各部件结构质量和飞行过载有关。

5.2.2 载荷工况选择

由于制导炸弹的地面载荷、挂机载荷和自主飞载荷在受力状态上存在不同，弹体在三类载荷作用下的受力严重部位存在差异，因此应对各载荷类型下的结构受力进行分析，合理选择每类载荷下的计算工况，使其可包络全寿命期内出现的所有载荷，确保结构强度获得充分验证。

5.3 过载系数与安全系数

5.3.1 过载系数

1. 坐标系定义

通常情况下，在计算过载系数时，将制导炸弹航向定义为 x 轴正向，弹体法向为 y 轴正向，z 轴按右手法则确定，坐标原点取在制导炸弹重心处，如图 5－1 所示。

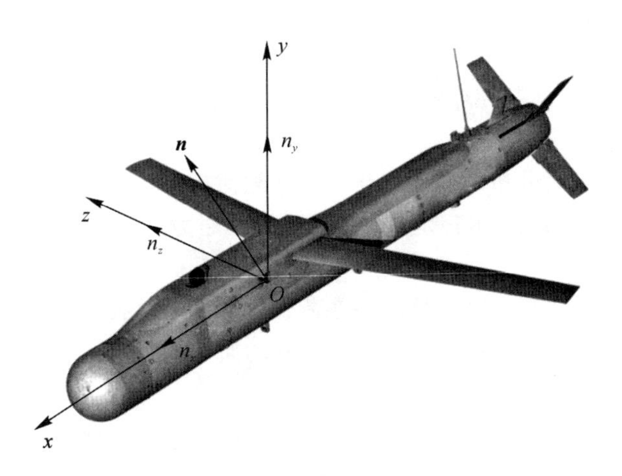

图 5－1 载荷坐标系定义

2.过载系数定义

除重力外，作用在制导炸弹某方向的所有外力的合力与制导炸弹重量的比值，称为该方向上的过载系数。制导炸弹挂机飞行和着陆的过载系数主要与载机机动性能以及炸弹在载机上的挂载位置有关。过载系数是一个矢量，用符号 $\boldsymbol{n}$ 表示，其在弹体坐标轴下三个主轴方向的分量为 n_x、n_y、n_z，如图 5-1 所示。

过载系数为相对值，以制导炸弹 y 向为例，其过载系数 n_y 为

$$n_y = \frac{\sum_{i=1}^{k} F_{yi}}{G} \tag{5-1}$$

式中 F_{yi}—— 炸弹 y 向的外力；

G—— 炸弹自身重力。

3.过载系数的确定

制导炸弹的过载系数是弹体结构设计时所用到的重要参数之一，若已知制导炸弹的过载系数，结合炸弹气动力分布等参数，就可以求得制导炸弹结构各部分所受实际载荷的大小及作用力方向，为制导炸弹结构设计提供依据。制导炸弹在寿命剖面中的过载系数主要包括挂机飞行过载系数及自主飞行过载系数。

(1)挂机飞行过载系数。挂机飞行过载系数与载机有关，主要由载机重心处的平动过载及由横滚、俯仰及偏航引起的附加过载组合而成。附加挂机飞行过载系数按以下公式计算：

横滚机动在法向产生的附加过载系数为

$$\Delta n_{y1} = (y/g)(\mathrm{d}\varphi/\mathrm{d}t)^2 + (z/g)\mathrm{d}^2\varphi/\mathrm{d}t^2 \tag{5-2}$$

横滚机动在侧向方向产生的附加过载系数为

$$\Delta n_{z1} = (z/g)(\mathrm{d}\varphi/\mathrm{d}t)^2 + (y/g)\mathrm{d}^2\varphi/\mathrm{d}t^2 \tag{5-3}$$

俯仰机动在法向产生的附加过载系数为

$$\Delta n_{y2} = (y/g)(\mathrm{d}\theta/\mathrm{d}t)^2 + (x/g)\mathrm{d}^2\theta/\mathrm{d}t^2 \tag{5-4}$$

俯仰机动在轴向产生的附加过载系数为

$$\Delta n_{x1} = (x/g)(\mathrm{d}\theta/\mathrm{d}t)^2 + (y/g)\mathrm{d}^2\theta/\mathrm{d}t^2 \tag{5-5}$$

偏航机动在侧向产生的附加过载系数为

$$\Delta n_{z2} = (z/g)(\mathrm{d}\psi/\mathrm{d}t)^2 + (x/g)\mathrm{d}^2\psi/\mathrm{d}t^2 \tag{5-6}$$

偏航机动在轴向产生的附加过载系数为

$$\Delta n_{x2} = (x/g)(\mathrm{d}\psi/\mathrm{d}t)^2 + (z/g)\mathrm{d}^2\Psi/\mathrm{d}t^2 \tag{5-7}$$

式中 x—— 制导炸弹重心距飞机重心轴向距离，m；

y—— 制导炸弹重心距飞机重心侧向距离，m；

z—— 制导炸弹重心距飞机重心法向距离，m；

g—— 重力加速度，取 9.8 m/s^2；

φ—— 绕 x 轴(横滚) 的转角，rad；

$d\varphi/dt$—— 最大横滚速度，rad/s；

$d^2\varphi/dt^2$—— 最大横滚加速度，rad/s^2；

θ—— 绕 z 轴(俯仰)的转角，rad；

$d\theta/dt$—— 最大俯仰速度，rad/s；

$d^2\theta/dt^2$—— 最大俯仰加速度，rad/s^2；

ψ—— 绕 y 轴(偏航)的转角，rad；

$d\psi/dt$—— 最大偏航速度，rad/s；

$d^2\psi/dt^2$—— 最大偏航加速度，rad/s^2。

以上相关载机的参数和载机重心处的平动过载($n_{x'}$，$n_{y'}$，$n_{z'}$)一般由载机主机给出，因此制导炸弹挂机飞行过载系数如下：

轴向

$$n_x = n_{x'} + \Delta n_{x1} + \Delta n_{x2} \tag{5-8}$$

法向

$$n_y = n_{y'} + \Delta n_{y1} + \Delta n_{y2} \tag{5-9}$$

侧向

$$n_z = n_{z'} + \Delta n_{z1} + \Delta n_{z2} \tag{5-10}$$

制导炸弹挂机飞行过载系数除可按载机提供的数据计算获得外，还可根据《机载悬挂物和悬挂装置接合部位的通用设计准则》(GJB 1C — 2008)中的规定获得，但这种方法获得的过载数据通常偏于保守。

(2)自主飞行过载系数。自主飞行过载系数一般由制导控制系统根据制导炸弹弹道的设计情况给出。

(3)装卸、运输过载系数。装卸、运输过载系数应以实测数据为依据，经批准后使用。没有实测数据时，可参照相关标准的规定执行。

5.3.2 安全系数

为保证制导炸弹结构可靠，在设计过程中需考虑预留一定的安全裕度，一般通过安全系数保证。安全系数定义为设计载荷与使用载荷的比值。

安全系数 f 越大，炸弹结构受力后越安全，然而这却可能导致炸弹总重量增加和武器效能降低；f 偏小，则会导致炸弹结构可靠性降低。因此，安全系数 f 的合理选取尤为重要，根据工程经验，安全系数 f 一般取下列数值：

(1)运输、装卸情况，f 取 1.5～2；

(2)机载、投放、弹射和发射情况，f 取 1.5；

(3)飞行情况,f 取 1.25～1.5;

(4)压力容器,f 取 2;

对于载荷计算误差较大,以及其他需增加弹体结构的安全性和可靠性的情况,安全系数可根据需要进行调整。

5.4 制导炸弹支反力计算

5.4.1 制导炸弹挂载方式分类

根据制导炸弹与挂架的连接方式不同,制导炸弹的挂载方式主要分为吊耳式挂载和导轨式挂载。

吊耳式挂载通常适用于圆径制导炸弹;Ⅰ、Ⅱ级吊耳的直径分别为 20 mm 和 45 mm;结合国内外制导炸弹不同的挂载方式,吊耳式挂载又分为单吊耳式和双吊耳式挂载;吊耳间距一般采用 250 mm、355.6 mm 及 762 mm 等规格。

根据《机载悬挂物和悬挂装置接合部位的通用设计准则》(GJB 1C—2008),吊耳式制导炸弹的质心应在距两吊耳中心线的±76 mm 之内,对于第Ⅲ(大于 2 500 kg)、第Ⅴ重量级制导炸弹,其质心应定在距两吊耳的中心线±25 mm 之内。为防止吊耳式制导炸弹在挂飞时发生滚转,通常在前、后吊耳附近设置 4 个止动器。吊耳及止动器尺寸、位置如图 5-2 所示。吊耳式制导炸弹挂载示意图如图 5-3 所示。

导轨式制导炸弹一般采用 T 形内滑块或 U 形外滑块与载机的挂架挂载,在挂载过程中出现的滚转载荷由滑块平衡,因此其挂架不设防摆止动器。

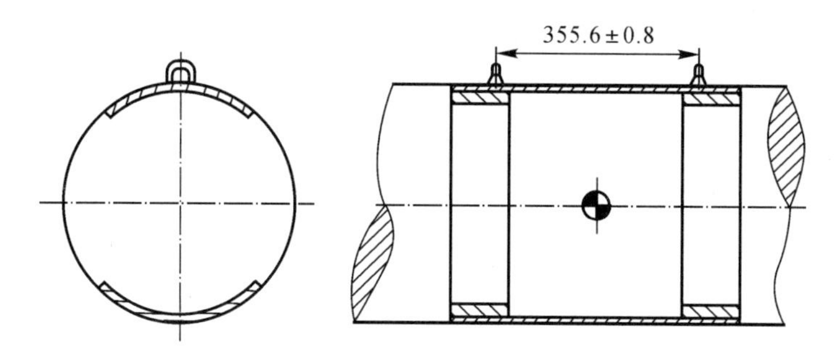

图 5-2 吊耳及止动器尺寸、位置示意图

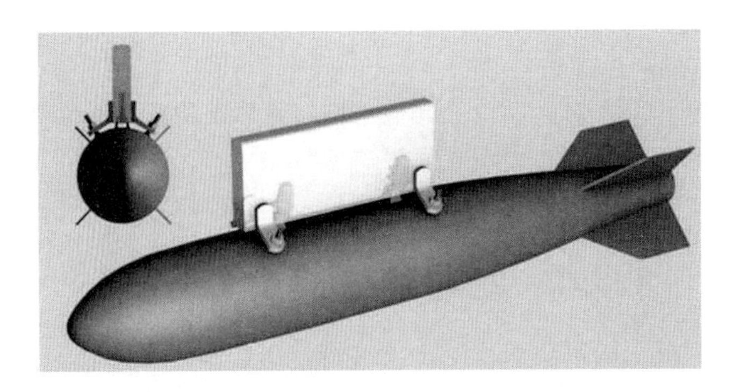

图 5-3　吊耳式制导炸弹挂载示意图

5.4.2　坐标系与载荷符号的确定

为方便制导炸弹弹体内力计算，需要对炸弹载荷坐标系及载荷符号进行确定。制导炸弹载荷坐标系采用右手法则确定，坐标原点取在制导炸弹头部整流罩(导引头)尖部，x 轴的正向与航向相同，y 轴为弹体法向(向上为正)，如图 5-4所示。

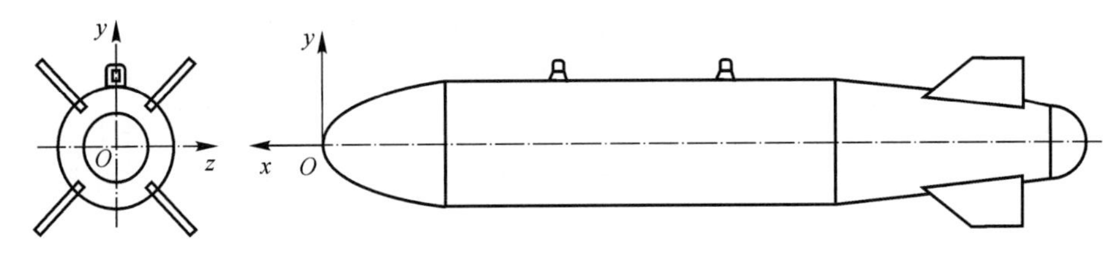

图 5-4　制导炸弹载荷坐标系

弹体坐标系的 x 坐标与载荷坐标系的 x 坐标相反，其他坐标与载荷坐标系相同。

载荷正负号规则：惯性力 P 及前、后吊块支反力与载荷坐标轴同向者为正；截面剪力 Q、弯矩 M 与图 5-5 同向者为正。

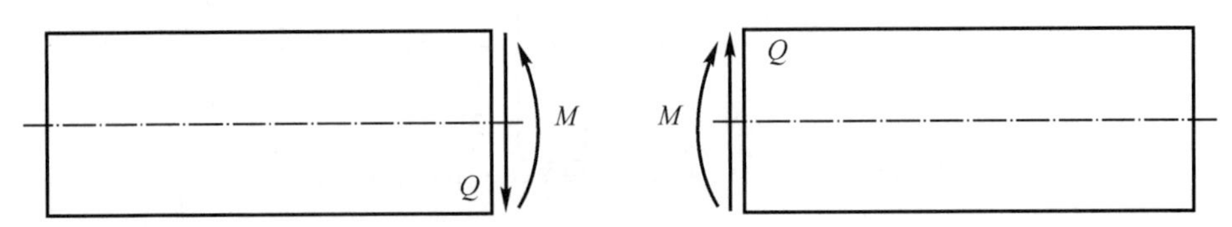

图 5-5　制导炸弹内力载荷符号

5.4.3 导轨式制导炸弹前、后滑块支反力计算

1.模型定义

此处以某型挂架为例，介绍导轨式制导炸弹支反力计算。制导炸弹惯性载荷下的支反力计算模型如图5－6所示。滑块约束情况如下：

(1)前滑块可提供 y、z 和 R_x 方向的约束；

(2)后滑块可提供 x、y、z 和 R_x 方向的约束。

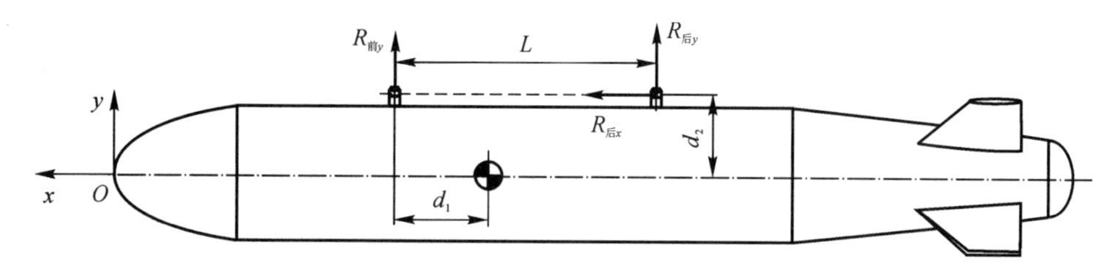

图5－6 导轨式制导炸弹支反力计算模型

2.外载荷

制导炸弹的载荷主要由惯性力和气动力组成，为计算滑块反力，将惯性力和气动力分解为6个作用在制导炸弹质心上的合力和合力矩，主要包括：

(1)沿 x 轴的作用力 P_x，有

$$P_x = -n_x G f + F_{气x} f \tag{5-11}$$

式中 n_i—— 轴向过载系数，$i=x$、y、z；

G—— 全弹总重量，下同；

$F_{气i}$—— 全弹气动力，$i=x$、y、z；

f—— 安全系数，一般取1.5。

(2) 沿 y 轴的作用力 P_y，有

$$P_y = -n_y G f + F_{气y} f \tag{5-12}$$

(3) 沿 z 轴的作用力 P_z，有

$$P_z = -n_z G f + F_{气z} f \tag{5-13}$$

(4) 由非对称气动载荷或悬挂物偏心引起的滚转力矩 M_x；

(5) 由法向气动载荷及法向惯性载荷引起的俯仰力矩 M_z；

(6) 由横向气动载荷及横向惯性载荷引起的偏航力矩 M_y；

前、后滑块支反力的计算为以上合力及合力矩引起的支反力的叠加。

3.滑块支反力计算

(1) 轴向载荷 P_x 引起的支反力。导轨式制导炸弹轴向载荷由后滑块单独承受，前滑块不提供轴向支反力，法向惯性载荷由前、后滑块共同承受。

轴向载荷引起的后滑块轴向支反力计算公式如下：

$$R_{后x} = -P_x \tag{5-14}$$

轴向载荷引起的后滑块法向支反力计算公式如下：

$$R_{后y1} = P_x d_2 / L \tag{5-15}$$

式中 d_2—— 后滑块与挂架接触面至弹体质心的垂向距离；

L—— 前、后滑块中心之间的距离。

轴向载荷引起的前滑块法向支反力为

$$R_{前y1} = -R_{后y1} \tag{5-16}$$

(2) 法向载荷 P_y 引起的支反力。法向载荷引起的后滑块法向支反力为

$$R_{后y2} = -P_y d_1 / L \tag{5-17}$$

式中 d_1—— 前滑块与质心的距离。

法向载荷引起的前滑块法向支反力为

$$R_{前y2} = -P_y - R_{后y2} \tag{5-18}$$

(3) 侧向载荷 P_z 引起的支反力。侧向载荷引起的后滑块侧向支反力为

$$R_{后z1} = -d_1 \cdot P_z / L \tag{5-19}$$

侧向载荷引起的前滑块侧向支反力为

$$R_{前z1} = -P_z - R_{后z1} \tag{5-20}$$

侧向载荷引起的后滑块滚转支反力矩为

$$M_{后x1} = -P_z d_2 d_1 / L \tag{5-21}$$

侧向载荷引起的前滑块滚转支反力矩为

$$M_{前x1} = -M_{后x1} - P_z d_2 \tag{5-22}$$

(4) 滚转力矩 M_x 引起的支反力。滚转力矩引起的后滑块滚转支反力矩为

$$M_{后x2} = -M_x d_1 / L \tag{5-23}$$

滚转力矩引起的前滑块滚转支反力矩为

$$M_{前x2} = -M_x - M_{后x2} \tag{5-24}$$

(5) 偏航力矩 M_y 引起的支反力。偏航力矩引起的后滑块侧向支反力为

$$R_{后z2} = -M_y / L \tag{5-25}$$

偏航力矩引起的前滑块侧向支反力为

$$R_{前 z2} = -R_{后 z2} \tag{5-26}$$

(6) 俯仰力矩 M_z 引起的支反力。俯仰力矩引起的后滑块法向支反力为

$$R_{后 y3} = M_z / L \tag{5-27}$$

俯仰力矩引起的前滑块法向支反力为

$$R_{前 y3} = -R_{后 y3} \tag{5-28}$$

(7) 总支反力。将惯性载荷及气动载荷作用下滑块支反力计算结果叠加得到综合支反力。后滑块所受轴向支反力为

$$R_{后 x} = R_{后 x} \tag{5-29}$$

后滑块所受法向力为

$$R_{后 y} = R_{后 y1} + R_{后 y2} + R_{后 y3} \tag{5-30}$$

前滑块所受法向力为

$$R_{前 y} = R_{前 y1} + R_{前 y2} + R_{前 y3} \tag{5-31}$$

后滑块所受侧向力为

$$R_{后 z} = R_{后 z1} + R_{后 z2} \tag{5-32}$$

前滑块所受侧向力为

$$R_{前 z} = R_{前 z1} + R_{前 z2} \tag{5-33}$$

前滑块所受滚转力矩为

$$M_{前 x} = M_{前 x1} + M_{前 x2} \tag{5-34}$$

后滑块所受滚转力矩为

$$M_{后 x} = M_{后 x1} + M_{后 x2} \tag{5-35}$$

5.4.4 吊耳式制导炸弹吊耳及止动器支反力计算

吊耳式制导炸弹的支反力与挂弹钩的结构密切相关,一般吊耳式挂载方式的特点是挂钩不提供向下的支持力,而止动器只承受压力。为方便公式推导及变量计算,本小节首先对支撑结构的计算模型进行假设,再根据假设模型对相关符号进行定义,并介绍吊耳及止动器支反力计算方法。

1.模型定义

为便于方法介绍,对吊耳式制导炸弹作如下模型定义(见图 5-7):

(1)止动器与悬挂物接触处的上表面以 xOy 平面为对称面;

(2)止动器对悬挂物的支反力垂直于悬挂物表面。

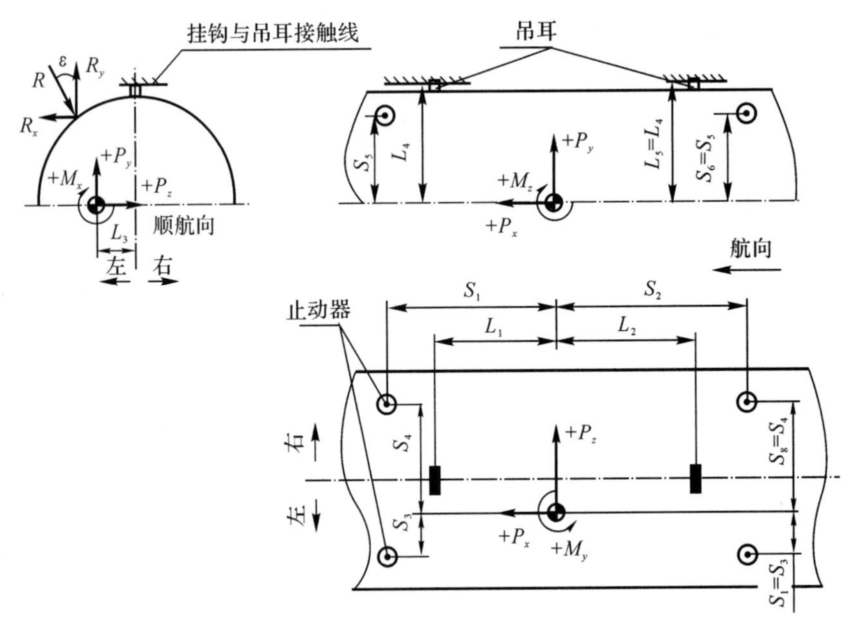

图 5－7　吊耳式制导炸弹支反力计算模型

2.外载荷

与 5.4.3 节中外载荷相同，将所有惯性力和气动力分解为作用在制导炸弹质心上的合力和合力矩 P_x、P_y、P_z、M_x、M_z、M_y。

3.吊耳及止动器受力分析

吊耳及止动器支反力的计算为以上合力及合力矩引起的支反力的叠加。

(1) 轴向力 P_x 引起的支反力。轴向力的正、负方向不同，引起的支反力情况也不一致。根据挂钩的方向，轴向支反力由前吊耳或后吊耳单独提供，即

$$R_{x前吊耳}=-P_x \quad 或 \quad R_{x后吊耳}=-P_x \tag{5-36}$$

当轴向力为正时，前左、前右止动器受压力，后吊耳受拉力，因此，前吊耳所受法向力 $R_{y前吊耳}=0$，后左、右止动器所受法向力 $R_{y后止动合}=0$。结合图 5-7 对吊耳及止动器进行受力分析，将前止动器支反力和 P_x 对后吊耳取矩，得如下公式：

$$P_x f L_5=R_{y前止动合}(S_1+L_2) \tag{5-37}$$

式中：P_x—— 惯性力及气动力的轴向合力；

$R_{y前止动合}$—— 前左、前右止动器受到的法向合力；

L_5—— 质心至后吊耳的法向距离；

S_1—— 前左、前右止动器距质心的轴向距离；

L_2—— 后吊耳至质心的轴向距离。

后吊耳及前止动器所受法向力为

$$R_{y后吊耳}=R_{y前止动合}=P_{x}fL_{5}/(S_{1}+L_{2}) \tag{5-38}$$

前左、前右止动器所受力为

$$R_{前左止动}=R_{前右止动}=(R_{y前止动}/2)/\cos\varepsilon \tag{5-39}$$

将轴向力侧向偏心引起的附加偏航力矩放在偏航力矩引起的支反力中进行计算。

当轴向力为负时,后左、后右止动器受压力,前吊耳受拉力,分析计算方法与轴向力为正时一致,不再赘述。

(2) 法向力引起的支反力。法向力的正、负方向不同,引起的支反力情况也不一致。当法向力为正时,前左、前右止动器和后左、后右止动器受压力,吊耳不受力。因此,前吊耳所受法向力 $R_{y前吊耳}=0$,后吊耳所受法向力 $R_{y后吊耳}=0$。结合图 5-7 对吊耳及止动器进行受力分析。

将前止动器和质心对后止动器取矩,得到前左、前右止动器受到的法向合力 $R_{y前止动}$ 如下:

$$R_{y前止动}=(S_{2}/S)P_{y} \tag{5-40}$$

式中 P_{y}—— 惯性力及气动力的法向合力;

S—— 前、后止动器轴向距离;

S_{2}—— 后左、后右止动器距质心的轴向距离。

后左、后右止动器受到的法向合力 $R_{y后止动}$ 如下:

$$R_{y后止动}=(S_{1}/S)P_{y} \tag{5-41}$$

式中 S_{1}—— 前左、右止动器距质心的轴向距离。

将法向力侧向偏心引起的附加滚转力矩放在滚转力矩引起的支反力中进行计算。当法向力为负时,前、后止动器均不受力,前、后吊耳受拉力。分析计算方法与法向力为正时一致,此处不赘述。

(3) 侧向力引起的支反力。侧向力的正、负方向不同,引起的支反力情况也不一致。当侧向力为正时,前、后右止动器受压力,前、后吊耳受垂向和侧向拉力。结合图 5-7 对吊耳及止动器进行受力分析,分步骤求解侧向力引起的支反力。

通过以下平衡方程求出止动器法向合力及吊耳侧向合力:

$$P_{z}fL_{5}=R_{y止动}(S_{3}+S_{4})/2+R_{z止动}(L_{5}-S_{5}) \tag{5-42}$$

$$R_{y止动}\tan\varepsilon=R_{z吊耳} \tag{5-43}$$

式中 P_{z}—— 惯性力及气动力的侧向合力;

S_{3}—— 左止动器距质心侧向距离;

S_{4}—— 右止动器距质心侧向距离;

L_{5}—— 质心距吊耳的法向距离;

ε—— 止动器合力方向与吊耳法向的夹角。

前、后止动器支反力计算公式如下：

$$R_{y前止动} + R_{y后止动} = R_{y止动} \tag{5-44}$$

$$R_{y前止动} S_1 = R_{y后止动} S_2 \tag{5-45}$$

$$R_{z前止动} = R_{y前止动} \tan\varepsilon \tag{5-46}$$

$$R_{z后止动} = R_{y后止动} \tan\varepsilon \tag{5-47}$$

前、后吊耳支反力计算公式如下：

$$R_{y前吊耳} + R_{y后吊耳} = R_{y吊耳} = R_{y止动} \tag{5-48}$$

$$R_{z前吊耳} + R_{z后吊耳} = R_{z吊耳} = P_z - R_{z止动} \tag{5-49}$$

$$R_{y前吊耳} L_1 = R_{y后吊耳} L_2 \tag{5-50}$$

$$R_{z前吊耳} L_1 = R_{z后吊耳} L_2 \tag{5-51}$$

当侧向力为负时，分析计算方法与侧向力为正时一致，此处不赘述。

(4) 滚转力矩引起的支反力。制导炸弹由滚转力矩引起的吊耳及止动器的受力情况，与其受到侧向力附加力矩引起的吊耳及止动器的受力情况相似。当滚转力矩为正时，由吊耳和左侧止动器提供支反力，结合图5-7对吊耳及止动器进行受力分析。将左侧止动器支反力对吊耳取矩，得平衡方程如下：

$$(M_x + P_y L_3) f = R_{y左止动合}(S_3 + S_4)/2 + R_{z左止动合}(L_5 - S_5) \tag{5-52}$$

另外，参照侧向力引起的吊耳及止动器受力计算公式，求解出吊耳及止动器所受到的支反力。当滚转力矩为负时，支反力由吊耳和右侧止动器提供，分析计算方法与滚转力矩为正时一致，此处不赘述。

(5) 偏航力矩引起的支反力。当偏航力矩 M_y 为正时，前左止动器和后右止动器受压力，前右止动器和后左止动器不受力，前后吊耳受垂向拉力。结合图5-7对吊耳及止动器进行受力分析。将前左止动器对后右止动器取矩，得到吊耳及止动器支反力如下：

$$R_{z前左止动} = R_{z后右止动} = (M_y - P_x L_3) f / S \tag{5-53}$$

$$R_{y前吊耳} = R_{y后吊耳} = R_{z前左止动} / \tan\varepsilon \tag{5-54}$$

当偏航力矩为负时，支反力计算情况与偏航力矩为正时相似，此处不赘述。

(6) 俯仰力矩引起的支反力。当俯仰力矩 M_z 为正时，前左、前右止动器受压力，后左、后右止动器不受力，前吊耳不受力，后吊耳受拉力。结合图5-7对吊耳及止动器进行受力分析，将前止动器对后吊耳取矩，得支反力计算公式如下：

$$R_{y前止动} = M_z f / (S_1 + L_2) \tag{5-55}$$

$$R_{y前左止动} = R_{y前右止动} = R_{y前止动} / 2 \tag{5-56}$$

当俯仰力矩为负时，支反力计算情况与俯仰力矩为正时相似，此处不赘述。

（7）吊耳及止动器总支反力。根据制导炸弹弹体结构的受力情况，结合前面介绍的6种工况，分别计算互相叠加得到的总载荷，即为吊耳及止动器所受到的总支反力。计算获得的支反力与实际载荷相比偏于保守。

5.5　制导炸弹载荷分析计算

为保证制导炸弹弹体结构设计满足要求，在方案设计完成以后，需根据设计要求对载荷条件进行分析，研究弹体结构的载荷分布情况，将其作为结构设计改进、强度刚度校核以及静力试验的依据。

5.5.1　制导炸弹载荷分析

通过制导炸弹载荷分析计算，为弹体结构强度、刚度的计算校核与试验提供载荷输入。在此只介绍炸弹垂直剖面的内力分析计算方法，其他两个方向的分析方法与此相同。

1.制导炸弹弹体轴力

制导炸弹弹体轴力主要由分布载荷产生的轴力、弹翼及舵翼等由气动载荷引起的集中力产生的轴力，以及弹上设备的集中质量在过载作用下产生的轴力三部分组成，即

$$N(x)=\int_0^x (q_x+q_{mx})\mathrm{d}x+\sum_{i=1}^{k} X_i+\sum_{i=1}^{l} n_x G_i \tag{5-57}$$

式中　q_x——沿弹身表面分布的气动力；

q_{mx}——沿弹身分布的 x 方向质量力，$q_{mx}=n_x mg$，m 为分布质量；

X_i——弹翼及舵翼等由气动载荷引起的集中力产生的轴力；

G_i——弹上设备的集中质量；

n_x——弹身轴向过载系数；

k——由弹身头部到任意垂直剖面间的集中力 X_i 的个数；

l——由弹身头部到任意垂直剖面间的集中质量 G_i 的个数。

2.制导炸弹弹体剪力

制导炸弹弹体剪力为

$$Q(x)=\int_0^x (q_y+q_{my})\mathrm{d}x+\sum_{i=1}^{k} Y_i+\sum_{i=1}^{l} n_y G_i \tag{5-58}$$

式中　n_y——弹体法向过载系数；

q_y—— 法向分布气动力；

q_{mx}—— 沿弹身分布的 y 向质量力，$q_{my}=n_y mg$，m 为分布质量；

k—— 由弹体头部到任意垂直剖面间的集中法向力 Y_i 的个数；

l—— 由弹体头部到任意垂直剖面间的集中质量 G_i 的个数。

3.制导炸弹弹体弯矩

制导炸弹弹体弯矩为

$$M(x)=\int_0^x Q(x)\mathrm{d}x+\sum_{i=1}^{k}M_i \tag{5-59}$$

式中　M_i—— 集中弯矩；

k—— 由弹体头部到任意垂直剖面间的集中弯矩 M_i 的个数。

4.制导炸弹弹体扭矩

制导炸弹弹体扭矩为

$$m(x)=\int_0^x (q_y e-q_m d)\mathrm{d}x+\sum_{i=1}^{k}T_i \tag{5-60}$$

式中　e—— 气动力 q_y 与弹体轴线的偏心距离；

d—— 质量力 q_m 与弹体轴线的偏心距离；

T_i—— 集中扭矩；

k—— 由弹体头部到任意垂直剖面间的集中扭矩 T_i 的个数。

由于作用在弹翼或舵翼上的载荷主要有沿翼展分布的气动力 q_y 和质量力 q_m，不包含电池、惯导等集中质量，因此其内力计算方法与弹身相似，在计算时仅考虑气动力 q_y 和质量力 q_m 引起的剪力、弯矩以及扭矩即可，此处不赘述。

5.5.2 载荷计算模型的简化

在工程实际中，由于制导炸弹结构复杂，所以通常将计算模型简化后再进行制导炸弹载荷计算。

制导炸弹弹长与弹体横截面尺寸之比较大，弹体计算模型可简化为一根梁。在弹体结构计算模型上设置有限个计算站点，全弹的质量就分配在这些计算站点上。计算模型简化如图 5-8 所示，图中制导炸弹共有 n 个站点，d_i 表示第 i 个站点到坐标原点的距离，工程中站点位置通常选择在结构件质心或舱段对接面位置处。

制导炸弹质量的分配原则为：弹体分布质量均匀地分配到附近的站点上，集中质量按杠杆比分配到附近的站点上，分布质量和集中质量的分配应基本满足各自质心的要求。通常站点数量会影响载荷计算的精度，站点数量越多，计算精度越高，但计算量也随之增大。因此，工程中需根据实际情况合理设置站点数量，并合理安排站点位置。

通过将分布质量及集中质量分配到不同的站点，可以计算不同站点剖面的轴力、剪力、弯矩以及扭矩等，根据计算结果，可以对结构件的强度及刚度进行校核，还可对主要连接部位的连接强度进行校核，验证结构设计的合理性及可靠性。

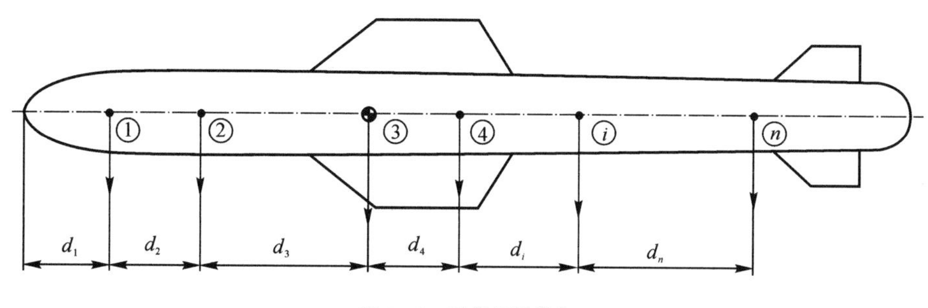

图 5-8　计算模型简化

5.5.3　实例分析

此处以某制导炸弹为例，对其内力进行分析计算。制导炸弹质量为 120 kg，弹直径为 200 mm，弹长 2 000 mm，全弹质心距头部整流罩前端距离为 1 030 mm，吊耳间距 355.6 mm，头部整流罩重 8 kg，战斗部重 88 kg，尾舱重 15 kg，弹翼总重为 3 kg，舵翼总重为 2 kg，弹上设备重 4 kg。全弹计算模型如图 5-9 所示，其中左、右止动器夹角为 90°，吊耳持弹面 z 坐标为 160 mm。

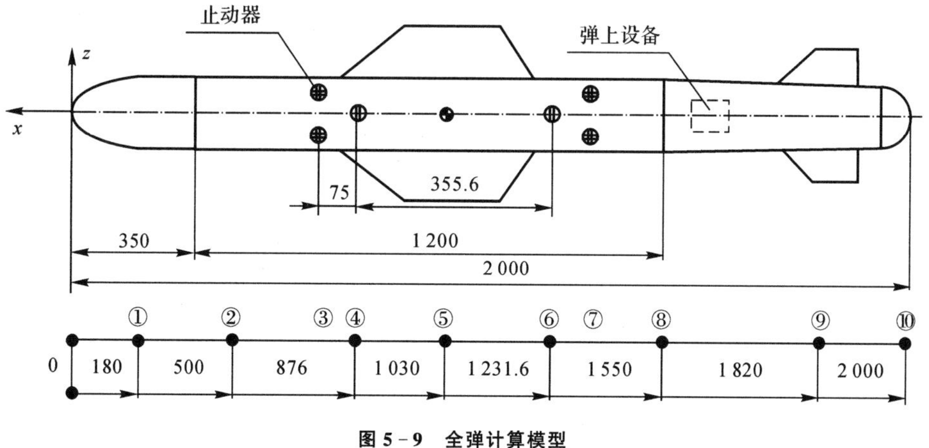

图 5-9　全弹计算模型

1.质量分配

按杠杆比原理对全弹质量进行分配，见表 5－1。

表 5－1　质量(kg)分配表

部位	头部整流罩质心（180 mm）	战斗部（500 mm）	前止动器（801 mm）	前吊耳（876 mm）	全弹质心（1 030 mm）	后吊耳（1 231.6 mm）	后止动器（1 306.6 mm）	尾舱前端面（1 550 mm）	尾舱中部（1 820 mm）	尾舱后端面（2 000 mm）	组件质量/kg	计算质心位置/mm	三维质心位置/mm
头部整流罩	8										8	180	180
战斗部	2.58	28.72			38.5			18.2			88	939.6	940
弹翼		0.29			2.71						3	978.8	979
尾舱								4.5	7.5	3	15	1 775	1 775
舵翼								0.15	1.85		2	1 799.8	1 800
弹上设备								3.3	0.7		4	1 597.3	1 598
Σ	10.58	29.01	0	0	41.21	0	0	26.15	10.05	3	120	1 030.7	1 030.9

根据质量分配计算结果，得全弹计算质心位置为 1 030.7 mm，与全弹三维质心位置 1 030.9 mm 基本一致，质量分配合理。

2.载荷计算

制导炸弹挂机飞行时，假定过载系数 $n_x=-2$，$n_y=4$，$n_z=0$，安全系数 $f=1.5$。对制导炸弹支反力及各站点惯性载荷、切面载荷进行计算，计算结果见表 5－2。

表 5－2　载荷计算表

站点	x 坐标/mm	质量/kg	P_x/N	P_y/N	Q_x/N	Q_y/N	M_y/(N·mm)
1	180	10.58	311.05	−622.10	311.05	−622.10	0.00
2	500	29.01	852.89	−1 705.79	1 163.95	−2 327.89	−199 073.28
3	801	0.00	0.00	0.00	1 163.95	−19 778.47	−899 768.77
4	876	0.00	0.00	0.00	1 163.95	348.35	−2 383 154.07
5	1 030	41.21	1 211.57	−2 423.15	2 375.52	−2 074.80	−2 329 508.34

续表

站点	x 坐标/mm	质量/kg	P_x/N	P_y/N	Q_x/N	Q_y/N	M_y/(N·mm)
6	1 231.6	0.00	0.00	0.00	−1 152.48	18 444.62	−2 183 307.84
7	1 306.6	0.00	0.00	0.00	−1 152.48	2 304.96	−799 961.06
8	1 550	26.15	768.81	−1 537.62	−383.67	767.34	−238 933.80
9	1 820	10.05	295.47	−590.94	−88.20	176.40	−31 752.00
10	2 000	3.00	88.20	−176.40	0.00	0.00	0.00

第6章
强度分析

6.1 概　　述

强度是指弹体结构在载荷作用下，抵抗破坏（断裂、有害变形、失稳等）的能力。强度是制导炸弹结构设计中需要考虑的基本要求，即制导炸弹在贮存、运输、挂机飞行以及自由飞行过程中能够承受所遇到的各种载荷而不破坏，且不产生影响制导炸弹正常使用和载机安全的有害变形的能力。强度校核是在载荷分析基础上，通过传力路径分析获得的各零部件承担的载荷，计算结构细节内力，然后根据结构构成材料、受力状态选取合理的强度判别准则，确定其承载能力，最后根据计算结果作出强度是否符合设计要求的判断，如不满足要求，还应向结构设计人员提供修改建议。

6.2 传力路径分析

制导炸弹弹体是由大量零件组成的，其主要作用是为弹上设备安装提供支撑、承受并传递载荷（包括剪力、弯矩、扭矩）、维持气动外形等。结构传力路径分析的目的是研究载荷在结构中传递的方式以及路径。

6.2.1 弹翼典型结构传力分析

1.弹翼结构的组成元件及其功用

弹翼的基本结构包括纵向骨架、横向骨架以及蒙皮等，各个结构元件的作用如下：

(1)纵向骨架——沿翼展方向布置的结构件，包括梁、纵墙和桁条。梁是弹翼中的重要纵向承力构件，承受着全部或大部分的弯矩和剪力。梁的缘条承受由弯矩而产生的正应力，腹板承受剪力。纵墙的缘条较弱或没有缘条，可以看作梁退化后的结果，因此其主要承受并传递剪力。梁与纵墙均为弹翼的主要纵向受力件，其数量和布置形式视载荷大小以及结构要求而定。桁条为次要纵向承力件，其作用主要是支持和加强蒙皮，提高蒙皮的稳定性，承受来自蒙皮的局部气动载荷，并将翼肋互相连接起来。桁条还可以承受由弯曲而产生的正应力。

(2)横向骨架——沿翼弦方向布置的结构件，主要包括普通翼肋和加强翼肋。普通翼肋将由蒙皮传来的气动载荷传给翼梁，保证翼剖面形状，维持气动外形；通过翼肋还可以将蒙皮和桁条受压长度减小，提高蒙皮、桁条稳定性。加强翼肋除具有普通翼肋的功能外，还可以承受集中载荷，主要布置在集中载荷作用的翼剖面处。弹翼一般只有少量的翼肋，甚至将翼肋取消。

(3)蒙皮固定在横向和纵向骨架上，形成光滑的弹翼表面，以产生飞行所需要的升力，并减小气动阻力。蒙皮除承受作用在翼面上的气动载荷并把它传给骨架外，还参与结构整体受力。视具体结构的不同，蒙皮可能承受剪应力和正应力。可根据翼梁缘条、桁条和蒙皮参与承受弯矩的能力，把弹翼分为梁式、单块式和多墙式。

2.梁式结构传力分析

由于弹翼结构尺寸较小，梁式结构在制导炸弹弹翼结构中很少使用，但梁式结构是一种基本的受力形式，了解其传力方式也是十分有必要的。梁式结构中翼梁承受大部分弯矩，梁腹板承受剪力，蒙皮和腹板组成的盒段承受扭矩，蒙皮也参与翼梁缘条的承弯作用。梁式弹翼的不足之处是蒙皮较薄，桁条较少，因此其弹翼蒙皮只承担少量的整体弯曲载荷。根据翼梁的数量不同，我们还可以进一步将梁式弹翼分为单梁式、双梁式和多梁式弹翼。

(1)蒙皮在气动载荷下的受力。蒙皮通过铆接固定在桁条、翼肋和翼梁上，在制导炸弹飞行过程中，以吸力或压力的方式承受沿蒙皮法向的气动载荷。分析蒙皮承受的气动力时，可以认为蒙皮被桁条、翼肋和翼梁组成的骨架分割成多个独立单元，每个独立单元均以距其最近的桁条、翼肋和翼梁为边界。作用在蒙

皮上的分布气动力通过铆钉受拉或接触面挤压的方式传递给最近的桁条、翼肋和翼梁。当蒙皮承受气动吸力时，骨架通过铆钉受拉为蒙皮提供支反力，如图6－1所示。蒙皮承受气动压力时，铆钉不受力，骨架直接通过接触面挤压向蒙皮提供支反力，如图6－2所示。

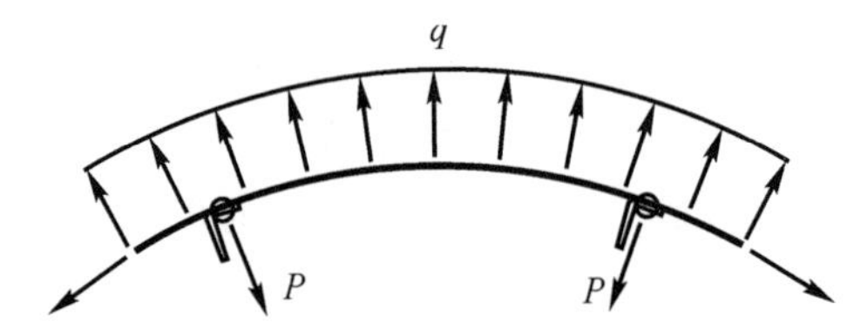

图6－1　蒙皮承受气动吸力

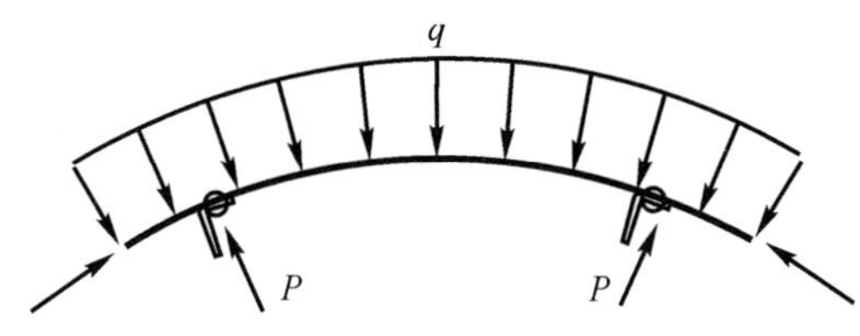

图6－2　蒙皮承受气动压力

（2）桁条传力分析。桁条长度较长，跨过多个翼肋，在受力形式上可以看作以翼肋为支点的多支点梁。桁条承受蒙皮通过铆钉传来的气动载荷 q，这些载荷沿铆钉排分布，且垂直于桁条轴线，其支反力由作为支点的翼肋提供，如图6－3所示。

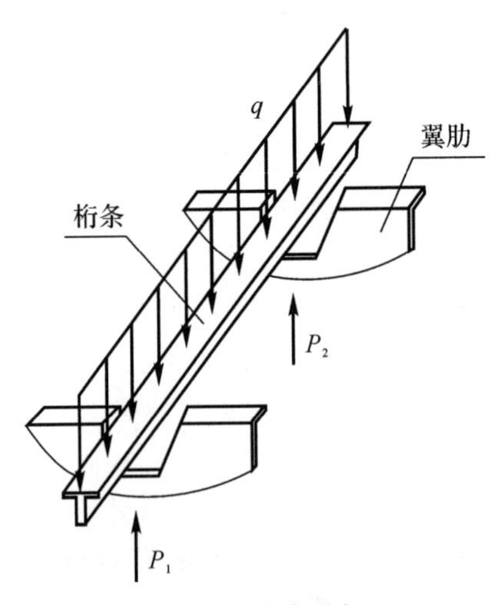

图6－3　桁条受力

(3)翼肋的传力分析。翼肋承受从蒙皮和桁条传来的载荷,并进而将这些载荷的合力 ΔQ 按照抗弯刚度 EI 分配到翼梁上,即

$$\frac{R_1}{R_2}=\frac{(EI)_1}{(EI)_2} \tag{6-1}$$

通常 ΔQ 合力的中心 O 与翼剖面的刚心 O' 并不重合,这时在合力 ΔQ 作用下,翼剖面还会出现绕刚心的扭转:

$$\Delta M_t=\Delta Qd \tag{6-2}$$

式中,d 为合力中心与刚心的距离。

该扭矩与翼肋与蒙皮的连接铆钉提供的剪流平衡,如图 6-4 所示。

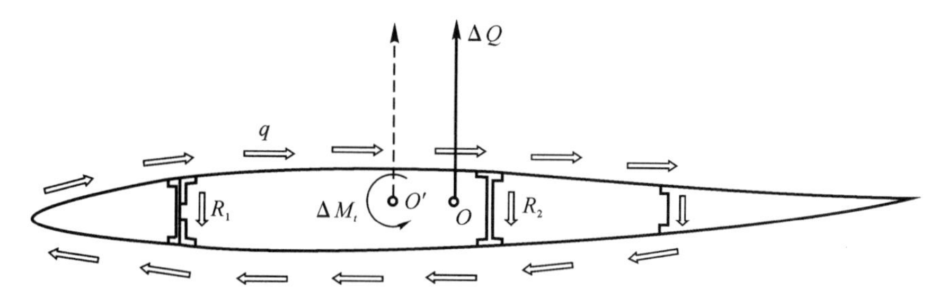

图 6-4 翼肋的受力平衡

(4)翼梁的受力。受力分析时可以将翼梁简化为一端固支的悬臂梁,其承受来自翼肋的剪切力和蒙皮的气动力。翼梁支反力由梁根部与弹身的连接结构提供,如图 6-5 所示。

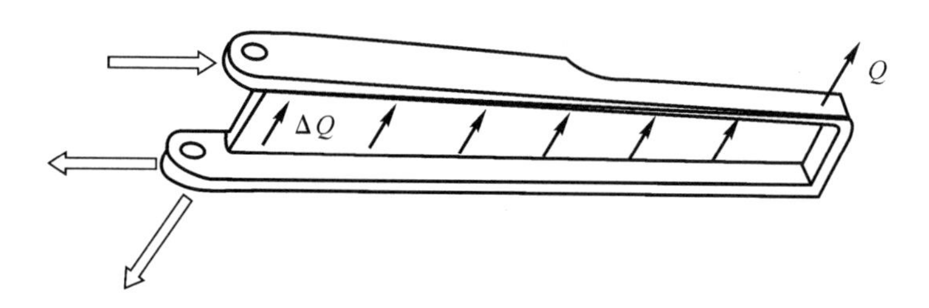

图 6-5 翼梁的受力平衡

由翼肋传递到翼梁腹板上的剪力,在翼梁腹板上产生沿翼梁长度方向呈阶梯状分布的剪力。在该剪力的作用下,在翼梁内产生的弯矩呈斜折线分布,斜率从翼尖向翼根逐渐增大,如图 6-6 和图 6-7 所示。

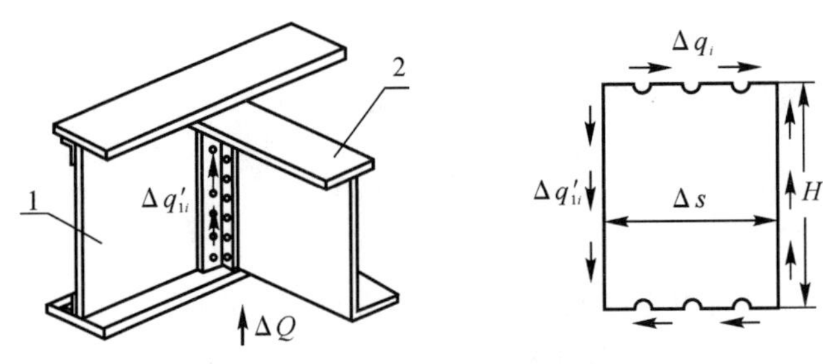

图 6-6　翼肋传递到翼梁腹板的剪力

1—桁梁；2—翼肋

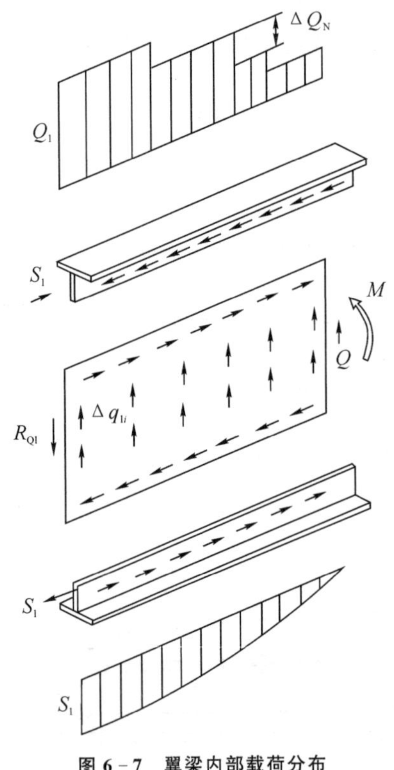

图 6-7　翼梁内部载荷分布

(5)蒙皮上的扭转载荷。由翼肋传递到蒙皮的剪流(用于平衡气动合力点与刚心不重合产生附加扭矩)，在由翼尖向翼根传递的过程中逐步累加，在蒙皮上形成阶梯状分布的剪流，使弹翼产生绕刚心的转动，如图 6-8 所示。

3.单块式结构传力分析

单块式结构的特点是蒙皮较厚、桁条较密，翼梁退化为缘条较弱的纵墙，翼肋数量较少，其中桁条和蒙皮组成翼面壁板。

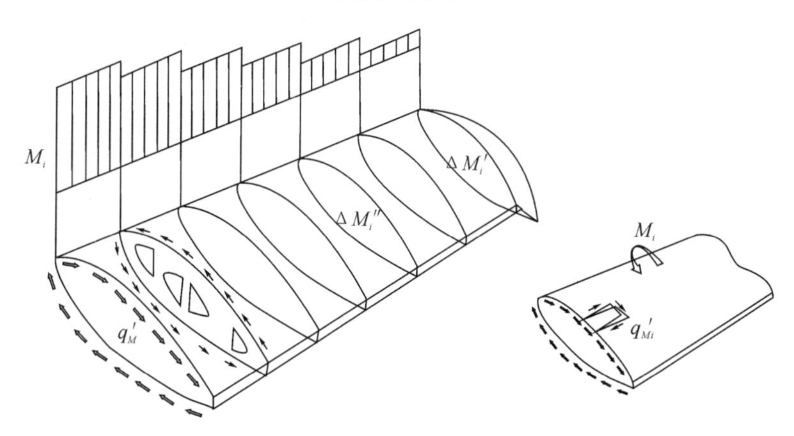

图 6-8 蒙皮内剪流分布

与梁式结构弯矩主要由翼梁承受不同，单块式弹翼结构的蒙皮较厚、桁条较强而梁较弱，因此弹翼弯矩主要由蒙皮和桁条承担。单块式弹翼结构的气动载荷由蒙皮向桁条、翼肋和翼梁的传递过程与梁式结构基本相同。

由于单块式结构蒙皮和桁条承载能力较强，其承受轴向载荷的能力也较高，因此梁腹板受剪引起的轴向剪流只有较少部分作用在梁缘条上，大部分由蒙皮和桁条组成的壁板承担。梁腹板上的剪流一部分传递到梁缘条上，其余部分传递到与缘条相连的蒙皮上，然后通过蒙皮受剪传递到临近的第 1 根桁条附近，其中部分传递到桁条上，其余继续向第 2 根传递。通过不断传递，蒙皮中剪流逐渐减小，直至剪流全部传递给梁缘条和桁条，翼缘条和桁条承受的轴向剪流由各自的轴力平衡。轴力沿展向呈折线式分布，由外向内逐渐增大，最终由翼根部支反力平衡，如图 6-9 所示。

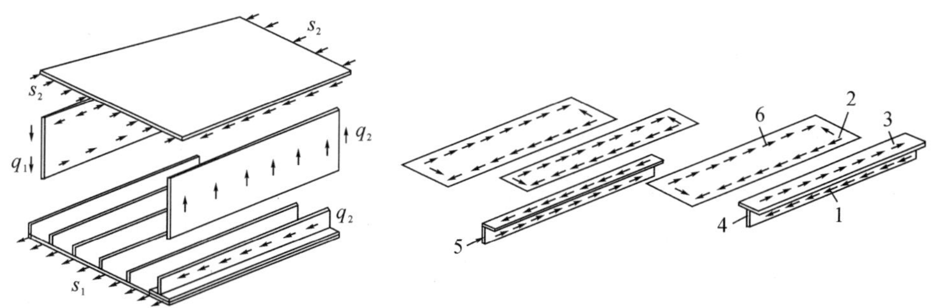

图 6-9 单块式弹翼传力

1—梁腹板传递到缘条的剪流；2—缘条传给蒙皮的剪流；3—蒙皮对缘条的支反剪流；4—缘条的轴向支反力；5—桁条的轴向支反力；6—蒙皮剪流

单块式结构弹翼的蒙皮不仅承受由局部气动力以及弹翼扭转引起的剪流，还要承受由剪力和弯矩引起的拉压应力，使其蒙皮和缘条利用程度比梁式结构弹翼更加充分。

4.多墙式结构受力分析

多墙式结构的特点：墙较多，蒙皮较厚，一般为变厚度，无桁条，翼肋较少，仅在根部、翼尖和集中载荷作用部位设有加强肋。多墙式结构多用于翼剖面结构高度较小的小展弦比翼上，以获得较高的结构效率。

多墙结构的蒙皮被墙分割成多个独立的带状蒙皮，每个独立带状蒙皮的气动载荷直接传递给临近的墙腹板，每个腹板上承受的气动力等于该腹板两侧带状蒙皮气动力之和的一半。腹板受气动载荷后引起的轴向剪流全部传给蒙皮，使上、下蒙皮分别承受拉伸和压缩载荷，如图 6－10 所示。腹板承受的剪力传递到弹翼根部翼肋，进而由翼肋与弹身的连接结构传递到弹身上。

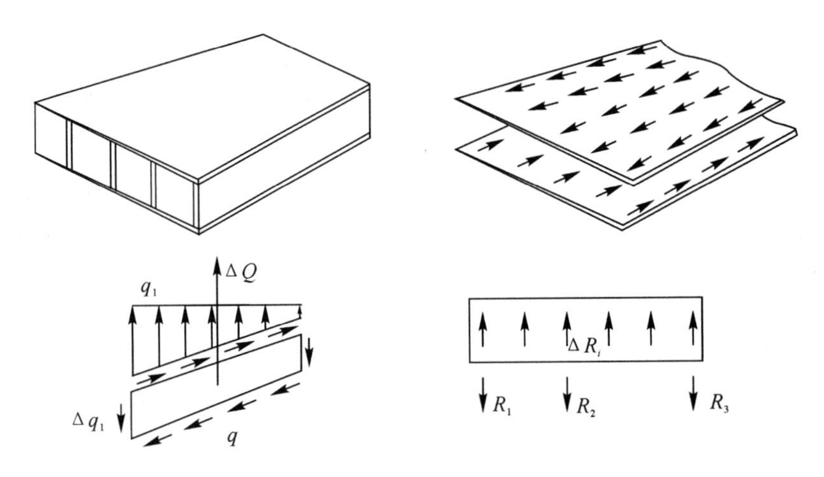

图 6－10　多墙式弹翼传力

5.夹层结构弹翼

夹层结构弹翼由上、下蒙皮和中间的芯层组成，上、下蒙皮与芯层通常采用钎焊或胶接等连接方式。芯层有蜂窝、轻质材料、波纹板等结构，且芯层中可以有翼梁、翼肋等加强结构。

由气动载荷引起的弹翼弯矩以上、下蒙皮分别承受拉、压的方式向翼根部传递，翼面剪力以芯层受剪的方式向翼根部传递，如图 6－11 所示。夹层结构蒙皮与芯层的连接可近似视为面连接，这使得蒙皮在垂直方向的刚度提高，即蒙皮的稳定性得以明显改善。由气动载荷引起的弹翼扭转主要由蒙皮组成的闭室以剪切形式传递。

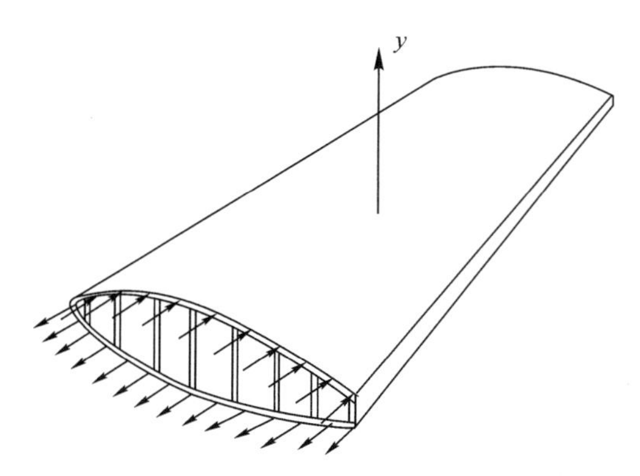

图 6-11 夹层结构式弹翼传力

6.2.2 弹身典型结构形式的传力分析

1.弹身结构的组成元件及其功用

弹身结构与弹翼相似，是由纵向骨架、横向骨架以及蒙皮组合而成的。其中纵向骨架指沿弹身纵轴方向布置的结构件，包括长桁、桁梁；横向骨架指垂直于弹身纵轴的结构件，主要是隔框。弹身结构各元件的功用，相应地与弹翼结构中的长桁、翼肋、蒙皮的功用基本相同。

然而，弹身与弹翼的结构和受力也存在不同之处：

(1)弹翼由于受到翼形的限制，在垂直翼面方向的尺寸远小于弹翼的弦长和展长，因此其在垂直于翼面方向的刚度较小；弹身截面多为圆形、椭圆形、矩形等形状，在垂直方向和水平方向的弯曲刚度相差不大。

(2)弹翼的载荷主要为分布在整个翼面上的气动力，而弹身载荷除气动力外，更重要的是由机动过载引起的惯性力。

(3)弹翼的翼梁能够承受弯矩，而弹身的梁只承受轴向载荷。

(4)弹身存在较大的轴向力，而弹翼沿翼展方向的载荷较小，一般予以忽略。

由于弹身与弹翼在结构和受力上有不同之处，因此其分析方法有所差异。弹翼的受力分析一般从蒙皮承受气动力开始，然后是分析载荷在弹翼内部元件[桁、肋、梁(墙)]中的传递，载荷最终传递到弹身上。弹身的受力分析主要从隔框和纵梁承受惯性集中载荷开始，分析集中载荷在弹身内的传递，直至载荷被来自弹翼或支撑部位的支反力平衡为止。

2.弹身各组成元件的受力特点

(1)隔框。隔框的功能与弹翼中翼肋的功能相似，其可分为普通框与加强框两大类。

普通框用来为蒙皮和桁条提供支持，提高其稳定性，维持弹身的气动外形。一般，其沿弹身周边空气压力为对称分布(见图 6 - 12)，此时气动力在框上自身平衡。普通框一般都设计成环形框，当弹身为圆截面[见图 6 - 13(a)]时，气动力引起的普通框内力为环向拉应力；当弹身截面为有局部接近平直段的圆形[见图 6 - 13(b)]或矩形[见图 6 - 13(c)]时，在平直段内就会产生局部弯曲内力。此外，普通框还受到因弹身弯曲变形引起的分布压力 p(见图 6 - 14)，p 在框内部自平衡。

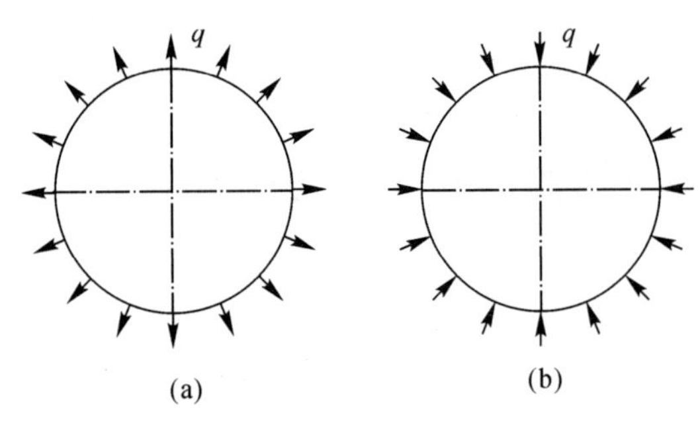

图 6 - 12　弹身气动力分布

(a)气动吸力；(b)气动压力

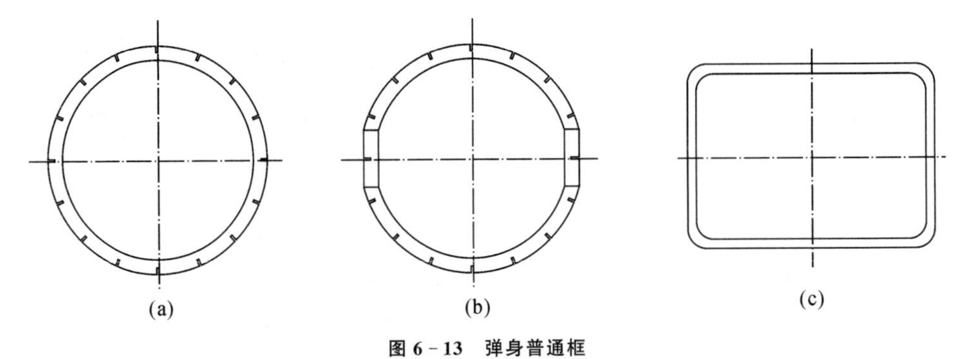

图 6 - 13　弹身普通框

(a)圆截面；(b)局部接近平直段的圆形；(c)矩形

加强框除普通框的作用外，其主要功用是将惯性集中力和其他部件传到弹身结构上的集中力加以扩散，然后拉力和弯矩以正应力形式传递给桁梁或桁条，剪切力以剪流的形式传给蒙皮。一般在舱段的前、后对接面上都采用加强框将相邻舱段传来的螺钉和定位销集中载荷扩散到桁梁(桁条)和蒙皮上，如图6 - 15所示。

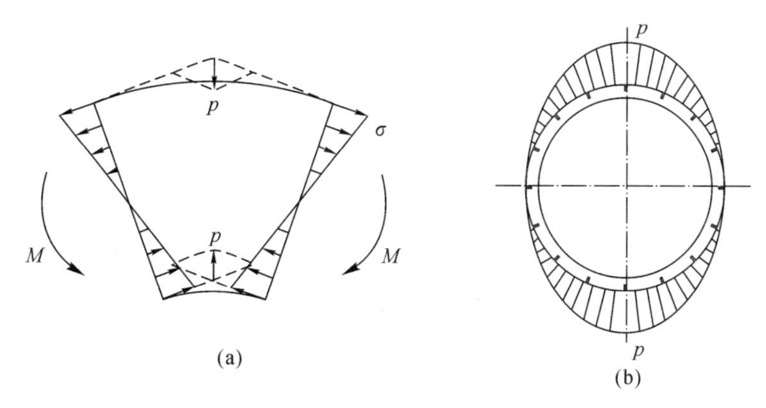

图6-14 弹身弯矩引起的普通框载荷

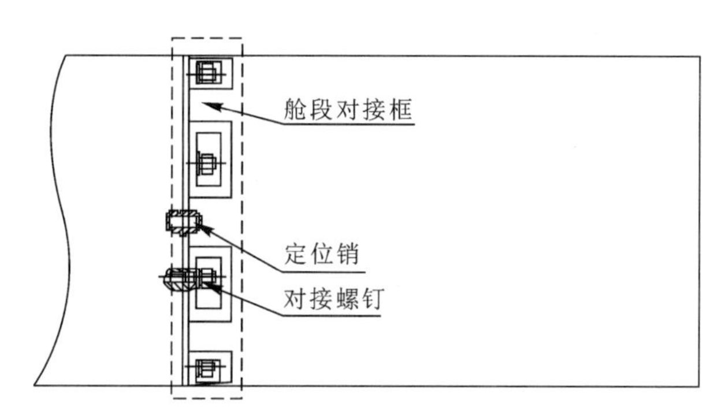

图6-15 舱段对接框

(2)长桁。长桁是弹身结构的重要纵向构件，主要用以承受弹身轴向载荷和弯曲载荷产生的轴力。此外，长桁可以提高蒙皮刚度，承受作用在蒙皮上的部分气动力并传给隔框，减小蒙皮在气动载荷下的变形，提高蒙皮的受压、受剪失稳临界应力，这与弹翼的长桁相似。

(3)桁梁。桁梁的作用与长桁基本相同，不同点在于其截面积比长桁大，传递轴向力和弯矩的能力比长桁强。

(4)蒙皮。弹身蒙皮的作用是维持弹身的气动外形，并保持表面光滑，所以它承受局部气动力。蒙皮在弹身总体受载中，与长桁共同承担由整体弯曲和轴向力引起的正应力，以及由剪力和扭矩引起的剪应力。

3.弹身的典型受力形式

(1)桁梁式。桁梁式弹身结构特点是有多根纵梁，且梁的截面面积很大，一般占弹身全部截面面积的主要部分，是承受弯矩和轴向力的主要结构件，如图6-16(a)所示。桁梁式弹身结构上长桁数量较少而且较弱，甚至长桁可以不连续，蒙皮较薄，一般只用于承受局部气动载荷、剪力和扭矩，蒙皮和长桁只承受很小部分的轴力，因此在强度计算建模时，一般按照桁梁承担全部轴向力和弯矩，蒙皮承担剪力和扭矩对结构进行简化。从其受力特点可以看出，由于梁在传递弯矩和轴向载荷时发挥主要作用，因此在梁之间布置窗口不会显著降低弹身的弯曲(和拉伸)强度和刚度。虽然因窗口会减小结构的抗剪强度与刚度而必须补强，但相对桁条式[见图 6-16(b)]和硬壳式[见图 6-16(c)]来说，同样的窗口，桁梁式补强引起的质量增加较少。

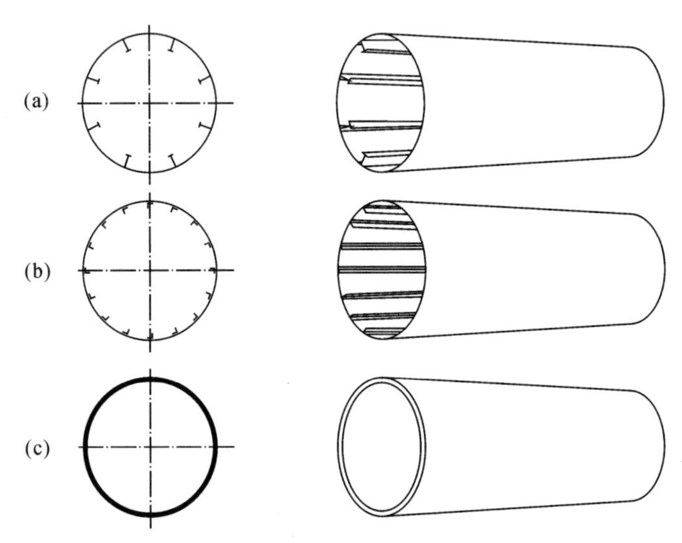

图 6-16 弹身结构典型受力形式

(a)桁梁式；(b)桁条式；(c)硬壳式

(2)桁条式。桁条式弹身的特点是长桁较多、较强，蒙皮较厚，弯曲引起的轴向力将由桁条与较厚的蒙皮共同承受，剪力和扭矩全部由蒙皮承受。由于蒙皮较厚，桁条式弹身的弯、扭刚度(尤其是扭转刚度)比桁梁式大，并且在气动力作用下蒙皮的局部变形也小，有利于改善气动性能。从其受力特点可以看出，弹体上如果设计大窗口，必然会切断部分桁条，导致传力路径被截断，窗口补强增重较大，因此不宜开大窗口。

桁条式和桁梁式统称为半硬壳式弹身，现代制导炸弹很多都采用半硬壳式结构，由于桁条式具有弯、扭刚度较高的优点，只要弹身没有很大的窗口，多数采用桁条式结构。

(3)硬壳式。硬壳式弹身由蒙皮与少数隔框组成。其特点是没有纵向构件，蒙皮厚。由厚蒙皮承受弹身总体拉、弯、剪、扭引起的全部轴力和剪力。隔框用于维持弹身截面形状，支持蒙皮和承受、扩散框平面内的集中力。硬壳式弹身结构实际上用得很少，原因在于弹身的相对载荷较小，而且弹身有时不可避免要大窗口，会使蒙皮材料的利用率较低，窗口补强增重较大。因此，一般只在弹身结构中某些气动载荷较大、要求蒙皮局部刚度较大的部位采用。

4.弹身结构中集中力的传力分析

弹身结构的受力分析方法与弹翼类似，不同点在于弹身存在集中力。此处根据弹身结构承担集中载荷的受力特点，以作用在加强框上的集中力为例，对集中力的传力方式进行分析。

图 6-17 表示桁条式弹身的一个舱段对接框（加强隔框），它和右侧相邻舱段相连接，受到由相邻舱段传来的集中载荷P_y。该框受力后，有向下移动的趋势，桁条对其不能起到直接的限制作用，而由蒙皮通过沿框缘的连接铆钉给隔框以支反剪流 q。q 的分布与弹身的受力形式，即与框平面处弹身壳体上受正应力的元件的分布有关。对桁条式弹身，如果假定只有桁条承受正应力，蒙皮只受剪切，则剪流沿周缘按阶梯形分布[见图 6-17(a)]。实际上由于桁条式弹身蒙皮也受正应力，因此在两桁条间的剪流值将不是等值，而是呈曲线分布[见图 6-17(b)]。由于蒙皮与桁条连接，蒙皮因剪流 q 受剪时将由桁条提供轴向支反剪流平衡，也即蒙皮上的剪流 q 将使桁条上产生拉、压的轴向力，如图 6-17(b)所示。由图 6-17(a)可知，蒙皮 2 的剪流比蒙皮 1 上的剪流小，所以蒙皮 1、2 间的桁条受拉。同理，蒙皮 1′、2′之间的桁条则受压。载荷P_y在弹身结构中传递时，弹体剖面上各长桁上的轴力分布如图 6-17(d)所示。

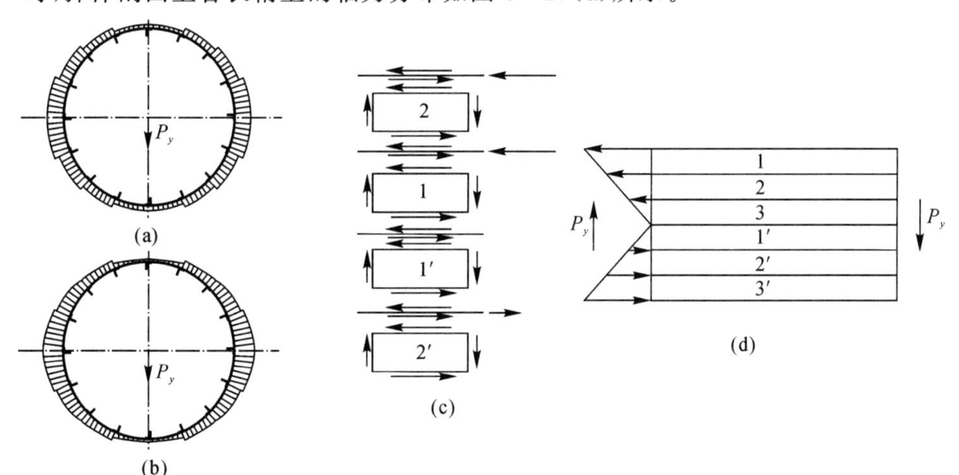

图 6-17 集中力在桁条式弹身框平面内的传递

(a)阶梯分布；(b)曲线分析；(c)轴向支反剪流平衡；(d)轴力分布

桁梁式弹身蒙皮上的剪流分布如图 6－18 所示，弯矩由桁梁上的轴力来平衡。由此可见，桁梁与弹翼中的梁不同，弹身中的桁梁只相当于翼梁的缘条，而弹身的蒙皮则相当于翼梁的腹板。

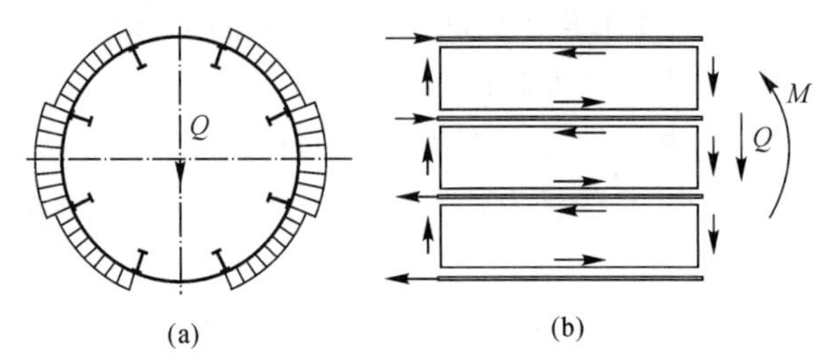

图 6－18　集中力在桁梁式弹身框平面内的传递

(a)剪流分布；(b)轴向支反剪流平衡

由前面的分析可知，在框平面内作用有集中力时，首先由加强框将集中力扩散，以剪流形式传给蒙皮，剪流在蒙皮中传递时，其合力 Q 通过蒙皮连续向前传递。弯矩 M 则以桁条(梁)承受轴向拉、压载荷的形式向前传递。框平面内受集中力时，支反剪流的分布、大小只与弹身内部受正应力的元件分布有关，即与桁条、桁梁或蒙皮所受正应力有关，而与加强框本身的结构形式无关。

此外，作用在弹身上的扭矩，通过加强框传给蒙皮后，以蒙皮承剪形式在蒙皮中传递，且不会引起桁条(或桁梁)内的轴力，即与弹身结构受正应力的元件无关。如果加强框上作用有沿弹体轴向的集中力，则需要布置相应的纵向元件，将集中力扩散后再在结构中传递。

6.3　结构受力计算

在结构总体设计阶段，结构受力计算主要是对结构总体布局的受力状态进行分析，不涉及结构细节计算，因此计算时可忽略结构细节。无论是弹翼还是弹体，都是长细比较大的结构形式，为减少工作强度，计算时一般均按照工程梁理论进行分析，其计算结果的精度可以满足结构总体设计阶段的要求。

6.3.1　结构应力计算

1.弹翼结构应力计算

(1)梁式弹翼。弹翼结构应力分析时，梁式结构可以简化成由杆元和剪切板元组成的力学模型，如图 6－19 所示。图 6－19(b)中圆点为具有集中面积而承受正应力的杆元，杆元之间为承受剪应力的剪切板元。杆元集中面积为梁、蒙皮和梁腹板等元件的折算面积之和，板元厚度为蒙皮的实际厚度。

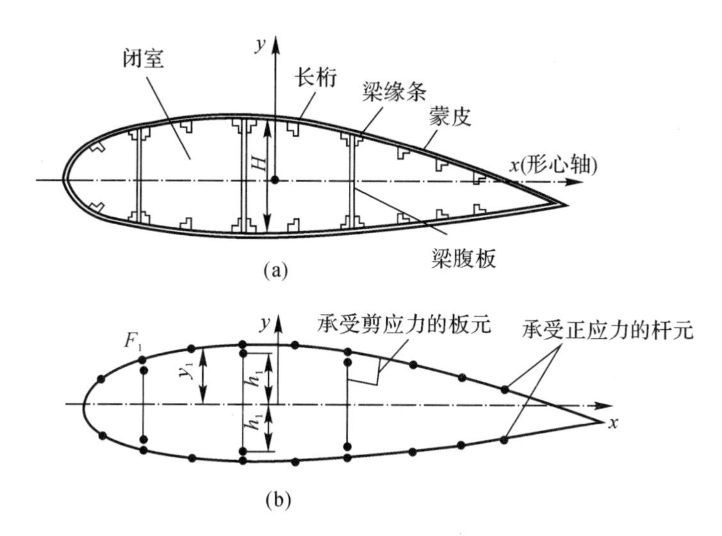

图 6－19 桁梁式弹翼简化模型

(a)典型翼剖面结构；(b)简化受力模型

按前面所述基本原则，弹翼截面正应力为

$$\sigma=\frac{M}{\sum_{j=1}^{n} f_j y_j^2} y_i \tag{6-3}$$

式中 M—— 弹翼截面弯矩；

f_j——j 杆截面面积；

y_j——j 杆至弹翼截面中性轴的距离；

n—— 梁数量。

由于梁式弹翼蒙皮较薄，纵向载荷主要由梁和桁条承担，因此在总体设计阶段，杆元截面面积计算可忽略蒙皮和梁腹板，只考虑梁缘条和桁条，计算结果偏向保守。

弹翼截面剪应力是由横向剪力引起的。横向剪力合力 Q 一般不通过弹翼横截面的刚心，因此当横向剪力向刚心简化时，相当于在刚心作用一个剪力 Q，同时作用一个附加扭矩 M。

作用在刚心上的剪力 Q 由梁腹板承担，并按照腹板的抗弯刚度分配到各个腹板上，每个腹板上作用的横截面剪力为

$$Q_i = \frac{E_i I_i}{\sum_{j=1}^{n} E_j I_j} Q \tag{6-4}$$

式中 E_i—— 第 i 根梁的弹性模量；

J_i—— 第 i 根梁相对于自身形心主轴的的惯性矩。

随后，计算蒙皮和梁腹板中的剪应力：

$$\tau_{1,i} = \frac{Q_i S_z}{I_i \delta} \tag{6-5}$$

式中 S_z—— 梁腹板剪应力计算点以外部分对腹板中性轴的静矩；

I_i—— 第 i 根梁腹板的惯性矩；

δ—— 腹板厚度。

如果梁腹板为矩形截面，则腹板最大剪应力为

$$\tau_{\max i} = \frac{3}{2}\frac{Q_i}{\delta h} \tag{6-6}$$

式中 h—— 梁腹板高度。

由式(6-6)可知，最大剪应力为平均剪应力的1.5倍。

扭矩引起的剪应力通常假定由上、下蒙皮和梁腹板组成的各闭室共同承担，扭矩按各闭室的扭转刚度分配，各闭室分配的扭矩为

$$M_{\mathrm{T},i} = \frac{k_i}{\sum k_i} M \tag{6-7}$$

式中 k_i—— 第 i 个闭室的扭转刚度，且有

$$k_i = \frac{\Omega_i}{\oint \frac{1}{G\delta} \mathrm{d}s} \tag{6-8}$$

式中 Ω_i^2—— 第 i 闭室周线所围面积的两倍；

δ—— 闭室周线上蒙皮或梁腹板的厚度；

G—— 蒙皮或梁腹板材料的剪切模量。

计算出各闭室扭转刚度并获得各闭室扭矩后，计算闭室剪流：

$$q_i = \frac{M_{\mathrm{T},i}}{k_i} \tag{6-9}$$

弹翼各闭室剪流分布如图6-20所示。

由图6-20可见，两相邻闭室在中间梁腹板上的剪流方向相反，考虑到中间梁腹板承受两闭室剪流差，因此一般忽略中间梁腹板的作用，近似地认为扭矩由弹翼上、下蒙皮和前、后梁腹板组成的闭室来承担，如图6-21所示。此时弹翼剪流分布为

$$q=\frac{M_{\mathrm{T}}}{\Omega} \tag{6-10}$$

式中 Ω—— 由上、下蒙皮和前、后梁腹板所围闭室面积的两倍。

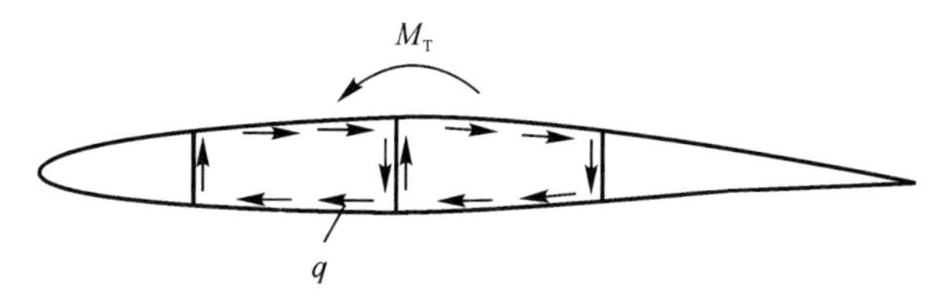

图 6-20 弹翼各闭室剪流分布

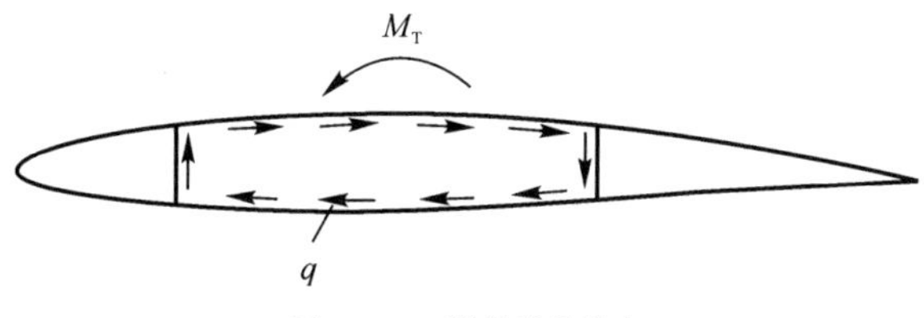

图 6-21 弹翼剪流分布

因此,由扭矩引起的蒙皮剪应力为

$$\tau_2=\frac{q}{\delta} \tag{6-11}$$

在扭矩和剪力的联合作用下,弹翼蒙皮或梁腹板的总剪应力等于由扭矩引起的剪应力和由剪力引起的剪应力之和,即

$$\tau=\tau_1+\tau_2 \tag{6-12}$$

(2) 单块式弹翼。单块式弹翼弯矩由蒙皮和桁条(梁缘条)承担,按 6.2.1 节所述基本原则,弹翼截面正应力为

$$\sigma=\frac{M}{I_z+\sum_{i=1}^{n} f_i^2 y_i} y \tag{6-13}$$

式中 M—— 弹翼截面弯矩;

I_z—— 蒙皮惯性矩;

f_i——i 桁条(或梁缘条) 截面面积;

y_i——i 桁条(或梁缘条) 至弹翼截面中性轴的距离;

y—— 应力计算点至弹翼截面中性轴的距离。

单块式弹翼剪应力计算方法与梁式弹翼基本相同,可参照梁式弹翼剪应力计算方法求解。

(3) 多墙式弹翼和夹层结构弹翼。多墙式弹翼和夹层结构弹翼的弯矩主要由蒙皮承担，因此弹翼截面正应力为

$$\sigma=\frac{M}{I_z}y \tag{6-14}$$

式中 M—— 弹翼截面弯矩；

I_z—— 蒙皮惯性矩；

y—— 应力计算点至弹翼截面中性轴的距离。

多墙式弹翼和夹层结构弹翼的剪应力计算方法与梁式弹翼基本相同，可参照梁式弹翼剪应力计算方法求解。

2.弹身结构应力计算

(1) 桁梁式。根据弹身传力特点，桁梁式弹身的受力特点是弯矩和轴向力主要由梁来承担，剪力和扭矩全部由蒙皮承担。因此，梁截面正应力为

$$\sigma=\frac{M}{\sum_{j=1}^{n}f_j y_j^2}y_i+\frac{N}{\sum_{j=1}^{n}f_j} \tag{6-15}$$

式中 M—— 弹身截面弯矩；

N—— 弹身截面轴向力；

f_j—— 梁截面面积；

y_j—— 梁至弹身截面中性轴的距离；

n—— 梁数量。

蒙皮剪应力为

$$\tau=\frac{QS_z}{I_z\delta}+\frac{M_T}{2A\delta} \tag{6-16}$$

式中 Q—— 弹身截面横向剪力；

S_z—— 剪应力计算位置外侧、承受正应力的梁对中性轴的静矩；

M_T—— 弹身截面扭矩；

A—— 蒙皮所围面积；

δ—— 蒙皮厚度。

桁梁式弹身蒙皮剪应力分布如图 6-22 所示。

(2) 桁条式。桁条式弹身的受力特点是弯矩和轴向力主要由桁条和蒙皮共同承担，剪力和扭矩仍全部由蒙皮承担。

弹身截面正应力为

$$\sigma=\frac{M}{\sum_{j=1}^{n}f_j y_j^2+I_s}y_j+\frac{N}{\sum_{j=1}^{n}f_j+A_s} \tag{6-17}$$

式中 M—— 弹身截面弯矩；

N—— 弹身截面轴向力；

f_j——j 桁条截面面积；

y_j——j 桁条至弹身截面中性轴的距离；

I_s—— 蒙皮对中性轴惯性矩；

A_s—— 蒙皮截面面积；

n—— 桁条数量。

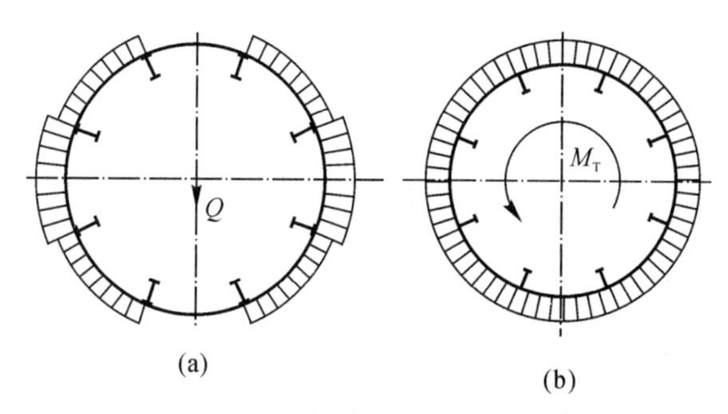

图 6-22 桁梁式弹身蒙皮剪应力分布图

(a) 剪切力引起的剪应力分布；(b) 扭矩引起的剪应力分布

蒙皮剪应力为

$$\tau=\frac{QS_z}{I_s\delta}+\frac{M_T}{2A\delta} \tag{6-18}$$

式中 Q—— 弹身截面横向剪力；

S_z—— 剪应力计算位置外侧、承受正应力的桁条和蒙皮对中性轴的静矩；

M_T—— 弹身截面扭矩；

A—— 蒙皮所围面积；

δ—— 蒙皮厚度。

桁条式弹身蒙皮剪应力分布如图 6-23 所示。

(3) 硬壳式。硬壳式弹身由于没有梁或桁条，所以全部弯矩、扭矩和剪力均由较厚的蒙皮承担。

梁截面正应力为

$$\sigma=\frac{M}{I_s}y_i+\frac{N}{A_s} \tag{6-19}$$

蒙皮剪应力为

$$\tau=\frac{QS_z}{I_z\delta}+\frac{M_T}{2A\delta} \tag{6-20}$$

式中 Q—— 弹身截面横向剪力；

S_z—— 剪应力计算位置外侧、承受正应力的蒙皮对中性轴的静矩；

M_T—— 弹身截面扭矩；

A—— 蒙皮所围面积；

δ—— 蒙皮厚度。

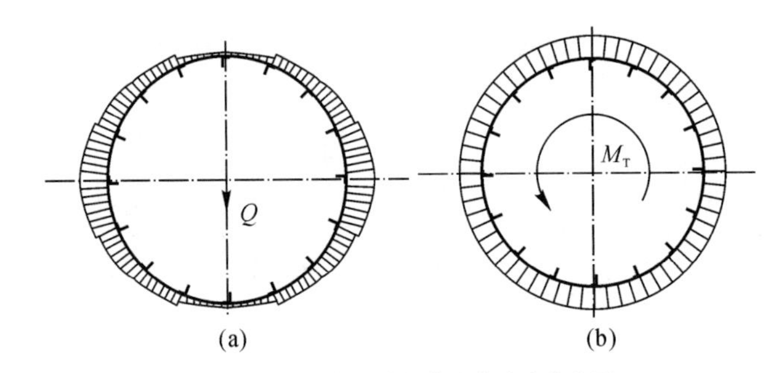

图 6-23　桁条式弹身蒙皮剪应力分布图

(a) 剪切力引起的剪应力分布；(b) 扭矩引起的剪应力分布

对于圆剖面硬壳式弹身，由剪力引起的蒙皮内部剪应力分布为

$$\tau=\frac{Q}{\pi Rt}\sin\theta \tag{6-21}$$

式中 R—— 弹身剖面半径；

t—— 蒙皮厚度；

θ—— 剖面上静矩为零的点到应力计算点的圆弧对应的中心角。

硬壳式弹身蒙皮剪应力分布如图 6-24 所示。

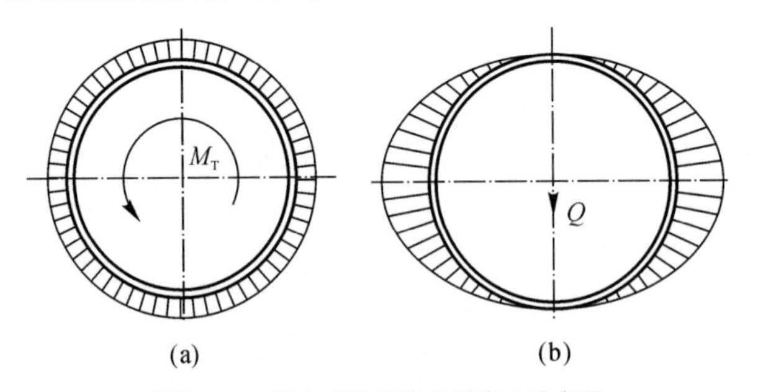

图 6-24　硬壳式弹身蒙皮剪应力分布图

(a)剪切力引起的剪应力分布；(b)扭矩引起的剪应力分布

6.3.2 连接计算

目前在制导炸弹结构设计中采用的连接方式主要包括机械连接、焊接和胶接。其中,机械连接采用的连接件主要包括铆钉和螺钉,铆钉通常用于传递剪切力,螺钉既可传递剪力又可传递拉力。

1.铆钉

舱段对接框与蒙皮的连接多采用铆钉,铆钉一般沿弹体周向均匀分布。对于硬壳式结构,舱段对接框通过铆钉将集中载荷(轴向力、弯矩、扭矩以及剪力)扩散到蒙皮上。

弹体轴向力平均分配到全部铆钉上[见图 6-25(a)],每个铆钉的剪力为

$$P_F = F/n \tag{6-22}$$

式中 F—— 弹体轴向力;

n—— 铆钉数量。

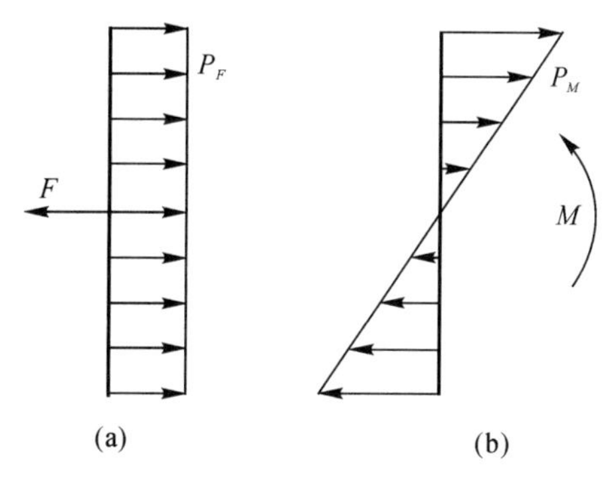

图 6-25 铆钉剪力分布

(a) 弹体受轴向力铆钉剪力分布图;(b) 弹体受弯矩铆钉剪力分布图

弹体总体弯矩引起的铆钉的剪力按与中性轴的距离分配[见图 6-25(b)],每个铆钉剪力为

$$P_i = \frac{M \cdot y_i}{\sum_{1}^{n} y_i^2} \tag{6-23}$$

式中 M—— 弹体总体弯矩;

y_i—— 第 i 颗铆钉距中性轴的距离。

弹体扭矩引起的铆钉剪力分布如图 6-26 所示,每颗铆钉的剪力大小为

$$P_{M_t} = \frac{M_t}{Rn} \tag{6-24}$$

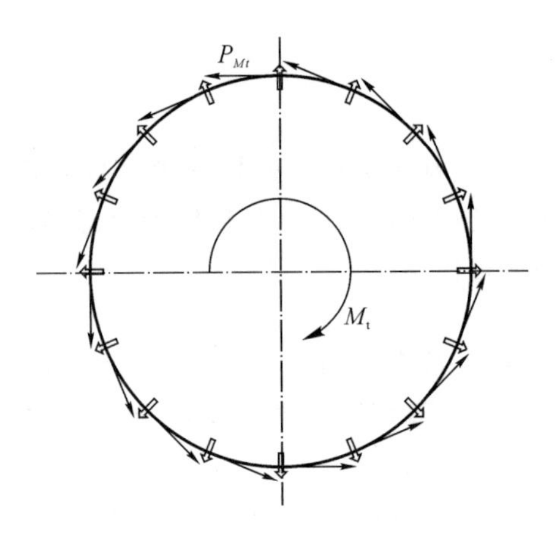

图 6－26　扭矩引起的铆钉剪力

计算弹体横向剪力引起的铆钉剪力时，假定铆钉剪力为铆钉所在位置蒙皮剪应力乘以铆钉间弧长，剪力方向沿蒙皮切向（见图 6－27），则铆钉的剪力计算公式如下：

$$P_Q=\tau_\theta St=\frac{Q}{\pi Rt}\sin\theta\times R\alpha t=\frac{Q}{\pi}\theta\sin\alpha \tag{6-25}$$

式中　τ_θ——计算铆钉处蒙皮上的剪应力；

S——铆钉间距；

t——蒙皮厚度；

θ——计算铆钉对应的中心角；

α——铆钉间距对应的中心角。

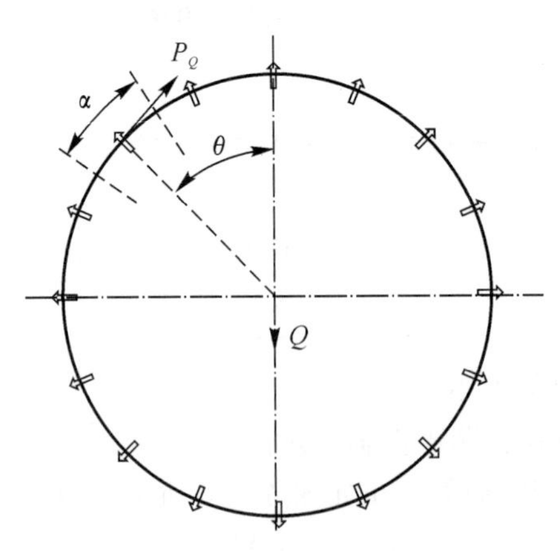

图 6－27　横向剪力引起的铆钉剪力

综上可知,铆钉承受的总载荷为

$$P=\sqrt{(P_N+P_M)^2\pm(P_{M_t}\pm P_Q)^2} \tag{6-26}$$

式中,当载荷方向相同时,括号内取 +;当载荷方向相反时,括号内取 —。

如果在力作用线上有多个铆钉,在弹性范围内铆钉受力是不均匀的,分布形式为中间小、两端大,如图 6-28 所示。

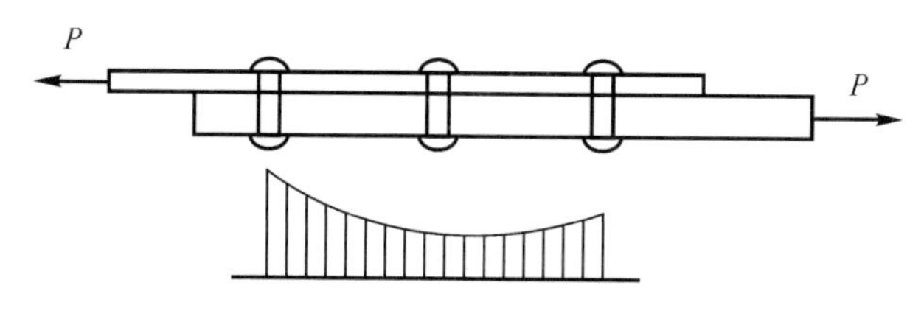

图 6-28 弹性范围铆钉剪力分布

当作用线上铆钉数量较少时,可采用理论计算方法,当铆钉数量为 2 颗时,不考虑附加弯曲效应(见图 6-29),则上、下两块连接板在铆钉之间部分的变形应协调一致,即

$$\frac{T_A l}{E_2A_2}=\frac{T_B l}{E_1A_1}$$

$$\frac{T_A}{T_B}=\frac{E_2A_2}{E_1A_1} \tag{6-27}$$

式中 T_A—— 铆钉 A 传递的剪力;

T_B—— 铆钉 B 传递的剪力;

l—— 铆钉间距;

E_iA_i——i 板的拉压刚度。

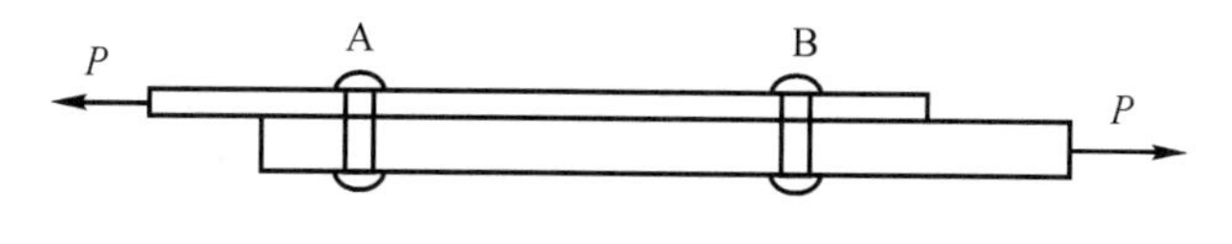

图 6-29 两颗铆钉连接结构

由计算结果可以看到,载荷按照板的拉压刚度分配到两颗铆钉上,拉压刚度较大的板端部的铆钉传递的剪力较大。当铆钉数量较多时,且考虑附加弯曲效应时,可采用有限元法进行计算。

随着载荷增大,铆钉或蒙皮进入塑性,铆钉载荷分配趋于均匀,在计算时可按均匀分配进行处理。

2.螺钉

舱段连接多采用对接和套接，为方便维护，对接面连接件一般采用螺钉连接。采用对接方式时，螺钉主要传递总体弯矩和轴向力，每个螺钉的轴向载荷为

$$P=\frac{F}{n}+\frac{My_i}{\sum_{1}^{n}y_j^2} \tag{6-28}$$

式中 F—— 弹体轴向力；

n—— 螺钉数量：

M—— 舱段对接面弯矩；

y_i—— 螺钉距中性轴距离。

当采用套接方式时，螺钉载荷计算方法与铆钉计算方法相同。

舱段对接框与蒙皮的连接需设计成可拆卸时，连接件应选用螺钉，此时螺钉载荷的计算方法与铆钉相同。

3.焊接

焊接作为一种高效连接方式被应用到制导炸弹结构中，但由于其不可拆卸维修的特点，一般只用在不需拆卸检修的结构部位。

在焊接工艺流程所需的焊接、冷却、热处理以及校形过程中，由于受热冷却过程温度变化不均匀、材料组织发生变化、校形引起塑性变形等原因，焊缝内部一般都存在残余应力，且由于应力集中的影响，残余应力在数值上常可达到屈服强度。

焊缝的一般计算原则如下：

(1)在结构设计合理、采用塑性材料、保证工艺质量的前提下，校核焊缝静强度时，可不考虑残余应力以及应力集中的影响；

(2)焊接计算厚度按实际连接结构的最小厚度取值，焊缝的加强部位一般不予考虑；

(3)焊缝长度按焊缝全长计算；

(4)校核焊缝静强度时，不考虑焊缝与基体材料同时变形引起的结合应力，只计算焊缝自身的工作应力；

(5)多种载荷共同作用时，按力的叠加原理和相应的强度准则处理。

简单载荷作用下常用类型焊缝的应力可按表 6-1 计算。

表 6－1　简单载荷作用下常用类型焊缝应力计算

焊缝类型	示意图	焊缝应力计算方法	备注
对接结构焊缝	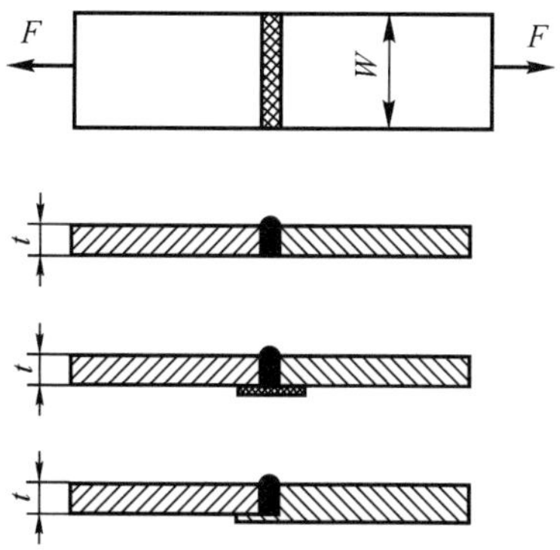 F　W　F　t　t　t	$\sigma=\frac{P}{Wt}$	
	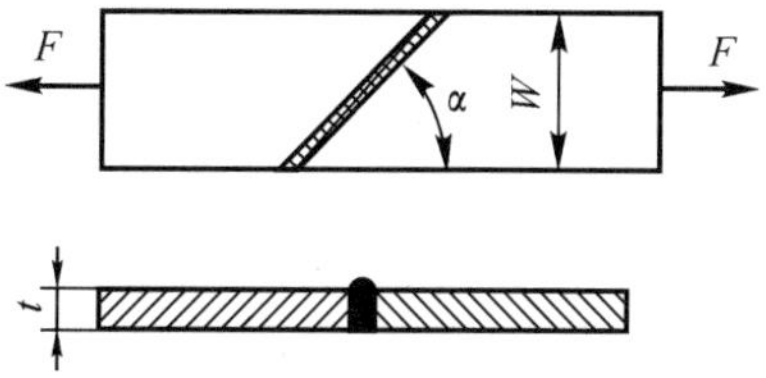 F　α　W　F　t	$\tau=\frac{P\ \sin\alpha\ \cos\alpha}{Wt}$	
角焊缝	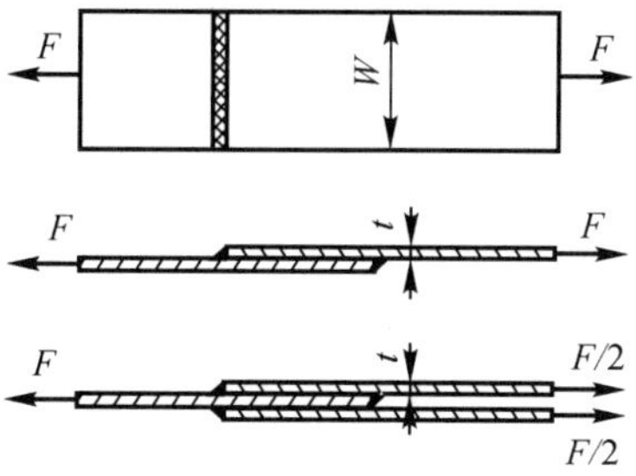 F　W　F　F　t　F　F　t　F/2　F/2	$\tau=\frac{P}{\sqrt{2}Wt}$	单面搭接受偏心影响较大，尽量不采用
	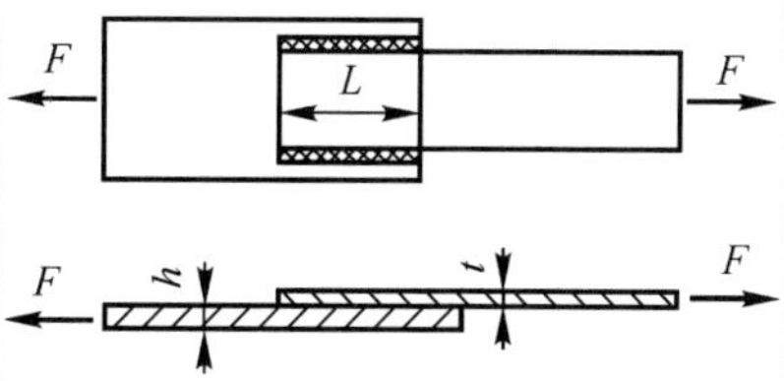 F　L　F　F　h　t　F	$\tau=\frac{P}{\sqrt{2}Lt}$	$h>t$

续 表

焊缝类型		示意图	焊缝应力计算方法	备注
丁字接头焊缝	不开坡口	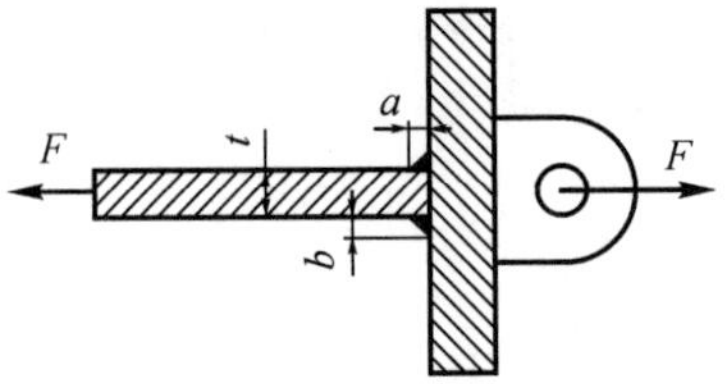	$\sigma=\dfrac{P}{2bW}$ W 为板宽度方向的焊缝长度	当 $t\geqslant5$ mm 时，$a=b=t$； 当 2 mm$<t<$5 mm 时，$a=b=1.5t$； 当 $t\leqslant2$ mm 时，$a=b=2t$
	开坡口焊透	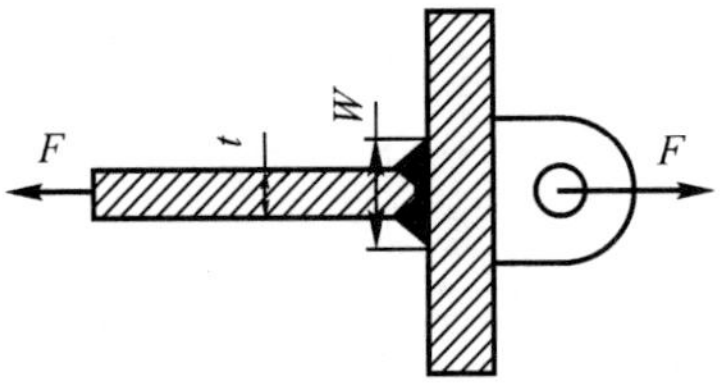	$\sigma=\dfrac{P}{Wt}$	
	开坡口未焊透	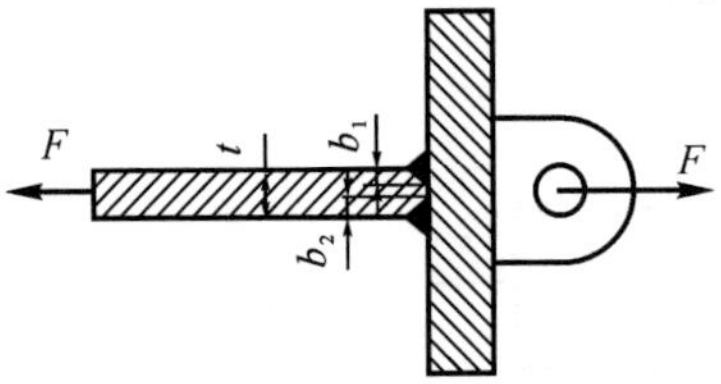	$\sigma=\dfrac{P}{W(b_1+b_2)}$	
对接接头焊缝		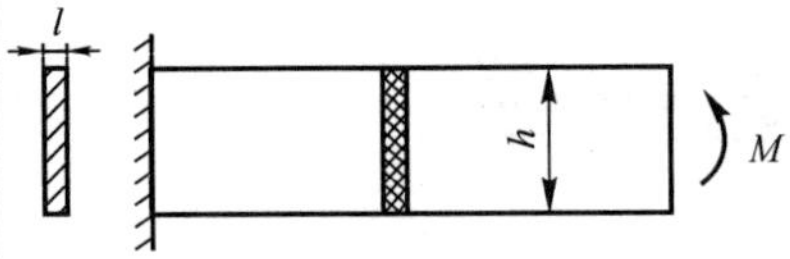	$\sigma=\dfrac{M}{th^2/6}$	
		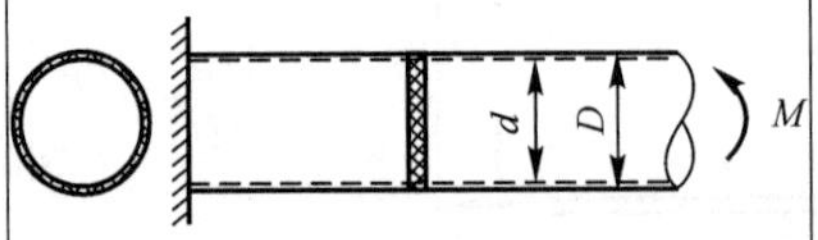	$\sigma=\dfrac{M}{\dfrac{\pi(D^4-d^4)}{32D}}$	

续 表

焊缝类型		示意图	焊缝应力计算方法	备注
丁字接头焊缝	不开坡口	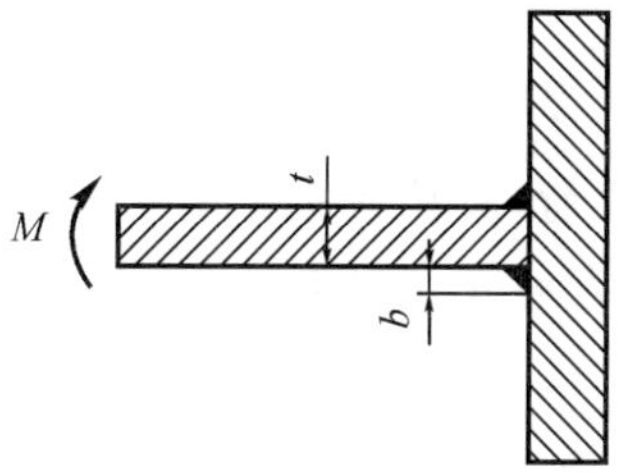	$\sigma=\frac{\sqrt{2}M}{bW(b+t)}$	
	不开坡口	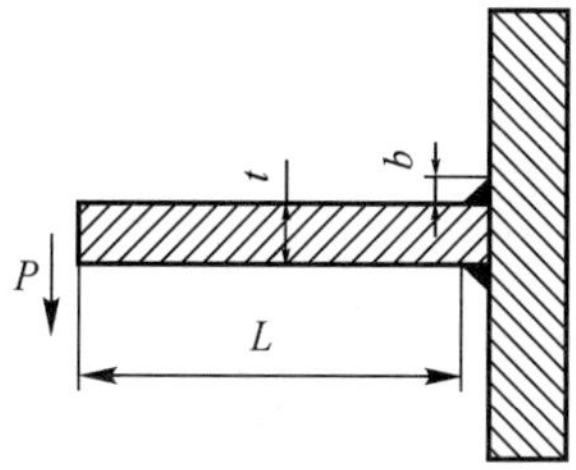	$\sigma=\frac{\sqrt{2}P\sqrt{L^{2}\left(\frac{b+t}{2}\right)^{2}}}{bW(b+t)}$ $\tau=\frac{P}{\sqrt{2}bW}$	
	开坡口焊透	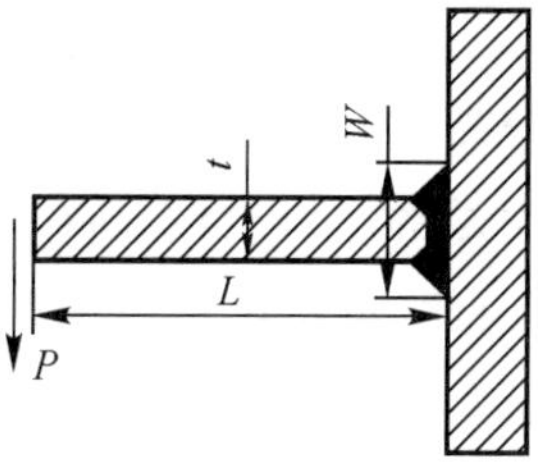	$\sigma=\frac{6PL}{Wt^{2}}$ $\tau=\frac{P}{Wt}$	
	开坡口未焊透	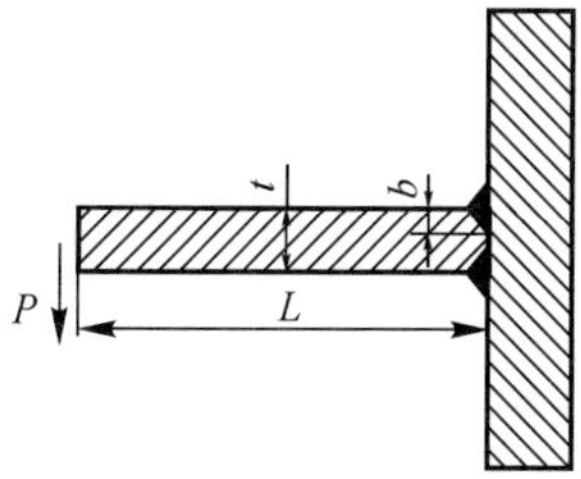	$\sigma=\frac{3PLt}{Wb(3t^{2}-6tb+4b^{2})}$ $\tau=\frac{P}{2Wb}$	

4.胶接

胶接在制导炸弹金属结构中应用不多,但在复合材料结构设计与制造中经常使用。胶接可减少紧固件的数量,降低接头部位的结构重量,消除紧固件开孔引起的应力集中以及避免紧固件开孔打断纤维而降低结构性能,因此胶接技术特别是共固化胶接技术在复合材料工程实际中得到了广泛应用。

胶接接头主要通过剪切来传递载荷,胶接接头中剪应力分布规律与机械连接接头中螺钉载荷分布相似,剪应力在胶接区域两端最大,中间区域较小,如图 6－30 所示。

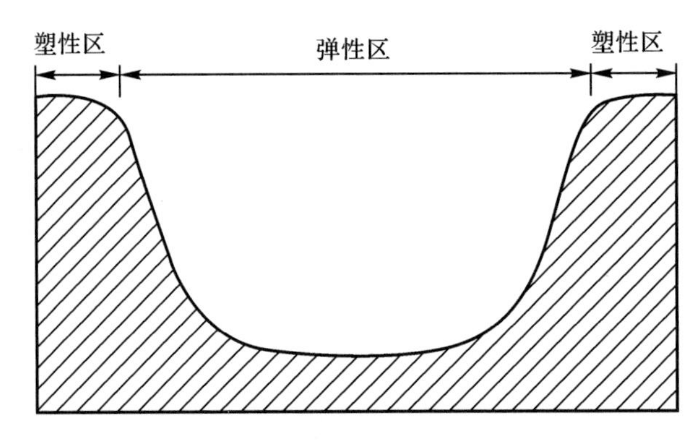

图 6－30　接头剪应力分布

胶黏剂可分为脆性胶黏剂和韧性胶黏剂,两种胶黏剂的剪切性能如图6－31所示,采用脆性胶黏剂时,胶接区域的两端的应力会明显高于韧性胶黏剂,且随载荷的增加而迅速增大(见图 6－32),因此,虽然脆性胶黏剂强度较高,但用其制造的接头不一定具有高强度。在复合材料设计中通常采用韧性胶黏剂,其延展性可大幅减小接头端部的应力峰值而改善载荷的分布,特别是在大载荷的情况下。

(1)设计许用剪切应力一般为胶黏剂剪切强度的 1/3～1/2,当使用更高剪切强度时,应经过充分的试验验证。

(2)应尽可能降低接头两端刚度的不一致性,接头刚度对应力分布的影响如图 6－33 所示。

(3)采用两端斜削设计可有效降低接头两端的应力集中(包括剪应力集中和剥离应力集中),提高接头性能。

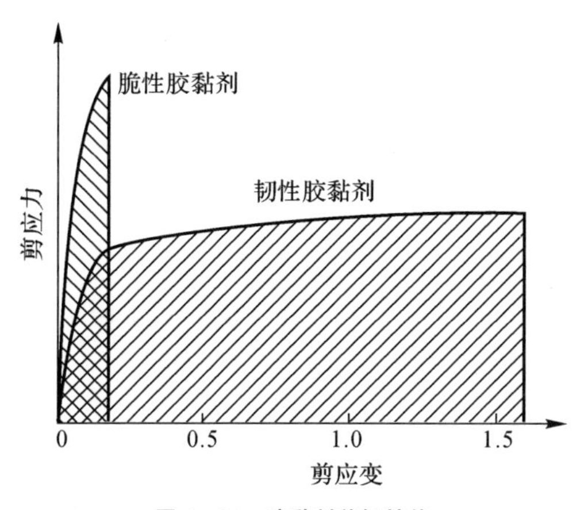

图 6-31 胶黏剂剪切性能

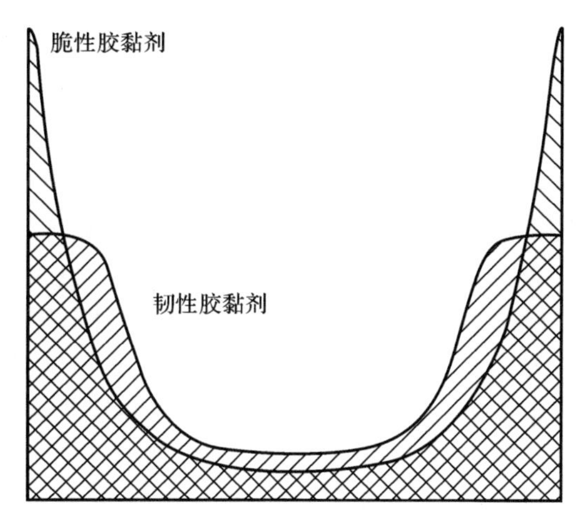

图 6-32 脆性和韧性胶黏剂接头剪应力分布

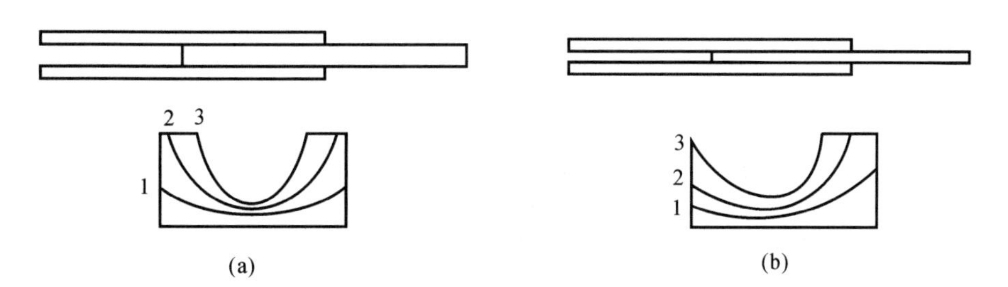

图 6-33 接头刚度对剪应力分布影响

(a)刚度相同或接近；(b)刚度差异较大

1—小载荷；2—中等载荷；3—大载荷

接头胶接界面剪应力计算公式为

$$\tau=\frac{Q}{S-S_0} \tag{6-29}$$

式中　τ—— 胶接面平均剪应力；
　　Q—— 胶接件承受的剪力；
　　S—— 名义胶接面积；
　　S_0—— 对于由脱胶、贫胶等原因导致的胶接空腔面积，通常应采取工艺措施使空腔面积不超过总胶接面积的5%。

虽然在设计上接头是通过剪切传递载荷，但由于载荷偏心的影响，接头导致产生剥离应力，剥离应力在接头两端最大，剥离应力的存在会大幅降低接头的承载能力，因此结构设计时应采取措施降低剥离应力，或提高抗剥离性能（缝合、Z-pin等）。

6.3.3　变形计算

对于制导炸弹结构，需要对其刚度进行控制，以保证其变形量满足使用要求。比如GJB 1C—2008中规定，挂机飞行状态下，弹体在屈服载荷下的变形不得影响载机的机械动作，或对气动力特性造成有害影响等。另外，在制导炸弹自主飞行阶段，也需要对弹翼的变形进行限制，防止变形过大对气动特性造成有害影响。一般情况下，弹翼和弹身在长度方向的尺寸大于其在高度和宽度上的尺寸，因此可以按照梁理论对弹翼和弹身的整体变形进行估算。

根据材料力学工程梁理论，在小变形下，梁的变形曲线微分方程为

$$\frac{\mathrm{d}^2 w}{\mathrm{d}x^2}=\frac{M(x)}{EI(x)} \tag{6-30}$$

式中　w—— 梁的变形曲线方程；
　　$M(x)$—— 梁上承受的弯矩。

通过对变形曲线微分方程进行积分，可以获得变形和转角的普遍方程。

实际结构中，由于载荷较为复杂，对微分方程的积分过程十分烦琐，且实际工程中往往只需要获得某些特定位置的变形量和转角，因此在工程上更多地采用叠加法计算变形。

叠加法原理：在线性、小变形的前提下，当梁上同时承受几种载荷时，每种载荷引起的位移相互独立，不受其他载荷影响，因此可以分别计算各载荷单独作用引起的位移，而后对所有载荷引起的位移求和，即得到载荷共同作用下的结构变形。

表6-2为不同约束和载荷状态下梁的变形曲线方程、最大转角和变形，可供工程计算查用。

表 6-2 简单载荷作用下梁变形

梁的约束和载荷状态	变形方程	截面转角	最大变形
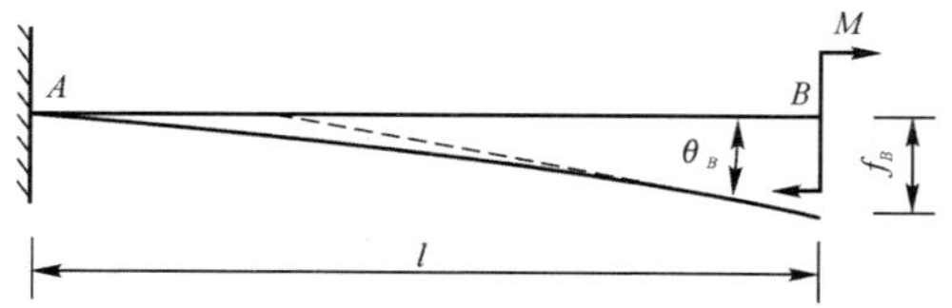 M, A, B, θ_B, f_B, l	$w=-\dfrac{Mx^2}{2EI}$	$\theta_B=\dfrac{Ml}{2EI}$	$f_B=\dfrac{Ml^2}{2EI}$
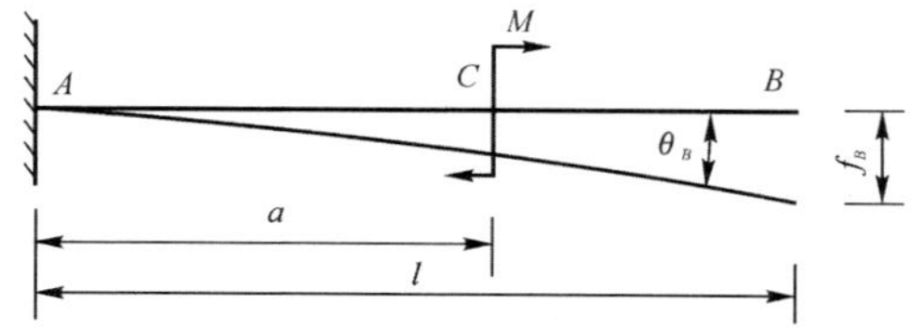 M, A, C, B, θ_B, f_B, a, l	$w=-\dfrac{Mx^2}{2EI},0\leqslant x\leqslant a$ $w=\dfrac{Ma}{EI}[(x-a)+\dfrac{a}{2}],a\leqslant x\leqslant l$	$\theta_B=\dfrac{Ma}{2EI}$	$f_B=\dfrac{Ma}{2EI}(1-\dfrac{a}{2})$
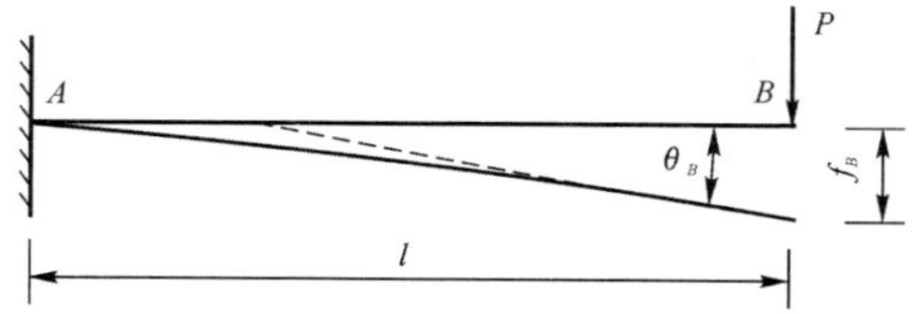 P, A, B, θ_B, f_B, l	$w=-\dfrac{Px^2}{6EI}(3l-x)$	$\theta_B=\dfrac{Pl^2}{2EI}$	$f_B=\dfrac{Pl^3}{3EI}$
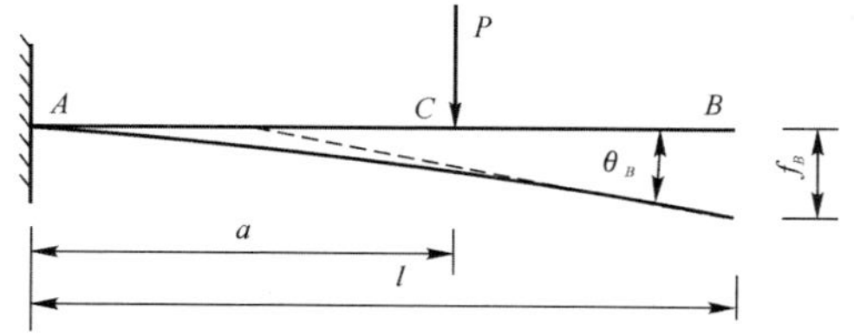 P, A, C, B, θ_B, f_B, a, l	$w=-\dfrac{Px^2}{6EI}(3a-x),0\leqslant x\leqslant a$ $w=-\dfrac{Pa^2}{EI}(3x-a),a\leqslant x\leqslant l$	$\theta_B=\dfrac{Pa^2}{2EI}$	$f_B=\dfrac{Pa^2}{6EI}(3l-a)$

续 表

梁的约束和载荷状态	变形方程	截面转角	最大变形
q, A, B, θ_B, f_B, l	$w=-\dfrac{qx^2}{24EI}(x^2-4lx+6l^2)$	$\theta_B=\dfrac{ql^3}{6EI}$	$f_B=\dfrac{ql^2}{8EI}$
M, A, B, θ_A, θ_B, l	$w=-\dfrac{Mx}{6EIl}(l-x)(2l-x)$	$\theta_A=\dfrac{Ml}{3EI}$ $\theta_B=\dfrac{Ml}{6EI}$	$f_{max}=\dfrac{Ml^2}{9\sqrt{3}EI},x=0.423$ $f_{l2}=\dfrac{Ml^2}{16EI},x=\dfrac{l}{2}$
M, A, B, θ_A, θ_B, l	$w=-\dfrac{Mx}{6EIl}(l^2-x^2)$	$\theta_A=\dfrac{Ml}{6EI}$ $\theta_B=\dfrac{Ml}{3EI}$	$f_{max}=\dfrac{Ml^2}{9\sqrt{3}EI},x=0.577$ $f_{l2}=\dfrac{Ml^2}{16EI},x=\dfrac{l}{2}$
M, A, B, θ_A, θ_B, a, b, l	$w=-\dfrac{Mx}{6EIl}(l^2-3b^2-x^2)$ $0\leqslant x\leqslant a$ $w=-\dfrac{M}{6EIl}[-x^3+3l(x-a)^2+$ $x(l^2-3b^2)]$, $a\leqslant x\leqslant l$	$\theta_A=$ $\dfrac{Ml}{6EI}(l^2-3b^2)$ $\theta_B=$ $\dfrac{Ml}{6EI}(l^2-3a^2)$	

续 表

梁的约束和载荷状态	变形方程	截面转角	最大变形
	$w=-\dfrac{Px}{48EI}(3l^2-4x^2)$，$0\leqslant x\leqslant\dfrac{l}{2}$	$\theta_A=\theta_B=\dfrac{Pl^2}{16EI}$	$f=\dfrac{Pl^3}{48EI}$
	$w=-\dfrac{Pbx}{6EIl}(l^2-b^2-x^2)$ $0\leqslant x\leqslant a$ $w=-\dfrac{-P}{6EIl}\left[\left(\dfrac{1}{6}-1\right)x^3+3ax^2+\left(l^2-b^2-\dfrac{3a^2}{b}\right)\right]$ $a\leqslant x\leqslant l$	$\theta_A=\dfrac{Pab}{6EIl}(l+b)$ $\theta_B=\dfrac{Pab}{6EIl}(1-a)$	$f_{max}=\dfrac{Pb(l^2-b^2)^{1.5}}{9\sqrt{3}EIl}$ $x=\sqrt{\dfrac{l^2-b^2}{3}}$ $f_{l/2}=-\dfrac{Ml^2}{16EI}$，$x=\dfrac{1}{2}$
	$w=-\dfrac{qx}{24EI}(l^2-2lx^2-x^2)$	$\theta_A=\theta_B=\dfrac{ql^3}{24EI}$	$f=\dfrac{5Pl^4}{384EI}$

6.3.4 有限元法

有限元法(Finite Element Analysis,FEA)是利用数学近似的方法,通过采用简单而又相互联系的元素(单元),用有限数量的未知量去逼近无限未知量的真实物理系统。其基本思想是将连续的求解区域离散为一组有限数量、按一定规则相互联系的单元。利用单元内假设的近似函数,分片表述求解域上待求解的未知场函数。单元内的近似函数通常由未知场函数或其导数在各个节点的数值和其插值函数表达。这样,未知场函数或其导数在各个节点上的数值就成为新的未知量(即自由度),从而使连续的无限自由度问题转换为离散的有限自由度问题。求得各个节点上的未知量后,即可通过插值函数获得各个单元内场函数的近似值,进而获得整个求解域的近似解。有限元不仅计算精度高,而且能适应各种复杂形状,因而成为行之有效的工程分析方法。

有限元法起源于航空工程飞机结构分析的矩阵分析,应用于航空器的结构强度计算,并由于其方便性、实用性和有效性而引起从事力学研究的科学家和工程师的广泛关注。随着计算机技术的发展和有限元理论的日趋完善,有限元分析软件在计算速度、计算精度、前后处理能力和应用领域等方面都取得了巨大的进展,已经成为工程领域重要的工具,基本上能够解决所有的结构分析问题,并且已从结构工程强度分析计算扩展到几乎所有的科学技术领域,成为一种应用广泛并且实用、高效的数值分析方法。常用的典型通用有限元程序有 Nastran、Ansys、Abaqus、Hyperworks 等。

在传力路径分析基础上,通过使用有限元分析软件,对制导炸弹结构进行合理的简化、建模、分析,可以比理论算法更加准确、直观、有效地获得结构内部的应力分布和结构变形,大大降低力学分析人员的工作强度,提高工作效率。如果不能正确建立有限元模型,不但不能得到合理的精度和计算速度,有时甚至会得到错误结果,对分析人员造成误导,导致严重后果。为保证建立的模型能够更加准确地符合实际,有限元建模时应遵循以下原则:

(1)保持传力路径不发生改变;

(2)网格密度应能反映应力的梯度变化;

(3)根据结构特点选择合适的单元类型;

(4)单元的连接应能反映结构的真实连接;

(5)约束应能反映结构真实的支持条件;

(6)载荷简化不应越过主受力部件;

(7)质量的分布应满足质心、转动惯量的等效要求;

(8)阻尼应符合能量等价原理。

有关有限元建模理论和软件使用方面的知识，读者可以参考相关教材。

6.4　强度准则、刚度准则和稳定性准则

6.4.1　强度准则

强度准则是判断结构强度是否符合要求的方法，合理选择强度准则对强度判断结果十分重要。

1.第一强度理论

第一强度理论又称最大拉应力理论，认为最大拉应力是引起材料破坏的主要因素，即不论何种应力状态下，只要结构中的三个主应力中最大的拉应力 σ_1 达到材料单向拉伸破坏时的强度极限 σ_b，结构就会沿最大拉应力所在截面发生破坏。按此理论，材料破坏条件为

$$\sigma_1 = \sigma_b$$

所以按第一强度理论建立的强度条件为

$$\sigma_1 \leqslant \sigma_b \tag{6-31}$$

实验表明：脆性材料在二向或三向拉伸断裂时，最大拉应力理论与试验结果接近。

2.第二强度理论

第二强度理论又称最大伸长线应变理论，认为最大伸长线应变是引起破坏的主要因素，即不论何种应力状态下，只要结构的最大伸长线应变 ε_1 达到材料单向拉伸破坏时的最大拉应变 ε_b，结构就会发生破坏。按此理论，材料破坏条件为

$$\varepsilon_1 = \varepsilon_b$$

广义胡克定律

$$\varepsilon_1 = [\sigma_1 - \mu(\sigma_2 + \sigma_3)]/E$$

$$\varepsilon_b = \sigma_b/E$$

式中　E—— 弹性模量；

μ—— 泊松比；

σ_1、σ_2、σ_3—— 第一、第二、第三主应力。

因此，按第二强度理论建立的强度条件为

$$\sigma_1 - \mu(\sigma_2 + \sigma_3) \leqslant \frac{\sigma_b}{n} \tag{6-32}$$

试验表明:某些脆性材料在双向拉伸-压缩应力状态下,且压应力超过拉应力时,最大伸长线应变理论与试验结果符合较好。

3.第三强度理论

第三强度理论又称最大剪应力理论,认为最大剪应力 $\tau_{\max}$ 是引起材料破坏的主要因素,即不论何种应力状态下,只要结构中最大剪应力 $\tau_{\max}$ 达到材料的剪切破坏极限 τ_{b},结构即发生破坏。按此理论,材料破坏条件为

$$\tau_{\max}=\tau_{b}$$

按照应力分析的相关结果,当 $\sigma_1>\sigma_2>\sigma_3$ 时,有

$$\tau_{\max}=\frac{\sigma_1-\sigma_3}{2}$$

材料单向拉伸破坏时,有

$$\tau_{b}=\frac{\sigma_1-\sigma_3}{2}=\frac{\sigma_{b}-0}{2}=\frac{\sigma_{b}}{2}$$

因此,按第三强度理论建立的强度条件为

$$\sigma_1-\sigma_3<\sigma_{b} \tag{6-33}$$

对塑性材料,该理论与试验结果符合得较好,因此主要用于塑性材料。该理论的不足在于未考虑中间主应力 σ_2 的影响。

4.第四强度理论

第四强度理论又称形状改变比能理论,认为形状改变比能 u 是引起材料破坏的主要因素,即不论处于何种应力状态,只要结构中的最大形状改变比能达到单向拉伸破坏时的形状改变比能 u_{b},结构即发生破坏。按此理论,材料破坏条件为

$$u=u_{b}$$

根据材料力学相关推导:

$$u=\frac{1+\mu}{6E}\left[(\sigma_1-\sigma_2)^2+(\sigma_2-\sigma_3)^2+(\sigma_1-\sigma_3)^2\right]$$

材料单向拉伸破坏时应力为

$$u_{b}=\frac{(1+\mu)\sigma_{b}^2}{3E}$$

材料破坏条件可写成

$$\frac{1}{2}\sqrt{(\sigma_1-\sigma_2)^2+(\sigma_2-\sigma_3)^2+(\sigma_3-\sigma_1)^2}\leqslant\sigma_{b}$$

因此,按第四强度理论建立的强度条件为

$$\frac{1}{2}\sqrt{(\sigma_1-\sigma_2)^2+(\sigma_2-\sigma_3)^2+(\sigma_3-\sigma_1)^2}\leqslant\sigma_{b} \tag{6-34}$$

对于塑性材料,第四强度理论考虑了中间主应力的 σ_2 的影响,因此比第三

强度理论更加符合试验的结果。

5.复合材料强度准则

复合材料与常用的金属材料有很大的不同，即其材料特性具有方向性。复合材料基本强度值包括纤维方向的拉伸强度 X_t 和压缩强度 X_c，垂直于纤维方向的拉伸强度 Y_t 和压缩强度 Y_c，以及平面剪切强度 S 等5个基本强度值。

(1)单层复合材料强度准则。单层复合材料强度准则主要有最大应力准则、最大应变准则、Tsai - Hill 准则和 Tsai - Wu 准则等。

最大应力准则是以应力值为判断依据，该准则认为，在复杂应力状态下，只要材料内部任意一应力分量达到了材料相应的强度，材料即发生破坏。其基本表达式为

$$\left.\begin{array}{l} |\sigma_x| < X_t(X_c) \\ |\sigma_y| < Y_t(Y_c) \\ |\sigma_s| < S \end{array}\right\} \tag{6-35}$$

式中 σ_x—— 沿纤维方向的正应力；

σ_y—— 垂直纤维方向的正应力；

σ_s—— 平面内的剪切应力。

以上三个不等式相互独立，只要任意一个不满足，材料即发生破坏。实验证明，最大应力准则误差较大，不过其含义直观，数学关系简单，在方案设计初期对材料强度进行粗略估算时仍有一定的价值。

最大应变准则是以材料应变为依据的判定准则，认为只要材料内部任意应变达到材料相应的极限应变值，即发生破坏。最大应变准则条件为

$$\left.\begin{array}{l} \varepsilon_{xc} < \varepsilon_x < \varepsilon_{xt} \\ \varepsilon_{yc} < \varepsilon_y < \varepsilon_{yt} \\ \varepsilon_s < \varepsilon_{s\max} \end{array}\right\} \tag{6-36}$$

式中 ε_{xc}、ε_{xt}—— 沿纤维方向的压缩、拉伸极限应变；

ε_{yc}、ε_{yt}—— 垂直纤维方向的压缩、拉伸极限应变；

$\varepsilon_{s\max}$—— 平面内的极限剪切应变；

ε_x—— 沿纤维方向的应变；

ε_y—— 垂直纤维方向的应变；

ε_s—— 平面内的剪应变。

以上三个不等式相互独立，只要任意一个不满足，材料即发生破坏。与最大应力准则相似，最大应变准则也是将复合材料的各向应力分量与基本强度值进行比较，区别在于最大应变准则综合考虑了两个方向应力分量的影响。

Tsai - Hill 准则基于材料主轴方向拉压强度相等的正交异性材料，其表达式为

$$\left(\frac{\sigma_x}{X}\right)^2+\left(\frac{\sigma_y}{Y}\right)^2-\frac{\sigma_x\sigma_y}{X^2}+\left(\frac{\sigma_s}{S}\right)^2=1 \tag{6-37}$$

Tsai－Hill 准则考虑了材料的正交异性，但大量试验证明，纤维增强复合材料在材料主方向的拉压强度并不相等，即 $X_t \neq X_c$，此时用 Tsai－Hill 准则判定时就会出现很大误差。

Tsai－Wu 准则综合考虑了复合材料的正交异性和沿材料主方向拉压强度不等的特点，因此在工程上获得广泛的应用。其表达式如下：

$$F_1\sigma_x+F_2\sigma_y+F_{11}\sigma_x^2+F_{22}\sigma_y^2+2F_{12}\sigma_x\sigma_y+F_{66}\sigma_s=1 \tag{6-38}$$

其中

$$F_1=\frac{1}{X_t}-\frac{1}{X_c}$$

$$F_2=\frac{1}{Y_t}-\frac{1}{Y_c}$$

$$F_{11}=\frac{1}{X_tX_c}$$

$$F_{22}=\frac{1}{Y_tY_c}$$

$$F_{66}=\frac{1}{S^2}$$

$$F_{12}=\frac{1}{2}\sqrt{F_{11}F_{22}}=\frac{1}{2}\sqrt{\frac{1}{X_tX_cY_tY_c}}$$

强度准则给出的是材料在工作应力下失效与否的判据，当式(6－38) 成立时，该层即失效，式(6－38) 等号左边小于 1 时则不失效。但式(6－38) 不能定量地说明不失效时的安全裕度，为此引入强度比 R。强度比 R 的定义为：单层在工作应力作用下，极限应力的某一分量 $\sigma_{i(a)}$ 与其对应工作应力分量 σ_i 之比，即

$$R=\frac{\sigma_{i(a)}}{\sigma_i} \tag{6-39}$$

当 $R=1$ 时，$\sigma_i=\sigma_{i(a)}$，铺层发生破坏；当 $R>1$ 时，$\sigma_i=\sigma_{i(a)}$，说明在当前工作应力下结构尚有额外承载能力，达到失效时可增加的应力倍数为 $R-1$。若 $R=3$，则增加 2 倍载荷时铺层才发生破坏。R 不能小于 1，否则说明材料早已出现破坏，没有实际意义。

(2) 复合材料层合板强度准则。在制导炸弹上应用的复合材料通常是由多层单向复合材料(铺层) 按照一定的铺层角度和顺序，采用粘贴方式组成的层合结构。复合材料层合结构的主要破坏形式有基体开裂、分层和纤维断裂等，其破坏形式和机理与单向复合材料有一定区别。

一般情况下，复合材料层合结构的强度设计是按照经典层合板理论进行

的。该理论假设层合板是薄板，各铺层黏结牢固、紧密，层间不产生滑移，即忽略层间正应力 σ_z 和层间剪应力 τ_{xz}、τ_{yz}。因此，单向复合材料的强度准则仍然是复合材料层合结构强度分析的基础，但需要针对结构的使用要求和特点进行有针对性的分析。

根据试验观察，复合材料层合结构的破坏并不是所有铺层同时破坏，而是逐层扩展的，破坏首先从达到了破坏应力的某层（最先失效层，即首层）开始，该层破坏后，层合结构的刚度和强度重新分配，引起层合结构内部未破坏各层的应力重新分布，随着载荷的继续增加，未破坏各层的应力继续增加，又出现下一层的破坏，引起未破坏各层应力再次重新分配，这一单层破坏-载荷重新分配的过程持续反复多次，直至最后一层（末层）破坏，从而导致整个层合结构失效。由此可见，复合材料层合结构的失效是一个损失逐步累积的过程，在强度分析时，对于不同使用要求的结构，可采用不同的失效准则。

对于某些强度和刚度要求比较严格的结构，首层失效虽然不会导致结构完全破坏，但有可能使结构功能降低，因此需要按照首层失效的载荷来分析其强度，即首层失效准则。该准则主要应用在制导炸弹、火箭等的关键承载部位的复合材料结构上。

末层失效准则是将结构的失效强度按最终层失效时的结构极限强度来计算，由于失效强度的确定是逐步迭代计算的过程，且目前没有明确统一的理论表达方式，因此按此准则对复合材料层合结构进行设计是比较困难的，实际强度分析过程中很少采用。

复合材料层合结构主要是黏结，但由于各层在同一方向上的力学性能不同，在承受载荷时，层与层之间的变形相互制约和协调，于是在层间产生相应的正应力和剪应力，即层间应力，并且层间应力在边界附近具有较大的峰值，即复合材料层合结构特有的自由边界效应。与经典层合板理论中假设的"各铺层之间黏结牢固，不产生滑移"不同，实际上复合材料层合结构铺层间的层间抗拉强度和剪切强度都较低，基本与基体强度在同一数量级，并且因胶黏剂种类和复合材料加工工艺的不同存在较大的差异，层间强度差已经成为制约复合材料在制导炸弹上广泛使用的重要因素。

在层间应力 σ_z、τ_{xz}、τ_{yz} 作用下，复合材料很容易出现层间分层破坏，特别是在自由边界和开孔的附近。随着分层破坏由边界处向内部扩展，层合结构的强度和刚度大幅降低，所以层间应力和层间强度是复合材料结构设计时必须关心的问题。

解决层间开裂的途径目前主要有三个：一是在不降低结构强度的情况下，通过优化铺层设计降低层间应力；二是采用高性能的黏合剂，提高复合材料层间性能；三是通过纤维缝合、三维编织和 Z－pin 等技术，提高层间剪切强度。

6.4.2 刚度准则

刚度准则一般是要求结构在设计载荷下的允许变形 δ(位移或转角)不超过规定的许用值$[\delta]$,即

$$\delta \leqslant [\delta] \tag{6-40}$$

6.4.3 稳定性准则

当结构承受的载荷 P(或应力 σ)达到或超过临界失稳载荷 P_{cr}(或临界失稳应力 σ_{cr})时,结构会丧失稳定性,因此其准则为

$$P < P_{cr} \quad 或 \quad \sigma < \sigma_{cr} \tag{6-41}$$

6.5 结构承载能力

确定结构的承载能力即确定结构破坏或丧失功能的临界值,合理确定结构承载能力关系到结构工作的可靠性和结构质量。

6.5.1 结构强度极限的确定

材料的成分组成和热处理的状态对材料强度都有很大的影响,因此确定材料的强度极限是强度设计中十分重要的工作。

材料强度极限 σ_{bc}的确定主要遵循以下原则:

(1)设计图纸给出强度的,可直接采用;

(2)设计图纸给出硬度值的,可按照相关规范进行换算;

(3)设计图纸给出选用材料标准的,可查找相关标准获得;

(4)当无相关资料时,应通过试验确定,并经总设计师批准;

(5)强度极限一般取其下限。

1.拉伸(压缩)强度极限

结构拉伸(压缩)强度极限 σ_b 为

$$\sigma_b = k\sigma_{bc} \tag{6-42}$$

式中 k—— 强度削弱系数。

对于无开孔或切口的构件,k 取 1.0。对于有孔或切口的结构,k 按表 6-3

取值。

表 6-3 强度削弱系数

材料		强度削弱系数 k
碳钢	20,45	1.0
高强度合金钢	30CrMnSiA	0.95～1.0
	30CrMnSiNi2A	0.95
铝合金	2A11	0.87～0.95
	2A12	0.83～0.86
	7A04	0.94～0.99

2.剪切强度极限

剪切强度极限 τ_b 应由标准、规范或试验确定，如无相关数据时，可采用公式计算：

$$\tau_b = k\sigma_{bc} \tag{6-43}$$

式中 k—— 剪切系数(见表 6-4)。

表 6-4 剪切系数

材料		剪切系数 k
脆性材料(如生铁、铸铝)		0.8～1.0
变形铝合金		0.55～0.6
钢	退火钢	0.7
	$\sigma_b \leqslant 686$ MPa	0.7
	785 MPa $\leqslant \sigma_b \leqslant$ 1 180 MPa	0.63～0.65
	$\sigma_b >$ 1 180 MPa	0.6
镁合金		0.55～0.6
铸镁合金	$\sigma_b <$ 118 MPa 未热处理	0.8
	$\sigma_b >$ 118 MPa	0.55～0.6

3.挤压强度极限

挤压强度极限 σ_{bj} 计算公式为

$$\sigma_{bj} = k\,\sigma_{bc} \tag{6-44}$$

式中 k—— 挤压系数，与连接处接触状态相关，分为静挤压系数和滑动挤压系数两种。

静挤压系数 k 可按 $k = k_1 k_2 k_3$ 计算，见表 6－5。

表 6－5　静挤压系数

<table>
<tr><th colspan="2" rowspan="3">材　料</th><th colspan="2">k_1</th><th colspan="4">k_2</th><th colspan="2">k_3</th></tr>
<tr><th rowspan="2">$e/d \geqslant 2$</th><th rowspan="2">$e/d < 2$</th><th colspan="4">考虑动态效应</th><th rowspan="2">经常拆卸</th><th rowspan="2">不经常拆卸</th></tr>
<tr><th>长时间振动</th><th>短时间振动</th><th>操纵面、外挂附件</th><th>其他</th></tr>
<tr><td colspan="2">钢</td><td colspan="2">图 6－34</td><td rowspan="4">0.7</td><td rowspan="4">0.8</td><td rowspan="4">0.9</td><td rowspan="4">1.0</td><td rowspan="4">1.0</td><td rowspan="4">0.8</td></tr>
<tr><td rowspan="2">铝合金</td><td>板材铸件</td><td>1.8</td><td>1.4</td></tr>
<tr><td>锻材型材</td><td>1.6</td><td>1.2</td></tr>
<tr><td colspan="2">铜合金</td><td>1.2</td><td>1.1</td></tr>
</table>

钢材的挤压系数 k_1 如图 6－34 所示。

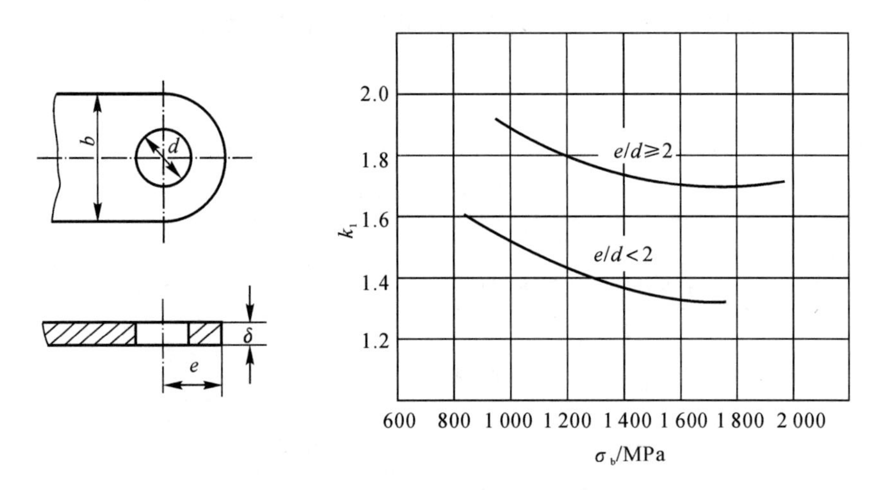

图 6－34　钢材的挤压系数($d/\delta \leqslant 5.5$ 时有效)

滑动挤压系数见表 6－6。

表 6－6　滑动挤压系数

<table>
<tr><th colspan="2" rowspan="2">材料</th><th rowspan="2">可以活动，但受载时不活动</th><th rowspan="2">受载时稍有活动</th><th colspan="2">受载时需要活动</th></tr>
<tr><th>一般情况</th><th>保证润滑</th></tr>
<tr><td rowspan="2">钢与钢</td><td>无衬套</td><td>0.5</td><td>0.4</td><td>0.3</td><td>0.2</td></tr>
<tr><td>有衬套</td><td>0.65</td><td>0.5</td><td>0.4</td><td>0.3</td></tr>
<tr><td rowspan="2">钢与铜</td><td>很少更换</td><td>0.7</td><td>0.6</td><td>0.5</td><td>0.4</td></tr>
<tr><td>经常更换</td><td>0.8</td><td>0.7</td><td>0.6</td><td>0.5</td></tr>
</table>

4.连接件承载能力

标准连接件的拉压和剪切承载能力一般都有标准或规范可供参考，对于标准或规范中无法查到以及非标准连接件承载能力可按本节介绍的拉压、剪切、挤压强度计算方法进行计算。部分铆钉和螺钉的承载能力见表6-7和表6-8。

表6-7 不同材料铆钉单面剪切破坏剪力(N)

直径 d/cm	2A01	2A10	5A05	ML10 ML15 ML18	ML20MnA	ML1Cr18Ni9Ti	ML16CrSiNi，ML30CrMnSiA	7 050
2	585	770	493	1 050	1 540	1 350	—	—
2.5	912	1 200	770	1 640	2 400	2 120	—	—
3	1 310	1 720	1 110	2 350	3 460	3 040	—	—
3.5	1 790	2 350	1 510	3 190	4 710	4 140	—	3 556
4	2 330	3 080	1 960	4 180	6 150	5 390	—	5 557
5	3 670	4 800	3 080	6 560	9 610	8 480	13 800	—
6	5 290	6 960	4 410	9 410	13 800	12 100	19 900	—
8	9 360	12 300	7 840	16 600	24 600	21 500	35 500	—
10	14 600	19 200	12 330	26 100	38 500	33 800	55 400	—

表6-8 螺钉承载能力(N)

规格	性能等级								
	4.6	4.8	5.6	5.8	6.8	8.8	9.8	10.9	12.9
M3	2 010	2 110	2 510	2 620	3 020	4 020	4 530	5 230	6 140
M4	3 510	3 690	4 390	4 570	5 270	7 020	7 900	9 130	10 700
M5	5 680	5 960	7 100	7 380	8 520	11 350	12 800	14 800	17 300
M6	8 040	8 440	10 000	10 400	12 100	16 100	18 100	20 900	24 500
M8	14 600	15 400	18 300	19 000	22 000	29 200	32 900	38 100	44 600
M10	23 200	24 400	29 000	30 200	34 800	46 400	52 200	60 300	70 800
M12	33 700	35 400	42 200	43 800	50 600	67 400	75 900	87 700	103 000
M14	46 000	48 300	57 500	59 800	69 000	92 000	104 000	120 000	140 000
M16	62 800	65 900	78 500	81 600	94 000	125 000	141 000	163 000	192 000
M20	98 000	103 000	122 000	127 000	147 000	203 000	—	255 000	299 000

5.焊缝强度极限

焊缝强度极限应由试验确定。当缺少试验数据时,焊缝强度极限 σ_{bw} 和剪切强度τ_{bw} 极限可用公式计算:

$$\left.\begin{aligned}\sigma_{bw} &= k_1 \sigma_{bc} \\ \tau_{bw} &= k_2 \sigma_{bw} = k_1 k_2 \sigma_{bc}\end{aligned}\right\} \tag{6-45}$$

式中 k_1—— 焊缝强度削弱系数,见表 6-9。

k_2—— 焊缝剪切系数,见表 6-9。

表 6-9 部分材料焊缝削弱系数和剪切系数

材料牌号	焊接方法	焊丝、焊剂	焊前状态	焊后处理	厚度/mm	k_1	k_2
10、20	气焊	H08A/	正常化	热处理到 σ_b = 294 ~ 490 MPa		0.80	0.60
	CO_2保护焊	H08Mn2SiA				0.90	0.65
	手工电弧焊	H08A/HT-1、HT-3				0.90	0.60
	埋弧自动焊	H08A/焊剂 431			1~4	0.90	0.65
	氢原子焊	H08A/				0.90	0.60
30CrMnSiA	气焊	H08A/	正常化	正常化 σ_b=686~882		0.85	0.63
		H18CrMoA/HT-3				0.85	0.63
	手工电弧焊	H08A/				0.85	0.63
		H18CrMoA/HT-3				0.90	0.63
	氢原子焊	H08A/				0.90	
		H18CrMoA/				0.90	
	埋弧焊	H18CrMoA/焊剂 431				0.90	
	气焊 手工电弧焊	HGH41/ HGH41/HT-4	正常化 σ_b=686~882	不热处理		0.61	0.63
	气焊 手工电弧焊 氢原子焊 埋弧焊	H18CrMoA/ H18CrMoA/HT-3 H18CrMoA/焊剂 431 H18CrMoA/	正常化	淬火、回火 σ_b>882 MPa		0.90	0.60
						0.90	0.60
					1~4	0.90	0.60
						0.90	0.60

续表

材料牌号	焊接方法	焊丝、焊剂	焊前状态	焊后处理	厚度/mm	k_1	k_2
TA2	埋弧焊	TA2/		退火	≤4	0.90	
TA3		TA3/				0.90	
TA6		TA6/				0.90	
TC1	手工直流氩弧焊		正常化	σ_b=696 MPa	≤0.8	0.95	
				σ_b=716 MPa		0.90	
5A02	气焊	4A01/粉 401	σ_b=245 MPa			0.60	
		5A02/粉 401				0.70	
	氩弧焊	5A03/				0.80	
5A03	氩弧焊	4A01/	σ_b=230 MPa			0.85	
		5A03/				0.90	
5A06	氩弧焊	4A01/	σ_b=319 MPa			0.80	
		5A06/				0.90	
			σ_b=426 MPa	不热处理		0.60	
2A12	氩弧焊	2A12/	正常化	σ_b=426 MPa		0.90	
2A16	氩弧焊	2A16	σ_b=245 MPa	不热处理		0.60	
7A04	氩弧焊		正常化	σ_b=426 MPa		0.90	
			σ_b=510 MPa	不热处理		0.45	

6.复合材料强度许用值

复合材料强度许用值的数值基准分为A基准、B基准和典型值，采用哪种基准应根据具体工程项目的结构设计准则确定。对于复合材料结构，A基准和B基准分别对应单路传力结构和多路传力或破损安全结构，一般情况取B基准，但当有特殊要求时许用值取A基准。弹性常数一般取典型值。

复合材料许用值受诸多因素制约，包括原材料、生产工艺等都会对其产生影响，因此复合材料强度许用值应由生产厂家给出或通过试验确定。表6-10为部分复合材料单向层压板的强度性能，供读者参考。

表 6-10　部分复合材料层压板强度指标　　单位:MPa

材　料	X_t	X_c	Y_t	Y_c	S
T300/4211	1 396	1 029	33.9	166.6	65.5
T300/5208	1 496	1 496	40.1	249	67.2
T300/5222	1 490	1 210	40.7	197	92.3
T300/914C	1 683	1 042	61.4		100
T300/QY8911	1 548	1 226	55.5	218.0	89.9
硼/碳氧	1 323	2 432	72.0	276.0	100.0
Kev/环氧	1 400	235	12	53	34
Scotch/1002	1 062	610	31	118	72
HT3/5222	1 230	1 051	26.4	168	87
HT3/5224	1 400	530	50	180	99
HT3/5228	1 744	1 230	81	212	124
HT3/5405	1 092	899	68	132	84
HT3/HD58	1 578.6	1 090	51.1	212.1	72.4
HT3/HDO3	1 599.6	1 047.9	53.9	157.9	68.6
HT3/BMP316	1 061	839.1	49.1	136.6	71.9
HT3/NY9200Z	1 342	1 069	56	147	117
HT3/QY8911	1 239	1 281	38.7	189.4	81.2
HT7/5428	2 150	1 200	65	220	111
HT7/5228	2 880	1 470	66	210	
HT8/5228	2 405	1 800	65	205	104
HT8/5288	2 630	1 480	62	216	109
G803/5224	530	500	500	450	110
G803/QY8911	601.2	581	563.9	578.2	112.1
AS4/3501	1 165	1 060	41	179	69

续表

材 料	X_t	X_c	Y_t	Y_c	S
AS4C/Peek	1 722	832	60	136	113
G30－600/5245C	2 314	1 551	57	223	115
IM7/5250－4	2 250	1 310	66		81.4
IM7/5260	2 691	1 746	72		110

6.5.2 结构许用刚度的确定

在制导炸弹结构中，通常需要对某些结构件的刚度进行限制，以保证性能或安全性，如弹翼的变形过大会影响气动升力，弹体在挂机飞行过程中变形过大可能会影响正常的弹射投放甚至威胁载机安全。

结构的许用刚度(或允许变形 δ)按照设计要求、有关规范或经验确定。

6.5.3 结构稳定性的确定

1.压杆的稳定性

对于等剖面的直杆，在轴向压缩载荷的作用下，其临界应力方程为

$$\sigma_{cr}=\pi^2 E/(L'\rho)^2,\quad \sigma_{cr}\leqslant\sigma_p \tag{6-46}$$

$$\sigma_{cr}=\pi^2 E_t/(L'\rho)^2,\quad \sigma_{cr}>\sigma_p \tag{6-47}$$

临界载荷为

$$P_{cr}=\sigma_{cr}A \tag{6-48}$$

式中 σ_p—— 材料的比例极限；

E—— 材料的压缩弹性模量；

E_t—— 切线模量；

A—— 杆件的剖面面积；

ρ—— 杆件剖面的回转半径，$\rho=\sqrt{I_{min}/A}$，其中 I_{min} 为剖面的最小弯曲贯性矩；

L'—— 杆件的有效长度，$L'=L/\sqrt{C}$，其中 L 为杆件的实际长度，C 为杆件端部支持系数。

材料临界应力 σ_{cr} 与 L'/ρ 的关系曲线杆件细长比如图 6－35 所示。

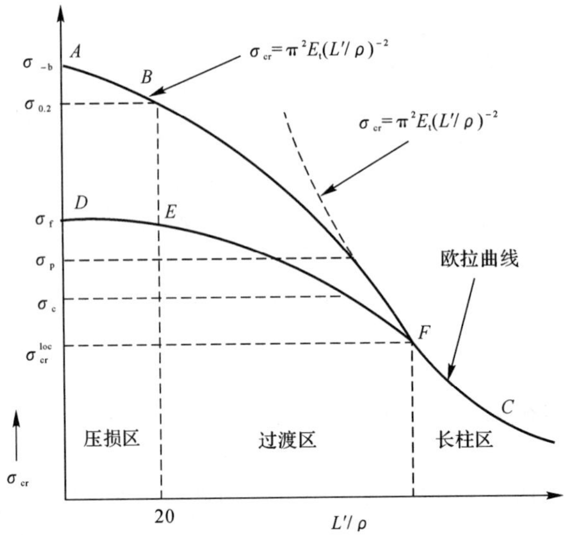

图 6-35　材料临界应力 σ_{cr} 与杆件细长比 L'/ρ 的关系曲线

图 6-35 中 FC 部分属于长杆范围，杆件以弹性弯曲失稳破坏；采用式(6-46)计算临界应力；EF 部分属于中长杆范围，杆件以塑性失稳破坏，采用式(6-47)计算临界应力；AB 部分属于短柱范围，为塑性压缩破坏，其破坏应力可达到杆件材料的压缩强度极限 σ_{-b}，但一般取屈服极限 $\sigma_{0.2}$ 作为许用应力的截止值。

不同边界条件的端部支持系数见表 6-11。

表 6-11 不同边界条件的端部支持系数

边界条件	一端自由一端固支	两端铰支	一端铰支一端固支	两端固支
C	0.25	1	2.05	4
失稳波形	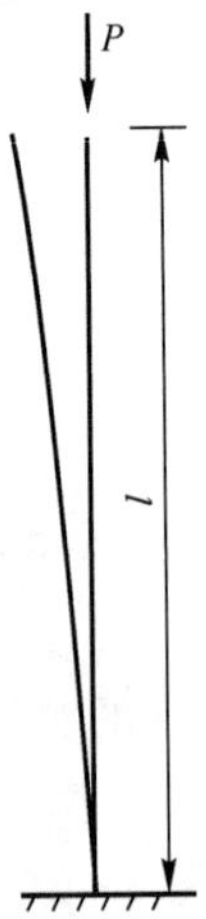	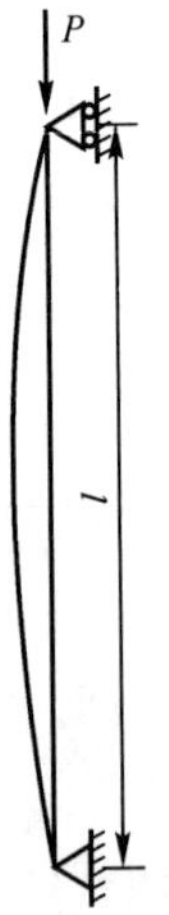	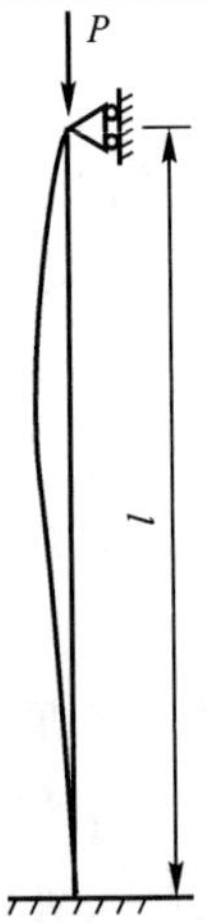	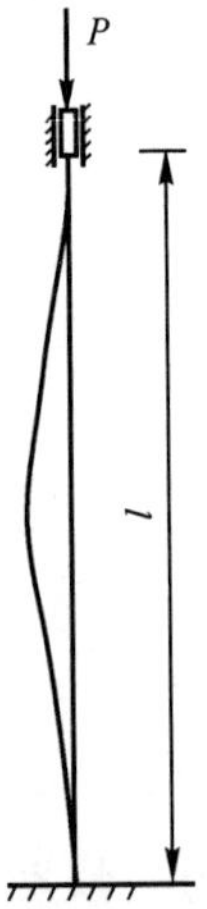

2.板的稳定性

承受均匀轴向压缩载荷的矩形平板弹性临界失稳应力计算公式为

$$\sigma_{cr}=K_c\frac{\pi^2 E}{12(1-\mu^2)}\left(\frac{\delta}{b}\right)^2 \tag{6-49}$$

式中 E—— 材料的弹性模量；

δ—— 板的厚度；

b—— 板的宽度；

μ—— 材料的弹性泊松比；

K_c—— 临界压缩系数，与板的支持条件和长宽比有关。

当板长度 a 远大于宽度 b 时(无限长板)，K_c 的取值见表 6-12。

表 6-12 无限长板的临界压缩系数

边界条件	四边铰支	四边固支	一非加载边自由，其余边铰支	一非加载边自由，其余边固支
K_c	4.0	6.98	0.43	1.28

对于钢材，其泊松比通常在 0.3 左右，此时临界应力计算公式可简化为

$$\sigma_{cr}=\frac{K_c E}{(b\delta)^2} \tag{6-50}$$

3.圆筒的稳定性

大量试验表明，圆筒的理论值与试验值存在着较大的差异，且试验值分散性很大，造成这种差异的原因主要是试件的初始缺陷以及端部支持条件的差异。

圆筒在轴压作用下的临界失稳载荷与圆筒的曲率参数 Z 有关，且有

$$Z=\frac{L^2}{R\delta}\sqrt{1-\mu^2} \tag{6-51}$$

式中 L—— 圆筒的长度；

R—— 圆筒半径；

δ—— 圆筒的厚度；

μ—— 圆筒材料的泊松比。

圆筒可按$\frac{L^2}{R\delta}$值的大小分为长筒$\left(\frac{L^2}{R\delta}\geqslant 100\right)$、中长筒$\left(1<\frac{L^2}{R\delta}<100\right)$和短筒$\left(\frac{L^2}{R\delta}\leqslant 1\right)$。对于常用的中长筒临界失稳应力，其计算公式为

$$\sigma_{cr}=\frac{\gamma E}{\sqrt{3(1-\mu^2)}}\frac{\delta}{R} \tag{6-52}$$

式中　E—— 材料的弹性模量；

γ—— 试验修正系数。

对于 γ 值，根据大量试验数据归纳，可取为 $\gamma = 0.901e^{-\phi} + 0.099$，其中 $\phi = \sqrt{R/\delta}/16$。

6.6　强度判断

结构在载荷作用下应同时满足强度、刚度和稳定性三个方面的要求，结构强度是否满足要求可以用安全裕度来进行表征。

安全裕度 M.S.(Margin of Safty) 定义为：结构的失效应力 σ_{sx}（或限制变形 δ_{sx}）与结构在设计载荷下的工作应力 σ（或工作变形 δ）之比再减 1，即

$$\text{M.S.} = \frac{\sigma_{sx}}{\sigma} - 1 \quad \text{或} \quad \text{M.S.} = \frac{\delta_{sx}}{\delta} - 1 \tag{6-53}$$

由安全裕度的定义可知，当 M.S. $\geqslant 0$ 时，材料强度符合要求；当 M.S. < 0 时，材料强度不符合要求。

安全裕度 M.S.不仅关系到结构工作的可靠性，而且影响到结构质量，因此需合理确定结构的安全裕度：如安全裕度太小，则可靠性较低；安全裕度过大，则说明有较多的冗余结构质量。制导炸弹结构的安全裕度一般可按下列原则确定：

(1) 一般结构安全裕度应不小于 0；

(2) 关键承力件的安全裕度不小于 0.25；

(3) 锻件的安全裕度不小于 0.2；

(4) 铸造件的安全裕度不小于 0.33。

理论上，结构安全裕度为 0 最为理想，既满足强度要求，又使结构重量最小化，但由于载荷计算误差、理论计算模型简化、材料质量分散性、加工误差等因素的影响，实际结构应力与计算结果存在一定误差。为保证安全，对于一般承力结构，希望安全裕度 M.S.保持在 $0.05 \sim 0.1$ 之间。

有些资料文献中也有采用剩余强度系数 η 的表述方法，材料的强度极限与结构在设计载荷下工作应力的比值称为剩余强度系数。即

$$\eta = \frac{\sigma_{sx}}{\sigma}\left(\text{或 } \frac{\delta_{sx}}{\delta}\right) \tag{6-54}$$

安全裕度与剩余强度系数的关系为 M.S. $= \eta - 1$。

如果安全裕度不足或过高，则应将计算结果和修改意见反馈结构设计人员修改设计。

第 7 章

弹体结构精度设计

7.1 概　　述

制导炸弹生产制造过程中，不可避免会存在产品制造误差。武器总装完成后，各舱段、翼面相对弹体位置的装配精度结果，决定了制导炸弹的结构精度能否满足设计的气动外形要求；弹体结构的制造精度直接影响到制导航空炸弹能否满足气动、控制要求，实现对攻击目标的打击精度。

合理的制导炸弹零件精度、总装精度，直接关系到制导炸弹生产成本、生产质量、武器性能水平：若弹体结构精度要求过高，则会加大制导炸弹生产成本，降低制导炸弹生产供给能力；反之，当弹体结构精度要求过低时，则会使制导炸弹出现较大的气动外形偏差。

7.2 弹体结构精度要求

7.2.1 弹体结构精度控制项

根据制导炸弹气动外形特点，决定制导炸弹气动参数的部件安装位置精度主要有弹身相对弹体精度、翼面相对弹体精度、部件对称性精度、气动外缘精度等。

1.弹身精度

弹身是指制导炸弹除翼面外的封闭段，通常由头部整流罩、战斗部舱、尾舱等组成，是炸弹结构主体。弹身精度是指弹身各部件间相对位置的偏差情况，通常包括以战斗部舱为基础时，头部整流罩、尾舱相对战斗部舱的同轴度偏差、扭转角偏差。

(1)弹身同轴度偏差。当制导炸弹弹身出现同轴度偏差时，炸弹飞行时气流流经弹体表面会出现不对称性，从而造成附加的气动力，对制导炸弹的飞行控制造成影响。弹身同轴度偏移包括头部、尾部轴线相对弹身轴线在水平和垂直基准面的相交轴线的偏移程度，如图7-1所示。

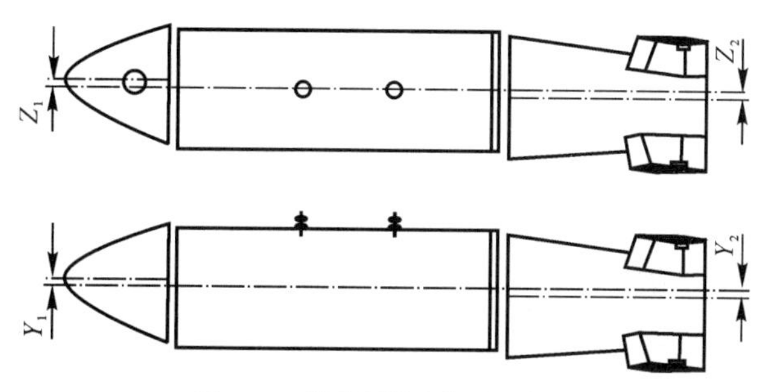

图7-1 弹身同轴度偏差示意图

图7-1中：Z_1 为头部整流罩在 xOy 平面内相对弹身同轴度偏差，mm；Z_2 为弹尾在 xOy 平面内相对弹身同轴度偏差，mm；Y_1 为头部整流罩在 xOz 平面内相对弹身同轴度偏差，mm；Y_2 为弹尾在 xOz 平面内相对弹身同轴度偏差，mm。

(2)弹身扭转角偏差。对于弹身为非轴对称结构的制导炸弹，由于弹体截面的非对称性，当出现弹身外形扭转(见图7-2)时，会带来气动力的变化，引起炸弹附加力矩。

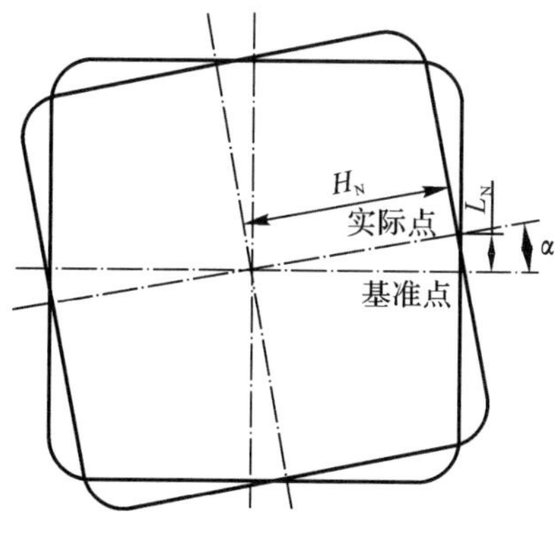

图7-2 弹身扭转角测量示意图

弹身扭转角计算：

$$\alpha = \arcsin\left(\frac{L_N}{H_N}\right) \tag{7-1}$$

式中 α——弹身扭转角，(°)；

L_N——弹身实测点相对于基准点的 Y 向偏差值，mm；

H_N——弹身中心点至测量基准点的距离，mm。

2.翼面精度

翼面是产生制导炸弹气动力的主要部件，包括固定翼、舵面等，其中固定翼提供制导炸弹主要升力、稳定力矩，舵面提供制导炸弹飞行时的控制力矩，固定翼、舵面的精度是制导炸弹气动外形误差的主要来源，翼面精度主要包括安装角偏差、反角偏差。

固定翼、舵面安装角是指制导炸弹在弹体坐标系 xOy 平面内，固定翼、舵面翼型剖面弦线与弹轴的夹角，固定翼、舵面安装角是影响作用在固定翼、舵面上法向气动载荷的主要因素，影响炸弹俯仰、滚转、偏航三个通道的控制，对炸弹气动特性、飞行性能影响较大。

固定翼、舵面安装角 Φ 为固定翼、舵面与水平基准面之间的夹角，是两测量点测量值的高度差与两测量点之间距离的比值，由固定翼、舵面翼面弦线方向两测量点的测量值进行计算，计算结果以角度分值表示，如图 7-3 所示。

固定翼、舵面安装角的计算：

$$\Phi = \arcsin\left(\frac{H_{e1} - H_{e2}}{L_e}\right) \tag{7-2}$$

式中 Φ—— 固定翼、舵面安装角值，(°)；

H_{e1}—— 固定翼、舵面前测量点的测量值，mm；

H_{e2}—— 固定翼、舵面后测量点的测量值，mm；

L_e—— 两个测量点的距离值，mm。

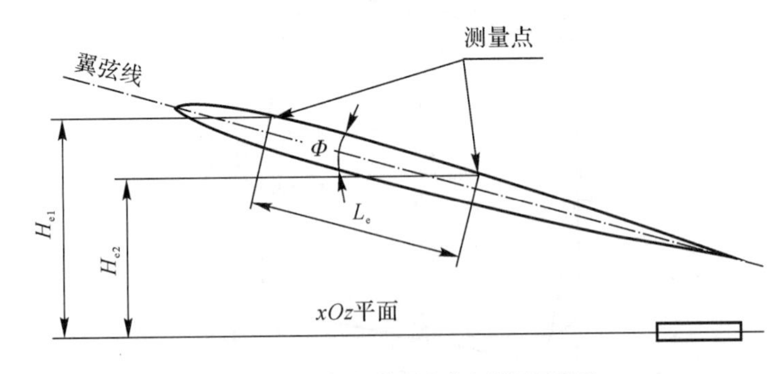

图 7-3 固定翼、舵面安装角测量示意图

固定翼、舵面反角是指制导炸弹在炸弹轴系 yOz 平面内，固定翼、舵面翼弦平面沿展向与 xOz 平面的夹角，固定翼、舵面反角是影响作用在固定翼、舵面上法向气动载荷的主要因素，主要影响炸弹滚转通道的控制，对制导炸弹气动特性、飞行性能影响较大。

固定翼、舵面反角 ψ 为固定翼、舵面与垂直基准面之间的夹角，其正弦值是两测量点测量值的高度差与两测量点在垂直基准面内投影水平距离的比值，由固定翼、舵面根部测量点测量值与固定翼、舵面尖部测量点测量值进行计算，计算结果以角度分值表示，如图 7－4 所示。

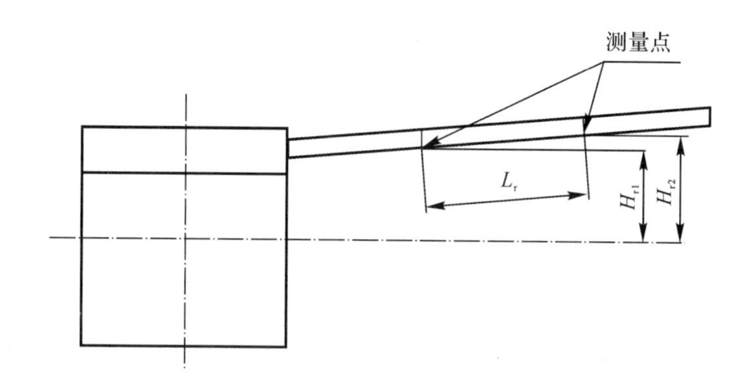

图 7－4　固定翼、舵面反角测量示意图

固定翼、舵面反角的计算：

$$\psi = \arcsin\left(\frac{H_{r1} - H_{r2}}{L_r}\right) \tag{7-3}$$

式中　ψ—— 固定翼、舵面反角值，(°)；

H_{r1}—— 固定翼、舵面尖部测量点的测量值，mm；

H_{r2}—— 固定翼、舵面根部测量点的测量值，mm；

L_r—— 两个测量点的距离值，mm。

3.部件对称性精度

部件对称性精度是当部件对称布置时，对称部件相对弹身的相对偏差给定。部件对称性精度主要为翼面安装的对称偏差，如图 7－5 所示。

部件对称性通常用尺寸相对偏差率的千分数表示：

$$\delta = \frac{L_{左} - L_{右}}{L} \times 1\ 000‰ \tag{7-4}$$

式中　$L_{左}$、$L_{右}$ —— 左、右侧两个对称部件相对基准点距离的实测值，mm；

L —— $L_{左}$、$L_{右}$ 的设计尺寸，mm。

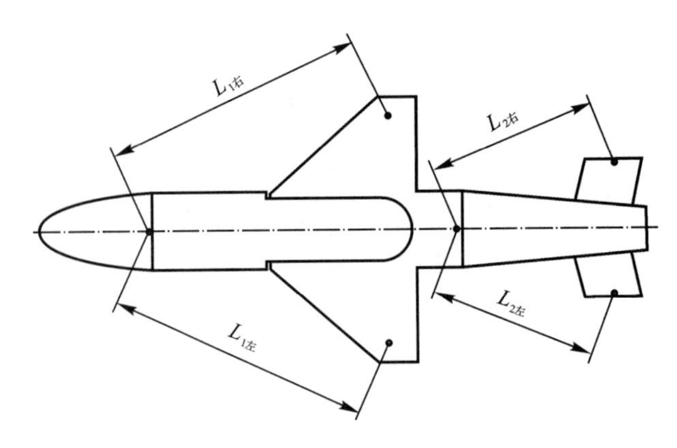

图 7-5 部件对称性测量示意图

4.气动外缘精度

气动外缘精度是指制导炸弹结构件实际外形相对理论外形的偏差，包括气动外缘型值偏差、气动外缘波纹度偏差、气动外缘蒙皮及部件对合处蒙皮对缝间隙及阶差、窗口对缝间隙及阶差、螺钉头及铆钉头对气动外缘的凸凹量等。

（1）气动外缘型值偏差。气动外缘型值偏差指制导炸弹气动外缘实际切面外形相对理论切面外形允许的偏差，如弹体的弹径、翼面的翼型等。结构件加工过程中造成的误差，将对制导航空炸弹气动参数造成较大影响。

气动外缘型值偏差要求主要与外形件的功能和结构特点有关，一般翼面外形比弹身外形的要求高，翼面外形件前缘段又比后段的要求高。

制导炸弹气动影响越大的地方，对外形要求越高，因此根据对气动的影响程度，将制导航空炸弹分为翼面类部件和弹身类部件，再将上两类部件细分为一区及二区。翼面类部件指弹上各类翼面，如弹翼、舵翼、固定翼等，弹身类部件指弹上翼面类部件除外的其他部件；一区指翼面类部件的前缘和后缘、弹身类部件的弹头、整流罩，二区指一区之外的其他部位。

（2）气动外缘波纹度偏差。气动外缘波纹度偏差要求可保证外形平滑度，使产品外形更加接近气动设计，气动外缘波纹度反映了气动设计对结构件形位公差的要求。

对于曲面外形，波纹度可采用等距样板或卡板检查，如图 7-6 所示，此时，气动外缘波纹度偏差为

$$H = Y_{n+1} - \frac{Y_n + Y_{n+2}}{2} \tag{7-5}$$

式中 H—— 波纹度公差数值，mm；

Y_n、Y_{n+2}—— 在测量范围内,实际外形与量具之间间隙的两个最小值,mm;

Y_{n+1}—— 在测量范围内,实际外形与量具之间间隙的最大值,mm。

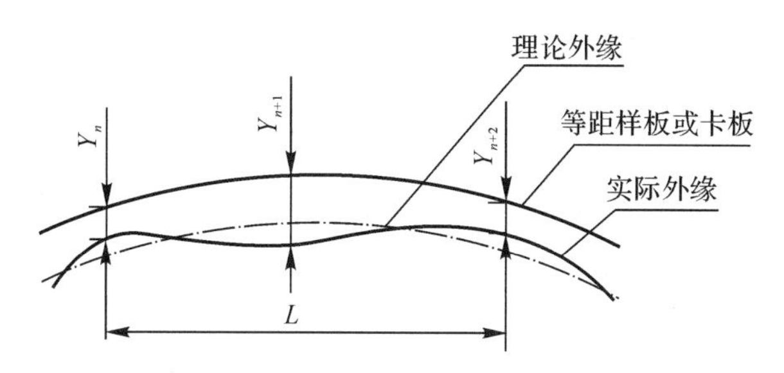

图7-6　用等距样板或卡板检查波纹度图

对于平面外形,波纹度可采用直尺、卡板、样板或样条检查,如图7-7所示。此时,气动外缘波纹度偏差为

$$H = Y_{n+1} \tag{7-6}$$

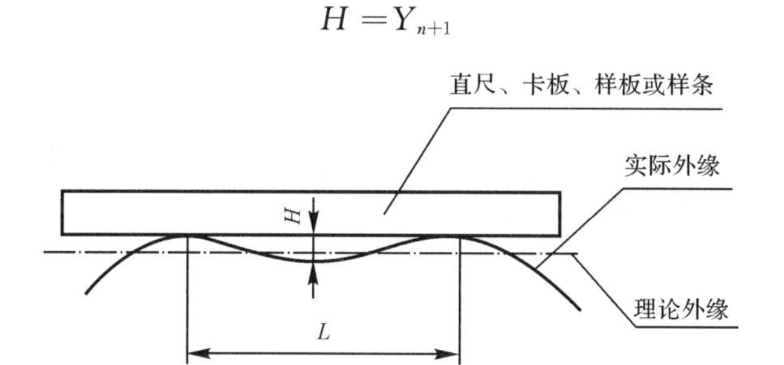

图7-7　用直尺、卡板、样板或样条检查波纹度图

(3)气动外缘蒙皮及部件对合处蒙皮对缝间隙及阶差。气动外缘蒙皮及部件对合处对缝间隙及阶差指各舱段的对接、套接处的间隙及错位偏差,以及蒙皮维形时与对接框、蒙皮对接时的间隙及错位偏差,如图7-8所示。

对于制导炸弹而言,根据气动流线型原理,理论上允许舱段出现顺差,不允许舱段出现逆差,这是因为舱段出现逆差后会较大地增加制导炸弹的附加阻力及附加力矩,但制导炸弹由舱段结构件组装而成,存在加工及装配误差,而制导炸弹批生产量较大,各部件应具有互换性,若过于强调不允许出现逆差,会对产品的可生产性、经济性带来影响。

(4)窗口对缝间隙及阶差。出于安装仪器设备及各种维护用的各类窗口盖板的需要,定义窗口对缝间隙及阶差为窗口盖板安装时盖板边缘与舱体的间隙,及舱口盖板外表面与舱体表面的错位偏差,如图7-9所示。

(5)螺钉头及铆钉头对气动外缘的凸凹量。螺钉头及铆钉头对气动外缘的凸凹量是指标准件凸出或凹进弹体的量,如图7-10和图7-11所示。

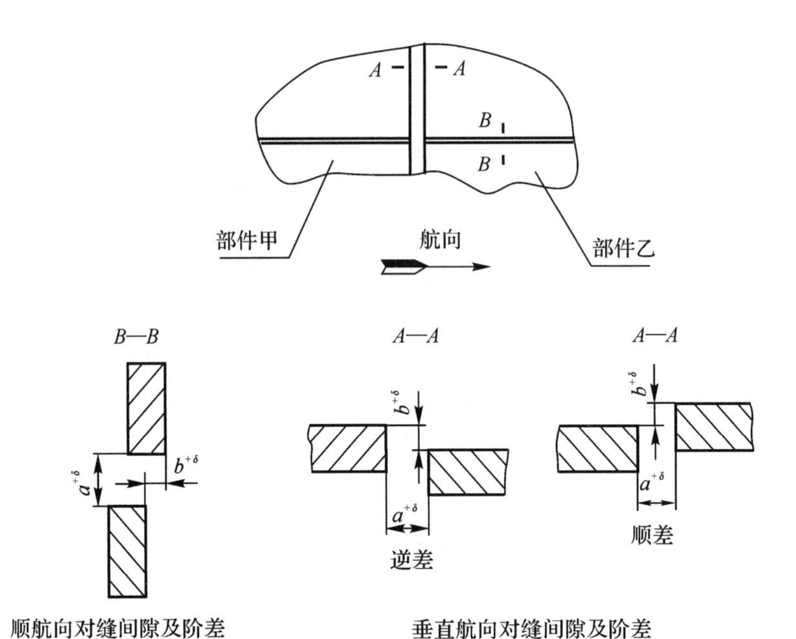

图 7-8 气动外缘蒙皮及部件对合处蒙皮对缝间隙及阶差示意图

a —蒙皮对缝名义间隙($a>0$)；b —蒙皮对缝名义阶差（$b\geqslant 0$）

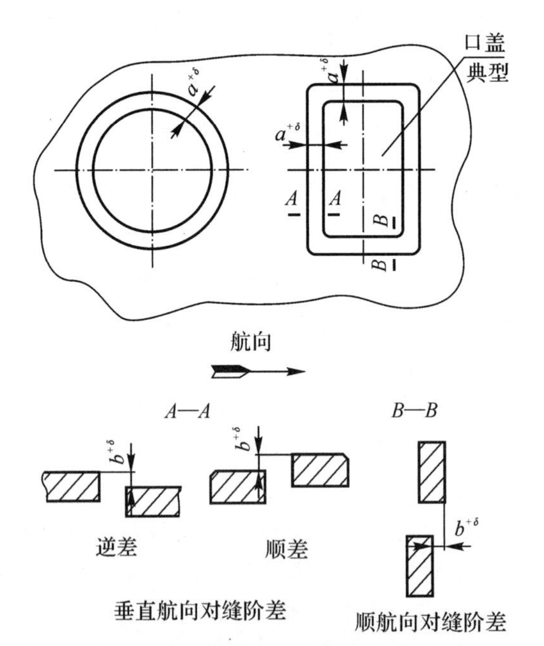

图 7-9 窗口盖板对缝间隙及阶差示意图

a —对缝名义间隙($a\geqslant 0$)；b —对缝名义阶差($b\geqslant 0$)

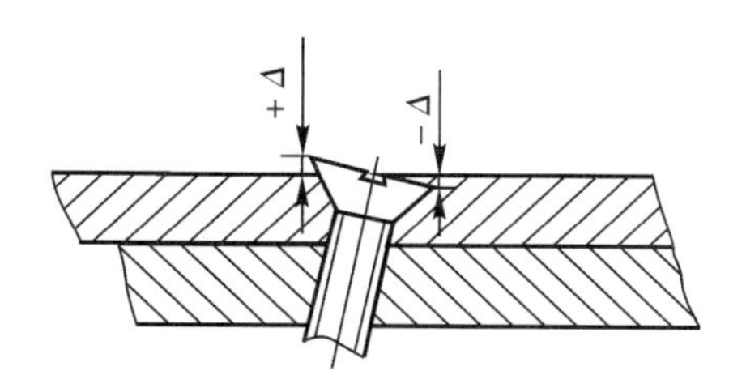

图 7-10　沉头螺栓头或螺钉头对气动外缘的凸凹量示意图

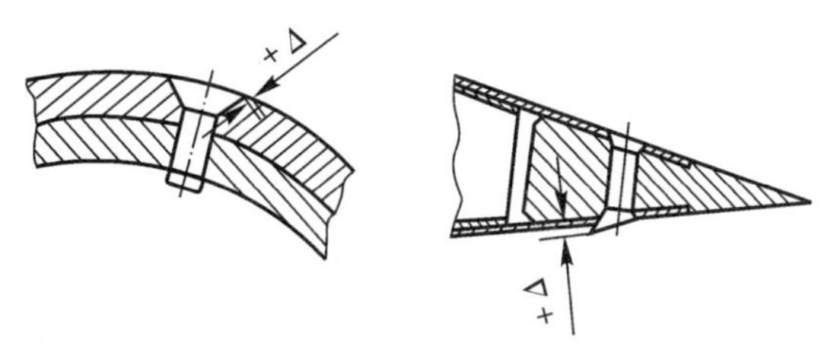

图 7-11　铆钉头对气动外缘的的凸凹量示意图

7.2.2　弹体结构精度要求

1.炸弹精度级别划分

制导炸弹精度要求主要由以下两方面影响决定：一方面是部件相对位置几何参数的精度对炸弹飞行性能的影响，另一方面为结构精度制造保证的难易程度。

炸弹部件相对位置几何参数的精度由以下各方面决定：

(1)制导炸弹对目标的攻击精度要求。

(2)炸弹外形对气动的敏感程度。如非轴对称的制导炸弹相比轴对称的制导炸弹更易受气动干扰影响。

(3)部件外形尺寸。如果翼展尺寸大、弦长长的制导炸弹，其翼面安装误差会对炸弹飞行性能产生更大的影响。

(4)部件安装位置距离炸弹压心位置的远近。如果翼面安装位置距离炸弹压心位置越远，则翼面安装误差所带来的干扰力矩会越大。

(5)控制率设计裕度。制导炸弹安装误差所带来的气动干扰力矩需要由控制系统进行修正、补偿，当控制系统不能提供较大补偿力矩时，则需较高的炸弹安装精度。

结构精度制造保证的难易程度由以下各方面决定。

(1)部件尺寸大小。部件尺寸过小，则测量系统所带来的测量误差影响相对较大，尤其是翼面尺寸。

(2)部件结构形式。部件结构形式对测量精度影响较大,整体结构相对制造精度较高,测量误差也较小。

(3)部件连接结构。如对接的连接结构相对套接部件的安装精度要高。

(4)部件装配过程中安装结构是否可调。若部件装配过程中精度可调,则其安装精度也较易保证。

(5)部件安装是否固定。由于运动部件多次运动时,其安装位置会发生变动,且部件运动间隙对其安装精度影响较大,故安装位置精度较难达到。

由于不同的制导炸弹气动与控制系统对弹体部件精度要求不同,且不同的制导炸弹的工艺性也存在差距,为适应不同制导炸弹精度确定的需要,通过制定制导炸弹精度级别来对制导炸弹水平测量公差等级进行划分,将制导炸弹精度级别分为三级。其中:第Ⅰ级为最高级,适用于部件相对位置几何参数的精度对制导炸弹飞行性能影响大,且结构制造精度易保证的制导炸弹;第Ⅱ级为中间级,适用于部件相对位置几何参数的精度对制导炸弹飞行性能影响大,但结构制造精度难保证的制导炸弹,或部件相对位置几何参数的精度对制导炸弹飞行性能影响不大,但结构制造精度易保证的制导炸弹;第Ⅲ级为最低级,适用于部件相对位置几何参数的精度对制导炸弹飞行性能影响不大,且结构制造精度难保证的制导炸弹。

2.弹体结构典型部件精度要求

制导炸弹弹身精度、翼面精度、部件对称性精度要求见表7-1~表7-9。

表7-1 弹身同轴度偏差、扭转角精度

部件名称	测量项目	测量公差		
		Ⅰ级	Ⅱ级	Ⅲ级
弹身	测量点 Y 向同轴度偏差率 /(‰)	±0.9	±2.2	±4
	测量点 Z 向同轴度偏差率 /(‰)	±0.9	±2.2	±4
	扭转角公差 /(′)	±6	±10	±20

表7-2 固定翼、舵面水平测量公差

部件名称	测量项目			公差值 /(′)		
				Ⅰ	Ⅱ	Ⅲ
固定翼	安装角 Φ	根部	公差 $\delta_{\Phi gg}$	±4	±6	±10
			对称度公差 $\delta_{\Phi gg左右}$	±4	±6	±10
		尖部	公差 $\delta_{\Phi gj}$	±10	±15	±20
			对称度公差 $\delta_{\Phi gj左右}$	±10	±15	±20
	反角 ψ		公差 δ_{ψ}	±10	±18	±30
			对称度公差 $\delta_{\psi左右}$	±10	±18	±30

续表

部件名称	测量项目			公差值/(′)		
				Ⅰ	Ⅱ	Ⅲ
舵面	安装角 Φ	根部	公差 δ_{Φ}	±6	±10	±15
			对称度公差 $\delta_{\Phi左右}$	±6	±10	±15
		尖部	公差 $\delta_{\gamma\Phi}$	±15	±20	±30
			对称度公差 $\delta_{\gamma左右}$	±15	±20	±30
	反角 ψ		公差 δ_{ψ}	±10	±18	±30
			对称度公差 $\delta_{\psi左右}$	±10	±18	±30

表7-3 部件对称性水平测量公差

部件名称	测量项目	测量公差/(‰)		
		Ⅰ级	Ⅱ级	Ⅲ级
相对偏差率	固定翼相对于弹身	±1.5	±3.0	±4.0
	舵面相对于弹身	±2.0	±3.0	±4.0

表7-4 弹身气动外缘型值公差 单位:mm

区域			弹径		
			<250	250~500	>500
弹身类	Ⅰ区	基本	±1.1	±1.1	±1.4
		局部	±1.7(统计百分数<20%)	±1.7(统计百分数<20%)	±2.8(统计百分数<20%)
	Ⅱ区	基本	±1.7	±1.7	±2.2
		局部	±2.8(统计百分数<20%)	±2.8(统计百分数<20%)	±3.5(统计百分数<20%)

表7-5 弹翼气动外缘型值公差 单位:mm

区域			流向弦长		
			<150	150~400	>400
翼面类	Ⅰ区	基本	±0.34	±0.5	±0.7
		局部	±0.55(统计百分数<20%)	±0.77(统计百分数<20%)	±1(统计百分数<20%)
	Ⅱ区	基本	±0.55	±0.77	±1
		局部	±0.65(统计百分数<20%)	±1.1(统计百分数<20%)	±1.5(统计百分数<20%)

表 7-6　波纹度公差　　单位：mm

波长(L)	波纹度公差(H)			
	翼面（基本）	翼面（局部 10%）	弹身（基本）	弹身（局部 10%）
≤25	0.2	0.4	0.4	0.8
25～63	0.3	0.6	0.6	1.2
63～160	0.5	1	1	2
160～400	0.8	1.6	1.6	3.2
400～1 000	1.2	2.5	2.5	5
>1 000	1.8	4	4	8

表 7-7　气动外缘蒙皮及部件对合处蒙皮对缝间隙及阶差　　单位：mm

公差要求	公差类型			
	对缝间隙公差	对缝阶差公差		
		垂直航向对缝阶差		顺航向对缝阶差
		逆　差	顺　差	
基本	0.5	0.3	0.5	0.5
局部	0.8(20%)	0.5(20%)	0.8(20%)	0.8(20%)

注：公差均指名义间隙和名义阶差为零时的公差。

表 7-8　窗口盖板对缝间隙及阶差　　单位：mm

公差要求	公差类型			
	对缝间隙公差	对缝阶差公差		
		垂直航向对缝阶差		顺航向对缝阶差
		逆　差	顺　差	
基本	0.5	0.3	0.4	0.4
局部	0.8(20%)	0.5(20%)	0.6(20%)	0.6(20%)

注：公差均指名义间隙和名义阶差为零时的公差。

表 7-9　沉头螺栓头或螺钉头对气动外缘的凸凹量公差　　单位：mm

区　域	凸凹量公差		备　注
	基　本	局　部	
一区	+0.1 −0.2	+0.15 −0.25 (20%)	蒙皮外表的埋头螺钉头不允许凸出
二区	+0.15 −0.25	+0.2 −0.3 (20%)	

注：公差均指名义间隙和名义阶差为零时的公差。

7.2.3 结构精度分配原则

一般进行弹体结构精度分配，可采用如下原则：

(1)分析影响弹体结构精度的关键尺寸，必须保证尺寸和可适当放宽的尺寸，应做到心中有数，不可一味追求所有尺寸高精度；

(2)结构精度指标与弹体结构连接形式相适应；

(3)结合实际加工能力，根据加工难易程度，合理地制定加工精度。

第 8 章

典型构件设计

制导炸弹结构主要由头舱、战斗部舱、控制尾舱、弹翼和尾翼等组成。弹翼座、定位销等常为机械加工件；吊耳等承力较大零件常采用锻件；尾舱舱体内部需要安装弹上设备，内部结构较为复杂，常采用铸件；弹翼与战斗部连接座常采用焊接方式；骨架蒙皮式翼面中组成骨架的桁条、肋等零件常采用钣金件；弹翼、尾翼等为减轻重量，常采用复合材料成形。各种零件加工工艺不同，设计方法、要求也不尽相同，在制导炸弹结构件设计时共同遵循的原则如下：

(1)制导炸弹结构需满足总体提出的技术要求；

(2)炸弹典型构件设计需具有先进性；

(3)提高炸弹产品零件和组件的标准化程度；

(4)炸弹典型构件设计过程中，需充分考虑现有的工艺基础、技术能力和生产条件；

(5)尽量降低炸弹的研制成本，缩短炸弹的研制周期；

(6)炸弹典型构件设计需满足强度和刚度、功能和性能要求。

本章对各种类型制导炸弹典型构件的设计要求、设计要点、常见缺陷控制等内容进行详细介绍。

8.1 机械加工零件结构设计

机械加工是切削加工中的一种。除此以外，切削加工还有化学铣切加工和电解加工。制导炸弹大部分零件不论其半成品毛坯是锻件、铸件、焊接件，还是厂家直接提供的板料、棒料或型材，一般最后都要经过切削加工达到设计要求。

制导炸弹结构件中大部分零件均为机械加工件，如尾翼、轴类零件、定位销和弹翼座等。某制导炸弹弹翼座如图 8－1 所示。

图 8－1　弹翼座

随着数控加工技术的发展和飞机战术技术性能的不断提高，机械加工件的数量，包括大型整体机械加工件的数量，以及机械加工的制造劳动量都呈增长趋势。

机械加工的方法有车、铣、刨、磨、钻、铰和镗等，比较先进的有三轴、五轴数控加工中心等。

机械加工零件按其结构、工艺特点可分为以下几类：

(1)气缸等轴筒类，主要加工内外圆表面，带深孔，一般采用车、镗、磨、铣等机械加工方法；

(2)型材类，一般铣切端头或端面的一部分；

(3)圆盘类，一般厚度较小，主要加工端面，如盖板、隔板等；

(4)整体结构件，如弹翼座、隔框等，此类零件结构较复杂，加工时易变形。

8.1.1　机械加工件的结构要素和加工表面设计

1.倒角

为便于装配及操作安全，机械加工件的轴和孔(包括带螺纹的轴和孔)端头常加工出倒角，倒角的大小和宽度与孔、轴的直径有关，通常为 45°，螺纹端面上的倒角宽度等于螺距，便于装配。

2.圆角连接

当孔、轴的直径在零件上有变化时会形成阶梯形表面，为防止在直径变化处的尖点因应力集中而断裂，常用圆弧过渡，圆弧的大小与台阶形孔、轴的直径有关。

3.退刀槽

在孔、轴、螺纹零件的表面和某些零件的端面为配合面时，为便于加工刀具或砂轮的退刀，需要设计有退刀槽。

4.孔的设计

(1)尽可能采用通孔，不采用盲孔，以便于采用拉削和高速铰孔等生产效率较高的加工方法，改善工艺性。

(2)孔的轴线应与加工部分的零件表面垂直或相对于基准面垂直。否则，前者可能使钻头沿斜面单边切削，影响加工质量，后者则需要用较复杂的转动夹具加工。

(3)在精加工的直孔和车制螺纹的加工区内最好不要有侧孔，因为此时在侧孔处易出现断续切削，易打刀并影响孔的精度和降低表面粗糙度值。

5.加工表面设计

在满足要求的情况下，把精加工面限制到最少，不仅能减小切削工作量，且小面积切削较大面积切削更容易保证加工质量。

8.1.2 机械加工件设计要求

(1)有相互位置精度要求的表面应尽量在一次装夹中加工；

(2)机械加工顺序应遵循先粗后精、先主后次、先基面后其他的原则；

(3)零件机械加工所选用的切削液，在使用前应进行试验，保证切削液对加工零件无腐蚀性能影响；

(4)零件机械加工后，一般用压缩空气吹干零件，压缩空气必须通过油水分离器和过滤处理，防止零件表面上积水、积油；

(5)对于吹砂又未能及时进行喷漆或防锈处理的零件，转运过程中应戴干净手套，避免手接触引起腐蚀；

(6)对由于机械加工原因产生有害残余应力的，应进行消除应力处理；

(7)应制定合理的加工工艺，保证结构零件在加工过程中或加工后不会出现影响产品可靠性的故障。

8.1.3 机械加工件设计要点

为满足制导炸弹零件设计的全面要求，以下结合机械加工零件的结构、工艺特点对设计要点进行较全面介绍。

1.毛坯的合理选择

(1)为确保机械零件的加工效率,设计人员需要尽可能地确保毛坯尺寸与形状和机械零件本身结构相符。如可根据零件的长、宽、高等尺寸,合理选择用板料或者棒料等。

(2)由于毛坯结构对机械零件的加工过程容易产生影响,在具体加工设计工作中,设计人员应该提升对毛坯结构选择的重视程度。

在毛坯结构加工过程中,可以将结构简单的零件组合到一起,组成一个新的零件,或者将一个结构较大的毛坯切削成几个小的零件,进而与机械零件加工要求相符。

如安装于制导炸弹控制尾舱中固定连接器插座的固定座为半圆形弧形板,设有安装连接器的缺口,毛坯常选用圆形棒料,一次加工 2 件固定座,加工完成后,从零件中间平均分开为 2 件零件,如图 8-2 所示。

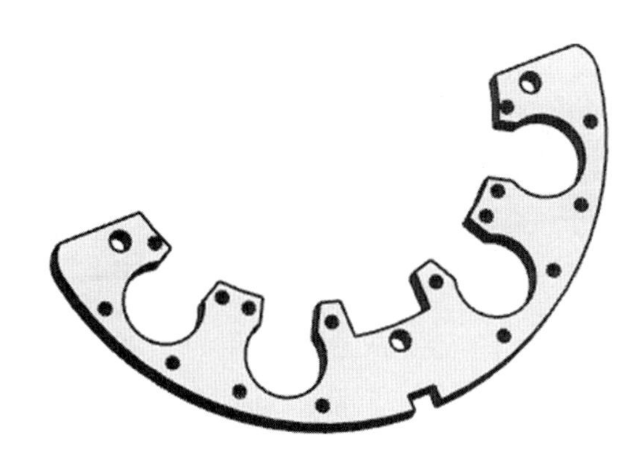

图 8-2　连接器固定座

另外,某制导炸弹弹翼座为 90°圆弧形状,毛坯常选用 4 件弹翼座的毛坯,零件加工完成后,均匀分成 4 份,从而得到 4 件弹翼座,具体如图 8-3 所示。

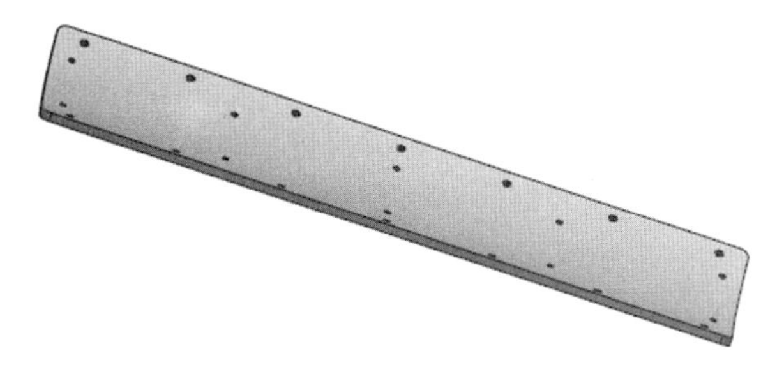

图 8-3　弹翼座

2.零件结构的合理简化

设计人员可根据具体的零件结构特点，将零件分成整体式和组合式 2 种结构。

部分机械零件在加工过程中，以整体构件加工为主，可降低连接件中的加工量，还能进一步减少组装工作的开展；若部分零件在加工时无法进行整体加工，此时组合式加工的优势便能彻底发挥。

制导炸弹结构中的尾翼与尾翼座尽量分体加工，分成两个零件，尾翼与尾翼座连接，然后两者与舱体或者舵机连接，降低加工难度，提高零件精度，如图8－4所示。

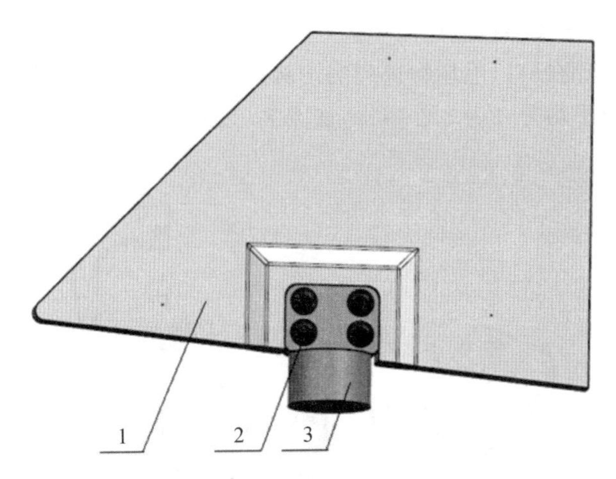

图 8－4　尾翼与尾翼座

1—尾翼；2—螺钉；3—尾翼座

3.合理设计零件加工精度

在制导炸弹结构机械加工件设计过程中，合理控制零件加工精度，不但可以提高装配效率，还可显著提高产品质量。

制导炸弹结构中弹身上的吊耳座安装孔、舱段相互连接、轴孔配合等位置的零件，在机械加工过程中，均需要严格控制配合精度，保证产品顺利装配，提高吊耳间距精度，保证产品顺利挂载。通常，参照国标要求，舱段套接出精度一般采取 GB/T 1800.1—2009 中规定的 H9/d9 级或 H8/f7 级配合，定位销与销孔一般为 H8/f7 级或 H7/f6 级配合。

制导炸弹弹体结构机械加工件基准不宜过多，一般选用端面为参考基准。另外，若零件中的螺纹过孔或螺纹孔之间存在相互制约关系，比如与同一个零件连接，此两组孔之间标注尺寸时，需要相互作为基准，如图 8－5 所示。

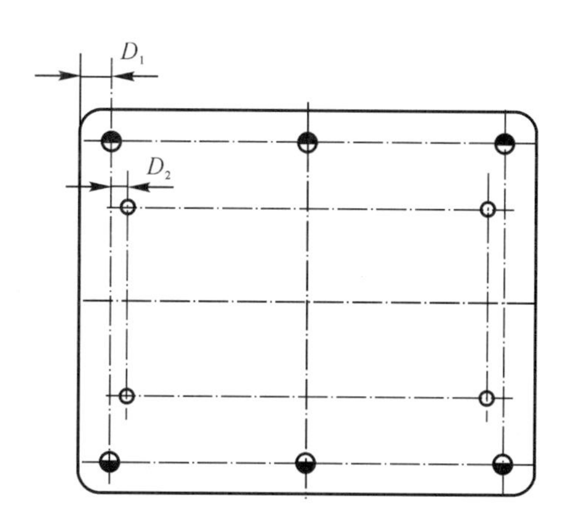

图 8-5 尺寸控制

8.2 锻件结构设计

锻件是指通过对金属坯料进行锻造变形而得到的工件或毛坯，锻造时利用对金属坯料施加压力，使其产生塑性变形。锻造金属材料时，在形状改变的同时，其内部组织与机械性能也得到改善，因而制成的零件承载能力大，且能承受较大的交变和冲击载荷，抗疲劳性能好，同时模锻件生产效率高。

制导炸弹结构中的弹翼安装座、吊耳座、吊挂等受力较大的部件，常采用锻件。在保证设计强度的前提下，锻件比铸件重量轻，对制导炸弹结构轻量化设计具有重要作用。某制导炸弹吊挂锻件如图 8-6 所示。另外，某型制导炸弹的隔框、悬挂梁等承力较大部件也常采用锻件。

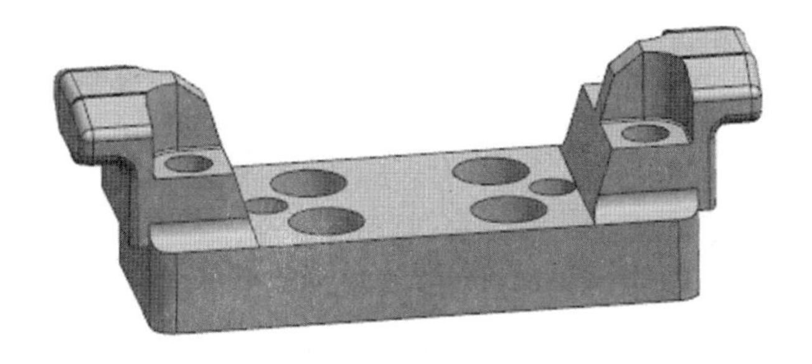

图 8-6 某制导炸弹吊挂锻件

8.2.1 锻件常用材料和锻造方法

1.锻件常用材料

锻件可选用的材料较多，应用范围非常广泛，如各类的结构钢（25、45钢等）、合金钢（30CrMNSiA等）、不锈钢（1Cr18Ni9等）、铝合金（2A11、2A50、7A04等）、镁合金（MB15等）。

2.锻造方法及其选用

锻造方法有模锻和自由锻两种。自由锻制成的毛坯切削加工量大，但它不需专制锻模，因而适合于单件或小批量生产。模锻则能锻出形状复杂、精度高的毛坯，只留较小的加工余量，可大大节约材料，减少机械加工的工作量。要注意的是，由于模锻时对零件的最小厚度有一定要求，所以当零件受载不大，从强度或构造看不需要那么大的厚度，然而可能因工艺要求不得不增加厚度时，可能会引起重量增大。因此，模锻件一般特别适用于制作受载较大的零件，由于其性能好，一般能使重量减轻。

8.2.2 模锻件的结构要素

模锻件有一些共有的结构要素及结构特点：

(1)模锻斜度。为了便于从锻模内取出锻件，锻件应有模锻斜度。一般外模锻斜度$\alpha=7^\circ$，内模锻斜度$\beta=10^\circ$，$\alpha<\beta$。

(2)锻件厚度。锻件厚度的大小对锻压能力、锻模磨损、零件质量有很大影响。锻件越薄，金属变形阻力越大，需要的锻压能力和造成的锻模磨损也就越大；过薄的锻件在模锻时会很快冷却，影响产品质量。一般腹板厚度的最小值应根据零件在分模面上的投影面积大小、零件的剖面形状、材料三者来定。

(3)模锻零件上常布置筋条以增加刚度。筋条的高度h、厚度b和筋条的间距a等参数互相有关。一般h不应超过$(5\sim7)b$。

(4)圆角半径。为了避免应力集中，零件所有转接处都有圆角过渡。

8.2.3 锻件结构一般设计要求

(1)尽可能使锻件整体化，用一个锻件代替一个组合件，以充分发挥模锻件可制作复杂形状零件的优点，减少零件和连接件的数量。

(2)模锻零件的外形应力求简单、规整和对称,避免在大的受力锻件上有很多细小的支叉或薄片,不然金属在锻造时不能很好地充填锻模的这些部分。

(3)尽量在零件上设计筋条以提高强度和刚度。

(4)剖面过渡应力求变化均匀、平缓,避免急剧变形,以免成型时出现缺陷。剖面变化较大时要用较大圆角过渡。

(5)对于锻造后材料纵横纤维方向机械性能差别大的材料,如 LC4 和 30CrMnSiNi2A 等,零件设计时应考虑好纤维方向。一般情况下,受拉、压的方向应与纤维方向一致,受剪切力的方向应与纤维垂直。

(6)尽可能使锻件精密化以减少加工表面。对零件的不加工表面应注意设计的合理性和锻造的工艺性,并注上不加工符号。

(7)合理选择分模面。由于模锻件是在上、下两瓣内成形,所以在零件上必然有分模面。分模面的选择应考虑到它的位置和形状不会妨碍锻件从模腔内取出,因此最好使它通过零件周长最大的部分;可能的话应使零件位于一个锻模内,以便减少模具,且可避免两块锻模锻造时容易产生的错移现象;当分模面有曲折时,各段与水平线所成的夹角不能超过 60°,以免造成错模和切边困难,一般来说,应力求不要有折角,而是一个平面。

(8)锻件的材料应具有良好的锻压性能,结构横截面尺寸不应有突然变化,弯曲处的截面应适当增大。

(9)减少加工面,且锻造尺寸设计应考虑锻造余量和机械加工余量,并考虑脱碳层的影响。

(10)模锻件需要经过洗蚀,表面应光滑、洁净,无腐蚀。

(11)缺陷清除部位应圆滑。清除非加工表面的缺陷,其宽深比不小于 6,表面粗糙度 Ra 为 6.3 μm。

(12)高强度铝合金应优先采用自由锻,增强其抗应力腐蚀性能,提高结构可靠性,如弹翼安装底板等。

(13)利用热处理、矫直和机械加工等方式,确保疲劳关键锻件的残余拉伸应力最小。

(14)锻件力学性能检验不合格时,可重复热处理,重复热处理次数不应超过 2 次。

8.2.4 锻件外观要求

(1)自由锻件的裂纹和折叠应全部清除。

(2)模锻件需经洗蚀。表面应光滑、洁净和无腐蚀。待加工模锻件表面的折叠和腐蚀斑痕应清除。

(3)起皮、气泡、碰伤、压入物及其他缺陷允许检验清理,确定其深度。清除或不清除缺陷的部位均应保留有 1/2 的名义加工余量。

(4)非加工模锻件表面上的裂纹、折叠及影响使用的其他缺陷均应清除。清除缺陷的部位应保证模锻件的单面极限尺寸。

8.2.5 锻件内部质量要求

(1)模锻件的流线应顺着受检截面的外形分布,不允许有穿流和严重的涡流,并应符合供需双方认可的低倍标样照片。自由锻件的流线不应有明显的切断。

(2)锻件的低倍组织不允许有裂纹、气孔、折叠、偏析、聚集和非金属夹杂物等缺陷。

(3)低倍组织应是均匀的变形组织。

8.3 铸件结构设计

铸造比锻造、机械加工等能更方便地制造出形状复杂的零件,而且成本相对较低,故制导炸弹结构相对复杂的舱体,一般选用铸件结构。如制导炸弹控制尾舱,其内部需要安装各种弹上设备,采用机械加工成形比较困难,通常会选用铸件。某制导炸弹铝合金铸造舱体如图 8-7 所示。

选择铸件材料时不仅要考虑结构强度,还应考虑加工性能。由于铸件一般都要经过机械加工,也即大多是作为机械加工零件的毛坯,因此加工性能不仅要考虑铸造性能,同时还要考虑切削性能。

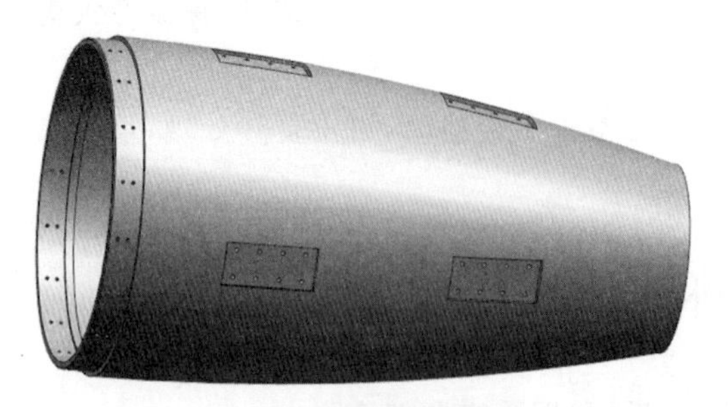

图 8-7　铝合金铸造舱体

制导炸弹铸件的常用材料有铝合金，如 $ZL114A$、$ZL101$、$ZL104$ 等，铸钢则有 $ZG270-500$、$ZG35CrMnSi$ 等。

常用的铸造方法有熔模精密铸造、压力铸造、砂型铸造和金属型铸造。精密铸造和压力铸造都可铸出形状复杂且精度和表面质量高的铸件，可使零件的切削加工量减到最低限度，甚至几乎不需要机械加工，其中熔模精铸特别适用于难以切削加工的超强度合金。砂型铸造成本低，但零件的尺寸精度和表面质量差。金属型铸造的零件内部组织好、机械性能高，但模具成本高，零件也不能太复杂。

8.3.1 铸件的结构要素

1.铸造斜度(拔模斜度)

为了便于从砂型中取出模型、从芯盒中取出型芯和由金属型模中取出铸件，应在铸件上沿拔模方向设计有铸造斜度，其大小随材料和铸件高度而异，一般为 $30'\sim3°$。可通过减小铸件壁厚或增大壁厚来形成斜度，也可取这两种形式的组合。

2.壁厚

铸件壁厚应力求均匀，防止产生缺陷。壁厚应合理选择：若厚度太大，金属过多地积聚，出现缩孔、疏松、裂纹等缺陷的可能性将增加；但也不能过薄，否则可能造成铸件不完整，一般手册上常规定有最小许可壁厚。

3.筋条

为了提高铸件的强度和刚度，铸件上一般设计有筋条。合理设置筋条还可改善金属的充填性能，允许采用更小一些的最小许可壁厚。筋条厚度一般为相连壁厚的 0.6～0.9 倍。

4.铸件圆角

铸件的壁与壁、壁与筋条的连接处均应用圆角过渡，特别是剖面急剧过渡时。没有圆角容易引起尖角处应力集中而产生裂纹，同时也影响金属充填；但圆角半径过大，形成局部增厚，则会出现与壁厚过大时同样的缺陷。

8.3.2 铸件结构一般设计要求

(1)设计铸件时其形状应尽可能具有直线形轮廓，尽量减少凸起部分和内壁分叉、急剧转弯等情况。

(2)在以下两种情况下铸件应铸出孔来：当用切削加工或其他加工方法难以制出孔来时；孔的精度要求不高，用铸造所得孔的精度满足使用要求时。一般手册对各种铸造方法、材料情况下孔的最小许可直径和孔深均有规定。

(3)应尽量减少铸件的切削加工面,这不仅可节约工时,而且可避免因切除铸造硬皮而降低零件强度。

(4)由于铸件的组织结构往往不均匀且较粗大,因此为了改善其内部组织、消除内应力、改善零件的机械性能和机械加工性能,不论何种材料的铸件,均需要进行热处理。铝合金等常用淬火和人工时效,视具体情况取其一或兼而用之。钢铸件则要经过预先热处理(退火或正火)和最后热处理(一般为淬火加回火)两个步骤。

(5)铸件表面不应有冷隔、裂纹、气孔、针孔、缩孔、夹杂、穿透性夹渣和穿透性疏松等缺陷。

(6)待加工表面上浇冒口的残余量一般不能高出铸件表面 3 mm,且不得影响 X 射线照相检测。

(7)非加工表面上的浇冒口残留清理至与铸件表面平齐,表面粗糙度 Ra 不大于 12.5 μm。

(8)铸件待加工表面上,允许有经加工可去掉的缺陷。

(9)允许用打磨的方法去除缺陷,但打磨后的尺寸应符合铸件图样所规定的尺寸公差。

(10)铸件设计时,应合理布置加强筋,提高铸件的强度和刚度,加强筋的厚度和分布要合理,避免冷却时铸件变形或产生裂纹。

(11)铸造圆角应适当,不应有内尖棱尖角,不同壁厚之间的连接应平缓,避免产生铸造缺陷和应力集中。

(12)铸件的热处理次数不得超过 3 次。

(13)铸件检验时,至少应提供 5 根单铸试样,单铸试样应与舱体铸件同一炉熔液、同炉热处理。

(14)薄壁及复杂不易加工的零件常采用铸件,如尾舱舱体等。

8.3.3 铸件详细结构设计要点

(1)合理设置加强筋。在铸件强度较差的薄弱部位没有设置加强筋,常会造成铸件断裂,尤其是低牌号灰铸铁件常出现这样的问题。结构设计时,在不影响装配的前提下,铸件的薄弱部位应尽可能设置加强筋。

(2)合理设置圆角。截面突变、厚薄相差悬殊、厚薄交界处没有适当的过渡圆角的铸件,冷却时会产生较大的冷却应力,在清理和搬运过程中极易发生断缺或开裂。在铸件设计时,铸件的棱角要尽量设计有一定的圆角,厚薄截面之间也尽量采用弧形渐进过渡。铸件在冷却时尖角处会产生很大的应力，设计时适当增大内圆角可避免缺陷产生。

(3)避免截面骤变。铸件截面骤变会导致冷却速度快慢不一，薄截面的冷却要比厚截面快得多，而且截面处往往因难以补缩而容易产生缩孔、缩陷，容易在厚壁和薄壁的交界处造成较大的应力，使铸件在凝固后期出现裂口或裂纹。增大厚薄截面交界处的过渡圆角和薄截面的壁厚可有效防止裂纹产生。

(4)避免铸件壁厚不均。在浇注过程中，铸件壁厚不均容易造成金属液流间断，特别在某些铸件设计中，薄截面位于金属液难以到达的部位，更容易产生冷隔和浇不足缺陷。铸件有这种结构时，应适当增加薄截面处的壁厚。

(5)避免铸件壁厚太薄。铸件截面太薄也会产生浇不足缺陷，这种设计没有考虑到金属液的流动性和凝固的规律。

(6)避免加工余量过多。铸件的表面层一般比较致密，如果加工余量过大，加工时致密的表层会被切削掉，暴露出中心冷却较慢、晶粒比较粗大的部分。

8.3.4　铸件缺陷

铸件缺陷如表 8－1 所示。

表 8－1　铸件缺陷表

缺陷名称	产生原因
针孔、砂眼	凝固时外压低；浇注温度过高，浇注速度过快；合金液含气量高，氧化夹杂物多
裂纹	压铸件留模时间过长；浇注温度过高；铸型、型壳、型芯、模具等退让性差
夹杂、夹渣	砂型紧实度不够；型壳表面残留硬化剂；型壳涂层不均匀，用量过多，涂料堆积
缩孔、疏松	冒口补缩效率低；浇注温度过高；内浇道厚度过小，溢流槽容量不够
冷隔	铸件冷却过程中，冷却不均匀；铸件落砂过早；铸型、型壳、模具温度过低

8.4　焊接件结构设计

焊接能制造形状复杂的构件，减轻重量，且密封性好，工艺较简便。在制导炸弹弹体结构设计中，焊接设计是经常出现的一种结构形式，如战斗部舱段焊接、吊耳座与战斗部壳体的焊接、钣金件焊接成控制尾舱舱体等。

制导炸弹战斗部壳体内部装炸药，表面不允许开设螺纹孔，弹翼组件一般通过焊接与战斗部壳体连接，为保证弹翼组件安装精度，连接块与战斗部壳体焊接后加工。另外，吊耳座与战斗部壳体常采用焊接方式连接，如图 8-8 所示。

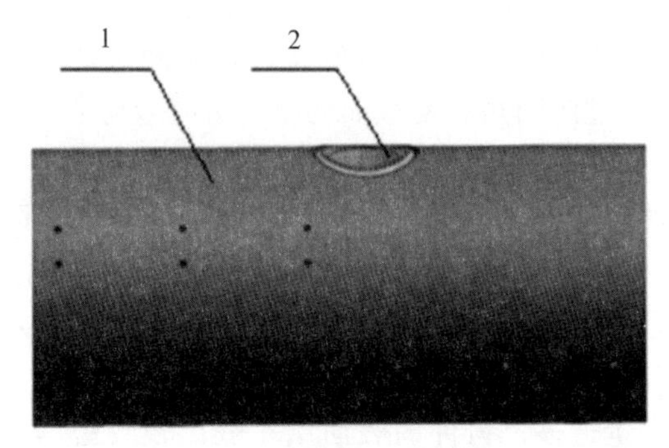

图 8-8 吊耳座与战斗部壳体焊接

1—战斗部壳体；2—吊耳座

8.4.1 焊接件常用材料

设计焊接件时应力求采用具有最佳可焊性的材料。可焊性分两种：一种是同牌号材料之间的可焊性；另一种是不同牌号材料之间的可焊性。

可焊性与所采用的焊接方法有很大关系，如钢材中的 30CrMnSiA，同种材料之间对所有焊接方法均可保证可焊性良好，而 30CrMnSiNi2A 只有电弧焊、氢原子焊、氩弧焊等几种方法可焊性尚好，其他方法大多较差或不确定，而且在焊缝区域强度有显著降低。

铝合金 LF21、LF6、LY12CZ、LC4 以及钛合金 TA3、TA4 等一般对接触焊（点焊、滚焊）、对焊和氩弧焊（LY12CZ、LC4 除外）等方法的可焊性可达到良好或令人满意，其他方法则不一定，有的甚至很差。

对于同类材料但不同牌号之间的焊接，一般来说钢材比铝合金、镁合金的可焊性好。

因此，在设计焊接件时，材料的选择除了要考虑其机械性能之外，还必须注意可焊性，并相应选择合理的焊接方法。

焊接件的材料与结构设计有着密切的关系。焊接结构件因用途不同，所以要求不同。现在广泛使用的材料有铁碳合金、有色金属及其合金等。在设计焊接结构时，首先要根据焊接结构件的受力情况、工作条件、设计要求等，选择焊接结构件的材料。

选择材料时，应考虑以下两方面：

(1)尽量选用同种材料。焊接结构件是多个零件或构件焊接在一起而形成的。考虑到焊接过程的特点，各零件的材料应尽可能地一致，这样购料、焊接方法的选择、焊接工艺的制定、焊条的选用等比较简单、容易。

(2)尽量选用焊接性能好的材料。在选择焊接结构件材料时，应考虑材料的强度及焊接结构件的工作条件要求(如耐腐蚀、抗冲击、交变载荷等)。当多种材料能同时满足使用要求时，这些材料当中，有的焊接性能较好，而有的焊接性能较差，有的适用这种焊接方法，有的适应另一种焊接方法，所以选择材料时应选择焊接方法普通、焊接性能好的材料。

8.4.2 焊接件结构的一般设计要求

(1)设计时应根据材料的可焊性、厚度和构造，选择适当的焊接方法和接头形式。熔焊以对接为主，也可用搭接和丁字接。点焊、滚焊均用搭接。钎焊最广泛的也是用搭接，但也用丁字接。

(2)焊缝应具有能保证承受较高静载荷及疲劳载荷的形状。如熔焊的焊缝应使其承受剪切力，而不宜使它受拉受弯。又如淬火后的钢管，如用直焊缝，焊后其拉伸强度的削弱系数 k 为 0.84；而用斜焊缝或鱼嘴焊缝时，$k=0.95$。此外应避免将焊缝设计在应力集中的地方。

(3)一般设计焊接接头时应避免偏心载荷，以避免由此引起的附加弯曲应力。在特别重要的焊接件中，焊接厚度不同的零件时必须使两者中心一致。

(4)应避免被连接的零件厚度相差太大。如熔焊时常用的对接形式，两板的厚度比应小于 2.5，点焊、滚焊时不大于 2。若连接的两块板件厚度相差很大时，应将较厚的一块切一斜面，使其厚度逐渐接近于另一板的厚度，否则薄板件易产生挠曲，有时会产生应力集中和裂纹。

(5)焊缝的位置及长度设计。零件上的焊缝尽可能对称排列，以减少焊接变形。应避免一条焊缝连接三个以上的零件或两条焊缝纵横交叉、三条焊缝交于一点等情况，这些都会引起焊接困难，且易产生应力集中，还应避免各焊缝之间距离过近，以免引起应力集中和金属过热，使材料内部组织恶化。在设计时应选择最有效的位置，尽量减小焊缝长度，以最小的焊接量达到要求的效果。过长的焊缝会增加重量，产生变形和缺陷，有时可用间歇的几段较短焊缝代替。对于焊后要加工的焊件，焊缝不要布置在加工面上。

(6)施焊处应开敞，便于接近、焊接、检验，以保证焊接质量。为改善工艺性，有时在设计时应考虑工艺间隙。

(7)焊接件的热处理和表面处理。焊接件的最后热处理一般应在焊后进行，除了可获得所需机械性能外，还可恢复焊接区金属的抗蚀性以及消除应力；如果焊接件尺寸过大，热处理不方便，或热处理后变形过大时，亦可在焊前进行。热处理种类的选择应根据焊接件材料的性能和加工需要而定，各不相同。不论是钢制还是铝合金制的焊接件，表面处理一般在焊后进行，如电镀、氧化处理等，其方法也视材料和焊接方法而异。对于焊后不可能再进行表面处理的焊件，也可在焊前进行表面处理，但焊缝处 20 mm 宽的区域不应有表面处理层，以保证焊接质量。

(8)减小或消除焊后残余应力与变形，合理布置焊缝，使其避开高应力区、应力集中部位、加工面、圆弧过渡区等，并应进行焊后检测。

(9)焊接前应打磨清洗干净，焊接后应进行彻底清洗，以防焊剂的腐蚀。

(10)应合理地根据金属材料的电位差选择焊条，防止焊条与基体金属发生电偶腐蚀。

(11)尽量避免或减少因形状、强度、刚度等的突变及小圆角引起的应力集中，焊后要磨光，关键承力部位的焊缝加厚处焊后进行机械处理。

(12)对于氢脆敏感性高的材料，应时刻监控焊接环境中的氢含量，尽量不要在含氢的环境条件下进行焊接。

(13)尽可能选用焊接性好、韧性高的材料，尽量减少焊缝的数量和长度。

(14)部件焊接后应清除焊渣，一般采用无损探伤检测方法检查气孔、未焊透、夹渣、裂纹等缺陷，检测到后应排除掉。

(15)结构焊缝应完整、匀称，适当修平，在表面处理之前清除焊剂、金属飞溅物等。

(16)应采用合理的焊接结构形式，如图 8-9 所示。不同壁厚管件的焊接如图 8-10 所示。

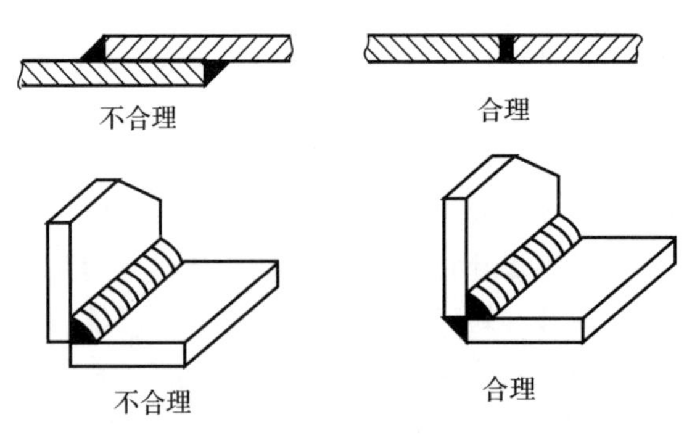

图 8-9 焊接结构形式

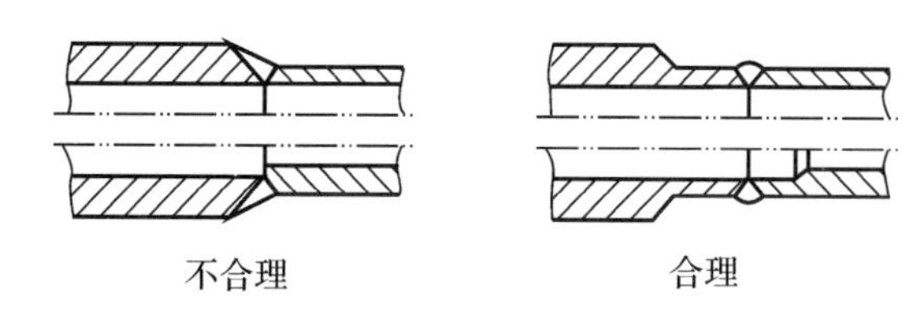

图 8-10　不同壁厚管件的焊接图

(17)焊接件的热处理可分为焊接前热处理和焊接后热处理，一般应根据焊接件的尺寸大小、焊接件的刚性等综合分析，最终确定选用哪种热处理方式。如战斗部壳体尺寸较大，常采用分段焊接，零部件可在焊接前进行热处理。同种材料焊接后的热处理，应按该种材料的热处理规范进行；不同材料的焊接件焊后热处理，应按主体材料的热处理规范进行。

(18)焊接件应进行必要的表面防护处理，钢质焊接件可在磷化处理后涂底漆和面漆，铝合金焊接件可采用阳极氧化处理后涂底漆和面漆。

8.4.3　焊接缺陷及排除方法

焊接缺陷及排除方法如表 8-2 所示。

表 8-2　焊接缺陷及排除方法表

序号	缺陷名称	产生原因	排除方法
1	裂纹、咬边	电流过大；焊接速度过小；焊枪位置不合理	适当减小电流；适当提高焊接速度；调整焊枪与工件夹角的位置
2	气孔	焊接接头及焊丝表面有锈迹和油污；气体纯度不符合要求；保护气流量不足	将焊接接头及焊丝表面用砂纸清理干净；使用合格的保护气；调整气体流量，检查气瓶中的气压，应大于 1 000 kPa，检查气管有无泄漏处，气管接头是否牢固
3	未焊透、未熔合	焊接电流偏小；电弧电压偏高；焊丝伸出长度过大	适当提高焊接电流；适当降低电弧电压；适当调小焊丝伸出长度
4	焊瘤	焊枪位置不合理；焊接工艺参数不合理	适当调整焊枪的位置；若电弧电压过低，焊接速度偏低，焊丝伸出长度过大，则适当调整
5	飞溅多	焊接电流和电弧电压匹配不当；焊丝和焊件污染严重；磁偏吹	适当调整焊接电流和电弧电压；清除焊丝和焊件上的污染物；改变一下地线位置
6	宽度不均	焊接速度不均	均匀焊接

8.5 钣金件结构设计

钣金件是制导炸弹结构的主要组成部分,钣金件设计的好坏直接影响产品可靠性水平,甚至影响载机安全。制导炸弹钣金件主要有蒙皮零件、内部钣金件和型材零件等。

1.蒙皮零件

蒙皮零件既是气动外形零件,又是受力结构元件,要求外形准确、流线光滑,特别是弹翼前缘等要求较高的部位。蒙皮有单曲度、双曲度蒙皮,单曲度蒙皮一般用滚弯或压弯法制成。滚弯是用几个滚轮(压辊)的位置来调整曲率;压弯只有局部材料发生弯曲变形,其他部分仍保持平板状态。双曲度蒙皮则用拉弯法成形,拉弯法在钣金件弯曲的同时受拉,这可使零件成形时更好地贴膜,成形后的回跳也较滚弯法小。

2.内部钣金件

这类零件有框、肋类平面弯曲零件、腹板和垫片类平板零件以及角盒等拉伸零件。普通框、肋常为直接用平板压出凸缘弯边的平面弯曲零件,而加强框、肋一般是在腹板平板上铆上作为缘条的角形、T形等型材组合件,腹板上常铆有加强型材。框、肋类零件除常带有弯边外,有时还有长桁缺口,腹板上则常有带弯边或不带弯边的减轻孔以及加强槽或各类开口。这类零件通常用弹性模成形,即用金属凸模做成形模,而凹模用橡皮垫代替,也称之为橡皮成形。

3.型材零件

型材零件常用作弹翼或弹身的长桁、加强框(肋)和梁的缘条以及加强支柱等,型材与蒙皮连接时,根据需要可以弯曲成圆弧形或单曲度、双曲度外形。

8.5.1 钣金件的设计要求和措施

在设计零件时,应综合考虑零件的功用、受力形式、零件之间的连接方式以及工艺性等诸多因素进行合理的设计,对钣金件一般有以下设计要求和措施。

1.合理的受力形式和连接方式

由结构力学可知,薄板一般适宜承受板平面内的剪流和拉伸应力,在没有加强件时,承压能力很小。因此,为保证受力合理,钣金件常采用由薄板和杆(型材)组成的板杆结构受力形式,其中薄板主要承受分布剪流;轴向拉、压载

荷主要由型材构成的肋缘条或长桁来承受。薄板不能承受集中力，否则容易撕裂，遇有集中力时，必须沿力的方向布置杆件（如型材）或角盒以使集中力扩散成分布剪流；同时，薄板零件与其他零件连接时应采用分散连接的方式，如用一组铆钉连接或胶结等，不宜仅用一两个大螺栓与薄板零件相连，以免形成较大的集中力。

2.减轻重量

钣金件设计时，应根据受力情况将不参与受力的部分材料切除，同时钣金件上常设有减轻孔，或采用长桁切端等设计措施减重。

3.合理选择材料及供应状态

（1）铝合金。2024 用于常温（<100 ℃）下工作的一般受力件；2A12 用于较高温度（<170 ℃）下工作的一般受力件；7A04 用于常温（<100 ℃）下工作受力较大的零件，其静强度较高，但缺口敏感性较大，疲劳极限较低，应力腐蚀倾向较高；5A02、5A06 等用于成形时变形量较大的零件，其耐腐蚀性能、焊接性能较好。

（2）不锈钢一般用于受力较重要的受力零件。

为改善钣金零件的成形工艺性，还应选择合理的原材料供应状态。变形量不大时，选用淬火状态的毛料；若必须以退火状态成形，则应选择退火状态毛料，成形后再淬火，但此时材料性能将较原有淬火状态有所下降。

4.结构要素标准化

设计钣金件结构时，结构要素（如弯边、下陷和减轻孔等）均应尽量规格化、标准化，并在一个零件上力求减小规格数量。同一零件上的弯边、弯边孔等应朝向统一方向以简化设计与工艺。

5.其他注意事项

（1）钣金件表面不允许有严重的擦伤、划痕、杂质及锈斑等。

（2）去除毛刺，尖角倒钝。

（3）钣金件焊接前，变形的零配件必须校直，校直后再焊接。

（4）折弯缝隙小，均匀，沿折弯方向无明显的折弯痕迹。

（5）钣金件原则上按无余量制造交付。

（6）考虑到经济性，一般的钣金件可采用样板进行检验，但检验样板须采用数字化方法进行制造。

（7）钣金零件有形面要求的，原则上采用模具成形工艺，成形质量控制按零件与成形模的贴合度进行检验。

骨架蒙皮式弹翼中的骨架常采用钣金结构，在设计钣金结构过程中，需要合理控制折弯半径，防止出现开裂。组成翼骨架的肋如图 8－11 所示。

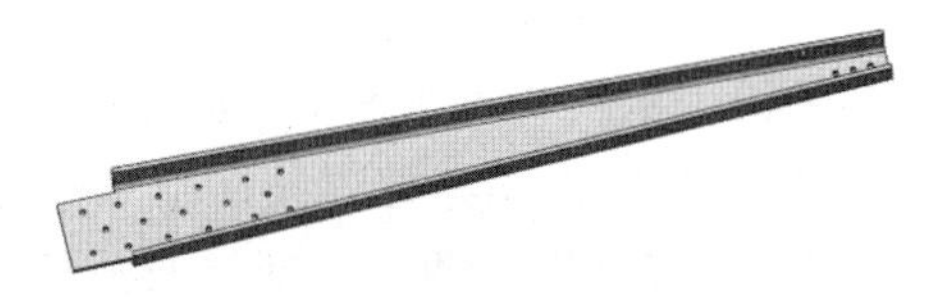

图 8-11　组成翼骨架的肋

8.5.2　钣金件结构要素

各类钣金件有共同的结构特点和成形工艺特点，因而有以下一些共有的结构要素。

(1)弯曲半径指弯曲后零件的内角半径 R。弯曲半径太小，材料在弯曲时容易破裂，所以应根据弯曲角度、板厚 δ、材料来选取 R。如果是直线弯边，对于 2A12 铝合金取 $R\geqslant 2\delta$；对于 3A21 铝合金、20 钢可取 $R\geqslant\delta$，弯边的高度 b 则可取 $R+(3\sim5)\delta\leqslant b\leqslant 50$ mm。

若同一直边仅有一部分弯曲时，需在弯曲和不弯曲的分界处设计过渡圆角或切口，并留有间隙；若弯边比不弯边缩进些，则还应留一足够大的间隙，以免产生裂纹和应力集中。

(2)若钣金件相互垂直的两直边均要弯曲，则应该用圆角相连，即设有止裂孔。

(3)若弯边要双向弯曲，则弯边的许可最大高度与材料、板厚以及凹、凸边半径有关。若弯边高、凸边半径小，为避免弯边起皱、开裂，可开一些缺口。

(4)框、肋零件的弯边一般带有弯边斜角。当弯曲角(指钣金件弯曲时经过的角度)小于 90°时为开斜角，等于 90°时为无斜角，大于 90°时为闭斜角。闭斜角加工困难，应尽量避免采用。此外，框、肋零件上的各种弯边和加强槽应力求向同一方向，避免反向。

制导炸弹结构中的蒙皮、电缆盖板等结构件常采用钣金件，电缆盖板钣金件如图 8-12 所示。

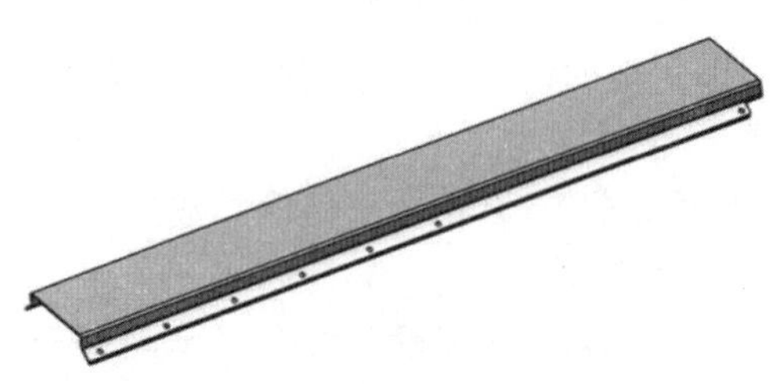

图 8-12　电缆盖板钣金件

8.5.3　钣金件缺陷及排除方法

常见钣金件缺陷及排除方法如表 8－3 所示。

表 8－3　钣金件缺陷及排除方法

序号	缺陷名称	产生原因	预防措施与排除方法
1	冲裁件发生缺角、缺边等造成尺寸超差现象	制件加工时搭边值太小	通过查表或经验摸索加大搭边值
		条料与导向装置之间有间隙引起送料歪斜	修平、修正导向装置，消除间隙
2	冲裁件毛刺偏大	冲裁间隙不合理	调整冲裁间隙
		加工制件模具刃口磨损、磨钝	重新修磨模具刃口
3	弯曲制件尺寸和形状不合格	弯曲件产生回弹造成制件不合格。	修改凸模的角度和形状；增加凹模的深度；减少凸、凹模之间的间隙；弯曲前坯料退火；增加矫正压力。
4	弯曲制件底面不平	卸料杆分布不均匀，卸料时顶弯	均匀分布卸料杆或增加卸料杆数量
		压料力不够	增加压料力
5	弯曲制件表面擦伤或壁厚减薄	凹模圆角太小或表面粗糙	加大凹模圆角，降低表面粗糙度值
		板料黏附在凹模内	凹模表面镀铬或化学处理；弯曲时涂敷润滑剂
		间隙小，挤压变薄	增加间隙
		压料装置压料力太大	减小压料力
6	弯曲件出现挠度或扭转	中性层内外变化收缩，弯曲量不一样	对弯曲件进行再校正；材料弯曲前退火处理；改变设计，将弹性变形设计在与挠度方向相反的方向上
7	拉深件凸缘起皱或壁部出现凸鼓和皱褶	没有压边圈或压边圈不起压边作用，变形处材料失稳	没有压边的增加压边圈；已有压边的调整压边结构，加大压边力
		凹模圆角半径太大	减少凹模圆角半径
		润滑不良	涂敷润滑剂要薄而均匀
8	拉深件底部破裂并有皱缩凸鼓现象	材料较硬，拉深时材料加工硬化	合理安排退火工序以恢复材料的塑性，降低其硬度和强度
		凸、凹模圆角半径过小，压边力过大，拉深间隙偏小	适当增大凸、凹模圆角半径及拉深间隙并改善凸、凹模同心度
		润滑不良	增加或更换润滑剂
		料厚均匀性不好	更换材料

续 表

序号	缺陷名称	产生原因	预防措施与排除方法
9	拉深件出现扭曲、翘曲	变形不均匀,取件或顶件不合理	改变取、顶件方法
		压边力不均匀	调整压边力
10	卷圆件两端有直边	因送料辊与成型辊之间有一段距离不能受压变形	制件两端先进行预弯再进行卷制;下料多放尺寸,卷制时形成重叠直边,然后再去除直边;制件焊接后在卷板机上再进行校圆;采用带校正装置的卷板机进行卷圆
11	卷圆件错边严重	卷制时侧边与卷圆机的辊不垂直	进料应对中,并保证侧边与辊垂直
		坯料不是矩形	坯料下料时应保证相邻两边垂直
12	校形件尺寸和形状不合格	校形件产生回弹造成制件的不合格	提高模具精度,减少凸、凹模之间的间隙;校形前,半成品退火处理;制件全方位受压校形,使整个变形区内受力均匀
13	翻边件口部变薄较严重或产生裂纹	预制孔直径与极限翻边高度不匹配	预制孔直径与极限翻边高度不匹配
		凸模外形不合理	凸模外形不合理
		凸、凹模间隙不合理	凸、凹模间隙不合理
14	拉深件凸缘起皱或壁部出现凸鼓和皱褶	没有压边圈或压边圈不起压边作用,变形处材料失稳	没有压边的增加压边圈;已有压边的调整压边结构,加大压边力
		凹模圆角半径太大	减少凹模圆角半径
		润滑不良	涂敷润滑剂要薄而均匀

8.6 复合材料结构设计

复合材料是由有机高分子、无机非金属或金属等几类不同材料通过复合工艺组合而成的新型材料。它既能保留原组分材料的主要特色,又能通过复合效应获得原组分所不具备的性能;可以通过材料设计使各组分的性能相互补充并彼此关联,从而获得新的优越性能。复合材料按基材不同可分为聚合物基复合材料、金属基复合材料、陶瓷基复合材料等，目前在制导炸弹中应用的复合材料主要为金属基碳纤维复合材料、玻璃纤维复合材料。它们主要用在制导炸弹结构件中的整流罩、弹翼、舱体等零部件设计中，其中以复合材料翼面应用最广。本节以复合材料翼面为例，介绍复合材料结构设计。

8.6.1　材料选择

材料选择应遵循以下基本原则：

(1)材料的选择，首先应保证翼面结构满足设计的强度、刚度等要求；

(2)在满足制导炸弹结构完整性和使用性能要求的前提下，尽量选用价格低的材料；

(3)尽量选用已有使用经验的材料，材料性能应经过鉴定，有可靠且稳定的供应渠道；

(4)所选用的材料应适应计划采用的制造工艺，具有良好的工艺性；

(5)所选材料应满足结构使用环境要求；

(6)与相接触的材料应有良好的相容性；

(7)应考虑职业健康和环保的要求。

8.6.2　设计要求

1.铺层设计要求

铺层设计主要包括选取合适的铺层角、确定各种铺层角的铺层百分比和确定铺层顺序三个内容，此外，还有局部的铺层设计工作。

有关铺层设计的一般原则如下：

(1)除特殊需要外，结构应采用均衡对称铺层，以避免翘曲。

(2)铺层的纤维轴线应与内力的拉压方向一致。

(3)由 0°、90°、±45°铺层组成的结构，对任一铺层角的铺层，其最小铺层百分比应为 6%～10%或更高。

(4)对于以局部屈曲为临界设计情况的构件，应该把±45°铺层尽量铺到远离结构中性层的位置上，即两侧表面上。

(5)连接区的铺层设计应使与钉载方向成±45°的铺层百分比大于或等于40%，与钉载方向一致的铺层百分比大于 25%。其目的是保证连接处有足够的剪切强度和挤压强度，同时也有利于载荷扩散和改善应力集中。

(6)对于在使用中容易受到外来物冲击的结构，其表面几层应均布于各个方向，且相邻层的夹角尽可能小，目的是防止基体受载与减少层间分离。对于仍不满足抗冲击要求的部位，局部应采用混杂复合材料，如芳纶或玻璃纤维与碳纤维混杂。

(7)对于承受集中力冲击的部位，应进行局部加强，沿载荷方向分配足够的铺层以承受冲击载荷，并配置一定数量与载荷方向成 45°的铺层，以便将集中载荷扩散。

(8)在结构开口区，应使相邻层的夹角最小，以提高层间强度。

(9)在结构变厚度区域，铺层数递增或递减形成台阶，要求每层台阶宽度相近且等于或大于 2.5 mm，并在表面铺设连续覆盖层以防剥离。

(10)同一铺层角的铺层不宜过多集中在一起，超过 4 层易出现分层。

(11)碳纤维铺层不得直接与铝合金或合金钢接触，两者之间应布置一层玻璃纤维织物，以避免电偶腐蚀。

(12)拼接要求：如单向带的宽度较小，无法满足铺贴要求，允许沿单向带宽度方向拼接，拼接间隙应小于 1mm，垂直于纤维方向不允许拼接；织物铺层只允许搭接，不允许对接，搭接宽度取 10～15 mm。

2.连接结构设计

复合材料结构件常用的连接形式及特点见表 8－6。

表 8－6　复合材料常用连接形式及特点

连接方式	优　点	缺　点	注意事项
机械连接	便于检查质量、保证连接的可靠性；在制造、更换和维修中可重复装配和拆卸；对零件连接表面的准备及处理要求不高；无胶接固化产生的残余应力；受环境影响较小	层压板制孔后导致孔周的局部应力集中，降低了连接效率；层压板可能需局部加厚，使重量增加；增加了制作工作量，可能增加成本；制孔工艺要求高，操作要慢速平稳；选用与碳复合材料电位差较小的材料制成紧固件	连接板的剪切强度不随端距增大而成比例增加；主承力连接区的关键部位一般采用多排螺栓连接
胶接	无钻孔引起的应力集中，连接效率高，结构轻；抗疲劳、密封、减振及绝缘性能好；有阻止裂纹扩展作用，破损安全性好；能获得光滑气动外形；不同材料连接无电偶腐蚀问题	胶接质量控制比较困难；胶接强度分散性大，剥离强度低，不能传递大的载荷；胶接性能受湿、热、腐蚀介质等环境影响大，存在一定的老化问题；胶接表面需处理，工艺要求严格；被胶接件修补较困难；胶接后不可拆卸	应尽量避开与金属件胶接（尤其是铝合金），必要时可采用热膨胀系数小的钛合金零件；对较厚胶接件，不宜采用简单的单搭接连接形式

3.强度、刚度设计要求

(1)强度设计。强度设计应满足下列要求:

1)应保证在使用载荷作用下,结构不产生有害的变形和损伤,在设计载荷作用下不出现总体破坏;

2)按许用应变设计的复合材料结构一般采用按使用载荷设计、按设计载荷校核的方法;

3)复合材料结构因材料和加工的差异性较大,应在规范或准则规定的基本安全系数基础上,考虑附加的安全系数(一般取 1.5);

4)关联使用载荷和设计载荷的安全系数从现行的强度规范或专门为型号产品制定的强度设计原则中选取;

5)对铺层的强度计算应采用已经验证的失效准则。

(2)刚度设计。刚度设计满足下列要求:

1)在使用载荷作用下,不应产生永久变形,以及不得产生妨碍舵面正常操纵、影响制导炸弹气动特性和严重改变载荷或内力分布的有害变形;

2)应充分利用复合材料铺层的可设计性,通过合理选择铺层角、铺层比和铺层顺序,以最小的质量达到满意的刚度;

3)在大展弦比翼面设计时,除满足足够的静、动强度外,还应考虑翼面的气动弹性要求;

4)在使用载荷下,不允许结构有永久变形复合材料,结构一旦出现永久变形就意味着结构产生了永久性损伤;

5)注意利用复合材料铺层的正交异性特性和结构的层压特性,通过合理地选取铺层角、铺层比和铺层顺序,以最小的质量代价达到所要求的刚度。

第9章

弹体结构防腐蚀设计

弹体结构是制导炸弹的主体部分，是弹上设备的有效屏蔽，因此，弹体结构的防腐蚀设计直接影响着制导炸弹的最终使用性能。针对制导炸弹结构腐蚀类型和控制特点，在制导炸弹结构设计过程中考虑结构防腐问题，不仅有利于提高制导炸弹的性能，保证产品质量，还有利于提高研制效率，缩短研制周期，降低研制成本，减少维修费用，延长贮存寿命，往往起到事半功倍的效果。

9.1 弹体结构腐蚀类型

根据制导炸弹结构特点、贮存及使用环境等因素，结合常见的结构腐蚀类型，确定制导炸弹结构的主要腐蚀类型，其包括均匀腐蚀、电偶腐蚀、缝隙腐蚀、应力腐蚀、氢脆、疲劳腐蚀、晶间腐蚀和点蚀等。下面主要介绍均匀腐蚀、电偶腐蚀、点蚀、缝隙腐蚀、应力腐蚀、疲劳腐蚀产生的原因和控制该类腐蚀的措施。

9.1.1 均匀腐蚀

均匀腐蚀也叫全面腐蚀，是指在金属表面发生的比较均匀的大面积腐蚀，是一种常见的腐蚀形态，腐蚀结果是金属厚度逐渐变薄，最后完全破坏。这种腐蚀在各种温度下均可发生，高温能加速腐蚀。

开展均匀腐蚀试验的目的是考核金属材料耐均匀腐蚀的能力，确定在制导炸弹全寿命周期内金属材料的腐蚀失重或腐蚀深度，为制导炸弹结构设计、强度

设计、防护工艺设计、寿命设计等提供依据，是选材的重要指标。45钢碱性氧化处理后，放置在湿热海洋大气环境下暴露1个月，呈现均匀腐蚀，腐蚀形貌如图9-1所示。

图9-1 45钢均匀腐蚀形貌

1.均匀腐蚀产生的原因

均匀腐蚀是暴露于含有一种或多种腐蚀介质组成的腐蚀环境中，在整个金属表面上进行的腐蚀。导致均匀腐蚀产生的主要原因包括：

(1)材料不耐腐蚀；

(2)产品密封、排水及防水措施设计不合理；

(3)零部件表面防护不到位；

(4)环境因素的影响。

2.均匀腐蚀评定方法

根据金属材料厚度的减薄或单位面积上金属失重的质量，可以测算出腐蚀深度，借此可以估算其寿命。工程应用中通常用质量指标和深度指标来表达均匀腐蚀速率。

(1)质量指标。质量指标是把金属因腐蚀而发生的质量变化换算成单位金属表面积在单位时间内质量变化的数值，通常用腐蚀率表示，其计算公式为

$$V=\frac{W_0-W_t}{St} \tag{9-1}$$

式中 V—— 腐蚀速率，$g/(m^2\cdot a)$；

W_0—— 金属的初始质量，g；

W_t—— 金属表面除去腐蚀产物后的质量，g；

S—— 金属的表面积，m^2；

t—— 金属腐蚀进行的时间，a。

(2)深度指标。深度指标是指金属的厚度因腐蚀而减少的量，用线量单位

表示，并换算成单位时间内减少的量，还可将腐蚀的质量损失换算成腐蚀深度指标，即

$$V_{\mathrm{L}}=\frac{V\times 10}{100^{2}\times\rho}=\frac{V}{\rho}\times 10^{-3} \tag{9-2}$$

式中 V_{L}—— 腐蚀深度，mm/a；

V—— 腐蚀速率，$g/(m^2\cdot a)$；

ρ—— 密度，g/mm^3。

3.控制均匀腐蚀的措施

结合均匀腐蚀产生的原因，提出设计要求：

(1)结构设计时应采用耐腐蚀材料；

(2)结构设计时应采用良好的防护系统，包括在涂层中添加缓蚀剂；

(3)设计良好的结构密封形式；

(4)舱段连接设计应采用良好的排水、防雨措施；

(5)阴极保护；

(6)在弹体结构允许的前提下增大零件的尺寸。

9.1.2 电偶腐蚀

电偶腐蚀是指两种或两种以上具有不同电位的金属接触时形成的腐蚀，又称接触腐蚀或异金属腐蚀。当两种不同的金属或合金接触，在电解液中电位较负的金属腐蚀速度加大，而电位较正的金属得到保护，并在处于同一种溶液或电解液中时发生电偶腐蚀。

耐蚀性较差的金属(电位较低)接触后成为阳极，腐蚀加速；而耐蚀性较高的金属(电位较高)则变成阴极受到保护，腐蚀减轻或停止腐蚀。

在制导炸弹结构设计过程中，采用不同金属进行连接是不可避免的，如何减轻或避免发生电偶腐蚀是结构设计人员必须重视的问题。电偶腐蚀图如图9－2所示。

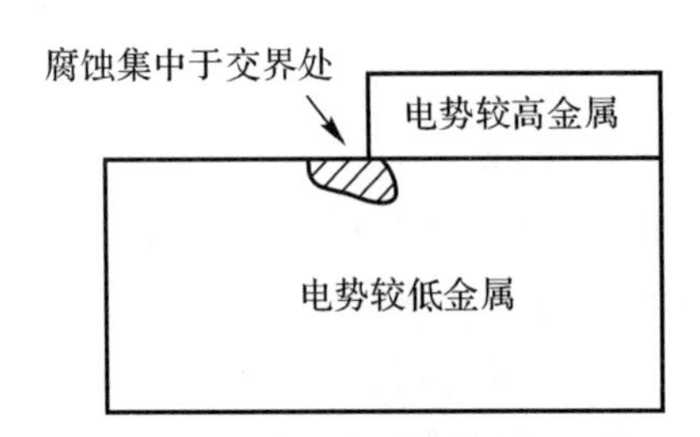

图9－2 电偶腐蚀图

1.电偶效应

当两种不同的金属浸在电解液中时，它们之间通常存在电位差。如果它们相互接触或用导线接通，那么电位差就驱动电子由电位较低的金属流向电位较高的金属。与此同时，在金属和溶液的界面上发生电化学反应，电位较低的金属表面发生的是以氧化为主的反应，该电极为阳极；而在电位较高的金属表面上发生的是以还原为主的反应，该电极为阴极。在电解液中，离子在电场作用下发生迁移，正离子向阴极迁移，负离子向阳极迁移，起到传递电荷的作用。

在海水中，锌和铜之间的电位差约为0.75 V，当用导线接通后，电子沿导线由锌向铜迁移，锌是阳极，主要发生的是氧化反应：

$$Zn \rightarrow Zn^{2+} + 2e^{-} \tag{9-3}$$

铜是阴极，主要发生的是还原反应：

$$O_2 + 2H_2O + 4e^{-} \longrightarrow 4OH^{-} \tag{9-4}$$

不同金属在电解液中接触后，就会发生上述的氧化-还原反应。

2.电偶腐蚀产生的原因及控制措施

(1)电偶腐蚀产生的原因。电偶腐蚀的发生必须同时具备以下条件：①有腐蚀电解液；②两种不同材料有电极电位差；③两种不同金属有电偶间的空间布置。

对于制导炸弹而言，电解液主要是凝聚在弹体结构表面上的、含有某些杂质(氯化物、硫酸盐)的水膜和溶液。电解液必须连续地存在于不同金属之间，构成腐蚀回路，且两种不同金属置于溶液中直接接触。

这里所说的电极电位是指材料在所处介质中的腐蚀电位，不能简单地用标准电极电位差进行比较。电偶腐蚀中涉及的不同材料通常指金属材料与金属材料之间、金属材料与导电性良好的复合材料之间。不同金属材料或导电性良好的复合材料相互接触时，由于电位差的存在，会产生电偶腐蚀。

(2)控制电偶腐蚀产生的措施。通常采用电偶序/自腐蚀电位判断电偶腐蚀的倾向性大小。异种金属接触时，电位相差越大，产生电偶腐蚀倾向性越高。为了控制电偶腐蚀的发生，异种金属接触时，金属本身应采用合理的表面处理技术和有机涂层防护，并进行电绝缘处理。

实际中应设法控制或排除产生电偶腐蚀的基本条件，达到控制或减轻电偶腐蚀破坏的目的。在制导炸弹结构设计过程中，针对电偶腐蚀特点，一般采取如下措施进行防腐：

1)应尽可能选用电位差中位置靠近的金属相连接，对于要求不太高的异种材料偶接，两者的电位差不应大于250 mV，对于安全性要求特别高的结构而言，通常规定材料间的电位差必须小于25 mV。

2)采用合理的表面处理技术(如钢镀锌、镀镉)后才能与阳极化的铝合金接触,铆接铝合金板材结构的钛合金铆钉表面需要采用离子镀铝处理,1Cr11Ni2W2MoV钢镀镍或钝化可控制与钛合金的电偶腐蚀。

3)设计选材中尽量避免采用大阴极小阳极面积比的不合理结构,接触材料之间采用恰当的防护措施。

4)相互接触的零件,尽量选用同一种金属材料或电偶序中位置接近的金属结合。

5)不可避免使用异种金属组合时,应尽量选用GJB 1720—1993《异种金属的腐蚀与防护》所规定的相容金属。

6)当必须使用不相容异种金属组合时,应符合GJB 1720—1993规定。

7)对于不能直接接触而又必须与之相连的金属材料,应该采取有效的防护措施,如采用适当的金属或非金属镀涂层进行过渡或调节,增大接触电阻,减缓或避免电偶腐蚀。

8)尽量避免小的金属构件与大面积的复合材料相连接,应采取严格的防护措施。

9)金属表面喷涂油漆时,应确保基材与漆层有良好的附着力,油漆不应出现漆层脱落、开裂等现象。

防护措施包括:①金属镀层。当两种不允许直接接触的金属必须连接时,除可以用金属垫片进行调整过渡来减小电位差外,还可以用金属镀层。②化学覆盖层。金属表面进行阳极氧化、化学氧化、钝化和磷化等处理,既是防止自身腐蚀的措施,也是漆层的良好底层。③涂漆。不同金属结构件喷涂底漆后进行装配,是防止电偶腐蚀的措施之一。涂漆后既可以使金属间绝缘,又极大地减少了电极的面积。

9.1.3 点蚀

金属材料在某些环境介质中一定时间后,大部分表面不腐蚀或腐蚀很轻微,但在表面上个别的点或微小区域内,出现腐蚀孔或麻点,而且随着时间的延长,腐蚀孔不断向纵深方向发展,形成小孔状腐蚀坑,称为点蚀。

点蚀是一种典型的局部腐蚀形式,一旦出现就有较大的隐患性和破坏性。一般情况下,点蚀表面直径等于或小于它的深度。制导炸弹常用材料2A14铝合金进行表面阳极氧化后,放置在具有水密功能的包装盒内6个月后,2A14铝合金表面出现点蚀,点蚀前、后如图9-3所示。

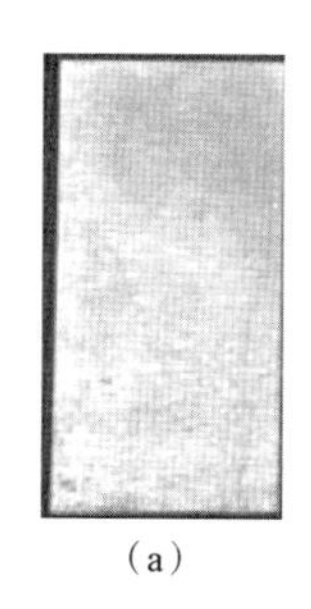
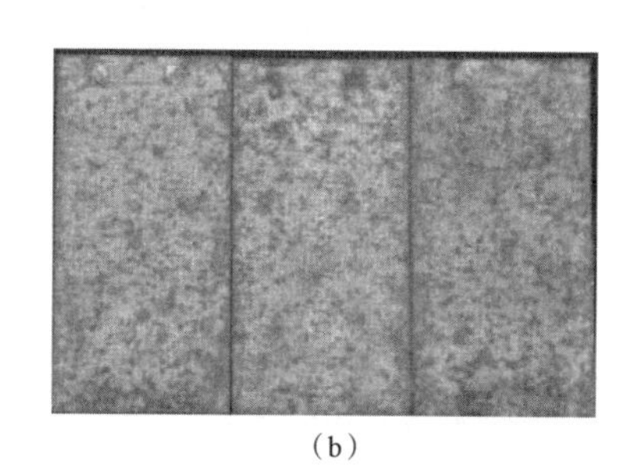

(a)　　　　　　　　　　(b)

图9-3　点蚀

(a)试验前;(b)试验后

点蚀是一种金属表面向内部扩展形成空穴或坑状的局部腐蚀形态,一般是直径小而深。点蚀的最大深度和金属平均腐蚀深度的比值称为点蚀系数,最大腐蚀深度、平均腐蚀深度及点蚀因子的关系如图9-4所示,且有

$$\text{点蚀系数}=\frac{\text{最大腐蚀深度}}{\text{平均腐蚀深度}}\quad\text{或}\quad\text{点蚀因子}=\frac{P}{d}\tag{9-5}$$

式中　P——最大腐蚀深度;

d——平均腐蚀深度。

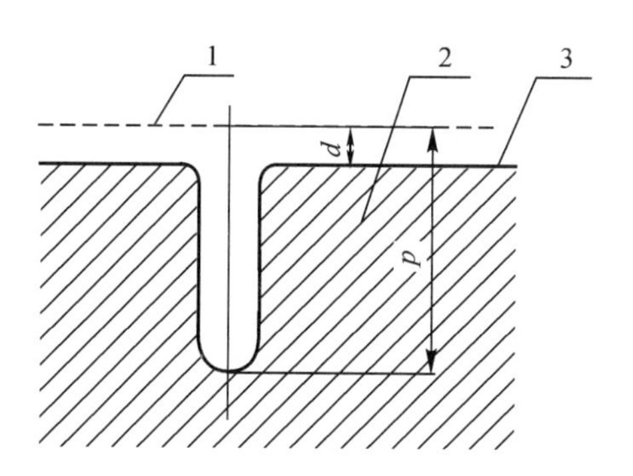

图9-4　最大腐蚀深度、平均腐蚀深度及点蚀因子的示意图

1—起始面;2—金属构件;3—腐蚀后表面

点蚀系数越大表示孔蚀越严重。点蚀坑大小度量如图9-5所示。

1.点蚀影响因素

点蚀影响因素可以从合金成分和环境因素来分析。

(1)合金成分。以不锈钢为例,Cr是不锈钢中最能有效提高耐点蚀性能的合金元素,随着Cr含量的增加,点蚀电位向正方向移动,如与Mo、N、Ni等合金元素配合,耐蚀性效果更好。对点蚀的影响应具体情况具体分析,在25 ℃、

0.1 mol/L的 NaCl 溶液中,一般情况下,对点蚀最不稳定的是铝,最稳定的是铬和钛。

(2)环境因素。影响点蚀的环境因素主要包括介质类型、介质浓度及介质温度等。

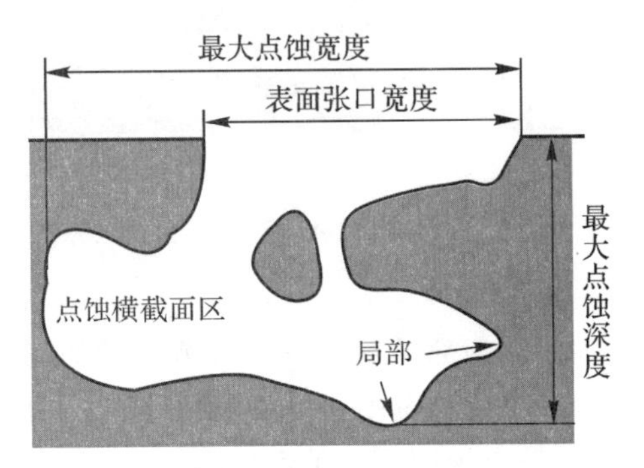

图 9-5 点蚀坑大小度量

2.点蚀的控制途径

为防止或减轻孔蚀,可以采取下列措施:

(1)改善介质条件,如制导炸弹密封包装、隔离氯离子等;

(2)选用耐点蚀的合金材料;

(3)电化学保护;

(4)合理的表面处理,如合金表面钝化处理;

(5)使用缓蚀剂。

9.1.4 缝隙腐蚀

当金属表面与其他金属或非金属表面形成狭缝或间隙,并有介质存在时,在夹缝内或附近产生的局部腐蚀称为缝隙腐蚀。缝隙腐蚀是指在金属构件缝隙处发生斑点或溃疡形式的宏观蚀坑,是局部腐蚀的一种,金属与金属或金属与非金属材料接触时,即使是过渡或过盈配合,仍然有可能存在间隙,当腐蚀液渗入缝隙中产生化学腐蚀,金属的腐蚀便会加快。缝隙腐蚀常发生在垫圈、铆接、螺钉连接的接缝处,以及搭接的焊接接头、堆积的金属片间等处。

常见局部缝隙腐蚀形态如图 9-6 所示。制导炸弹弹体结构一般采用铆接、焊接、螺纹连接等,因此在连接部位容易形成缝隙。弹体结构缝隙腐蚀常发生在垫圈、金属铆接、螺钉连接的接缝处,以及螺栓连接结合部、搭接的焊接接头、堆积的金属片间等处。与点蚀不同,缝隙腐蚀可发生在所有金属和合金上,且钝化金属及合金更容易发生，应重视氯离子浓度高的海基环境。

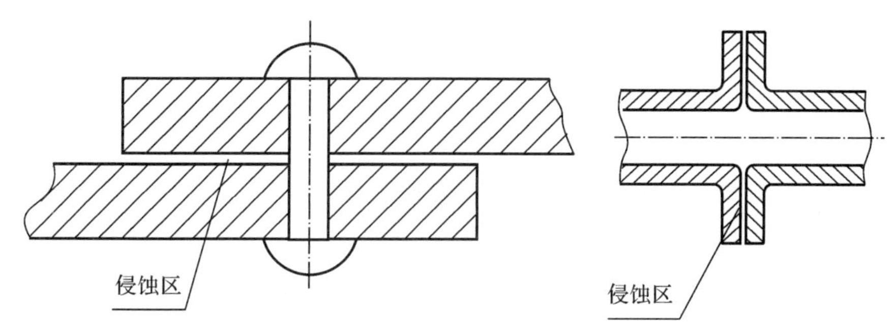

图9-6 常见局部缝隙腐蚀示意图

由于制导炸弹是由多个零、部、组件组装而成，缝隙是始终存在的，所以缝隙腐蚀是不可避免的。弹体结构发生缝隙腐蚀会导致部件强度降低，间隙增大，产生局部应力。某型制导炸弹战斗部壳体结构如图9-7所示，战斗部壳体采用上、下蒙皮，蒙皮与壳体采用螺钉和铆钉连接，上、下蒙皮对缝处出现间隙，间隙小于0.2 mm。产品裸态放置时，在对缝处出现缝隙腐蚀，结构如图9-8所示。

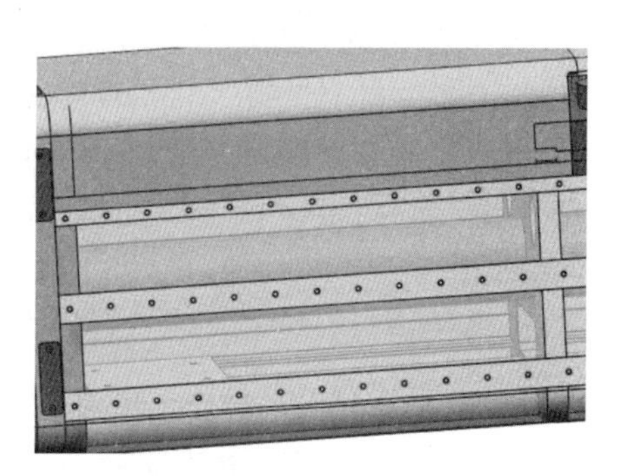

图9-7 战斗部壳体结构简图

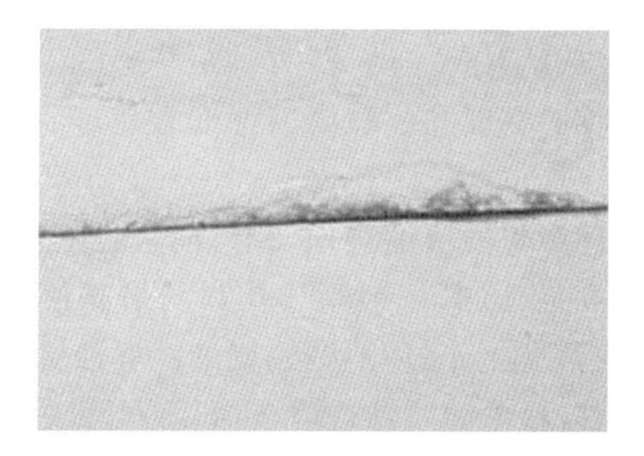

图9-8 缝隙腐蚀形貌

1.缝隙腐蚀产生的原因

缝隙腐蚀产生的机理是，由于连接的缝隙处被腐蚀产物覆盖，以及介质扩散受到限制等，该处的介质成分和浓度与整体相比有较大的差异，形成“闭塞电池腐蚀”。实际上，缝隙腐蚀是由于渗进缝隙中的氧的含量的不同而产生的浓度差电池腐蚀。

因此，缝隙腐蚀的发生，首先应具有腐蚀条件的缝隙，其缝宽必须使侵蚀液能进入缝内，同时缝宽又必须窄到能使溶液在缝内停滞，一般发生缝隙腐蚀的最敏感缝宽为0.025～0.12 mm。当缝宽小于0.025 mm时，由于缝隙太小，侵蚀液很难进入；当缝宽大于0.25 mm时，由于缝隙较大，侵蚀液容易被风干，一般不会产生缝隙腐蚀。腐蚀宽度对腐蚀深度和总腐蚀率的影响如图9－9所示。

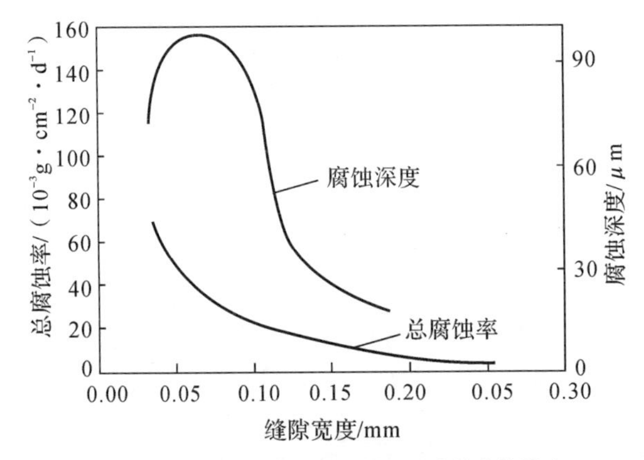

图9－9　腐蚀宽度对腐蚀深度和总腐蚀率的影响

另外，金属件装配中采用的铆接、焊接、螺纹连接等位置存在缝隙，如螺栓与螺母之间、螺母与贴合面之间自然形成了一定的缝隙，为缝隙腐蚀创造了条件；金属与非金属的连接，如金属与塑料、橡胶等，以及金属表面的沉积物、附着物，如灰尘、腐蚀产物的沉积等，都可导致缝隙腐蚀。此外，还包括环境因素的影响。

2.影响缝隙腐蚀的因素

（1）几何形状。缝隙的宽度与缝隙腐蚀深度和速度有关，腐蚀宽度变窄时，腐蚀率随之增大，腐蚀深度也会随之变化。

（2）环境因素。溶液中氧的浓度增加，缝外阴极还原更易进行，缝隙腐蚀加速；缝隙腐蚀随温度升高而加剧，一般制导炸弹的最高使用温度在70 ℃以内；pH值下降，只要缝外金属仍处于钝化状态，则缝隙腐蚀量增加；溶液中Cl^-浓度增加，使电位向负方向移动，缝隙腐蚀速度增加，海洋环境下盐雾浓度高，对于海基型制导炸弹而言，控制缝隙腐蚀显得尤为重要。

(3)表面处理。不同材料耐缝隙腐蚀的能力不同,对于耐蚀性依靠氧化膜或钝化层的金属,比较容易发生缝隙腐蚀。

3.控制缝隙腐蚀产生的措施

(1)尽量采用整体件,避免和消除结构缝隙。

(2)避免尖缝结构和滞留区,防止腐蚀介质进入或积留。

(3)设计螺钉连接结构,应涂硫化硅密封胶。

(4)接合面用涂层防护以及设计无法避免缝隙时,应保证接合面便于清理,去除污垢。

9.1.5 应力腐蚀

应力腐蚀是由应力和腐蚀环境共同作用而产生的延迟破坏过程。在金属应力(特别是拉伸应力)和腐蚀介质的特定组合下,静载荷下拉伸应力在金属表面形成,腐蚀作用使应力集中以致超过材料的屈服强度,最终金属失效,产生应力腐蚀裂纹和腐蚀疲劳裂纹。

应力可以由冷淬火、磨削或焊接引起。应力区相对于非应力区为阳极,裂纹首先在阳极区出现并传播开去,应力的出现加重了化学侵蚀,局部裂纹由此发生。由于应力腐蚀开裂常常事先没有明显征兆,所以往往会造成灾难性后果。应力腐蚀开裂通常采用试样的断裂寿命、临界应力场强度因子(KISCC)、裂纹扩展速率 da/dt 等进行表征。对于弹体结构而言,出现应力腐蚀裂纹,会对结构强度造成大的破坏,因此,结构设计师应严格把控。应力腐蚀裂纹如图 9-10 所示。

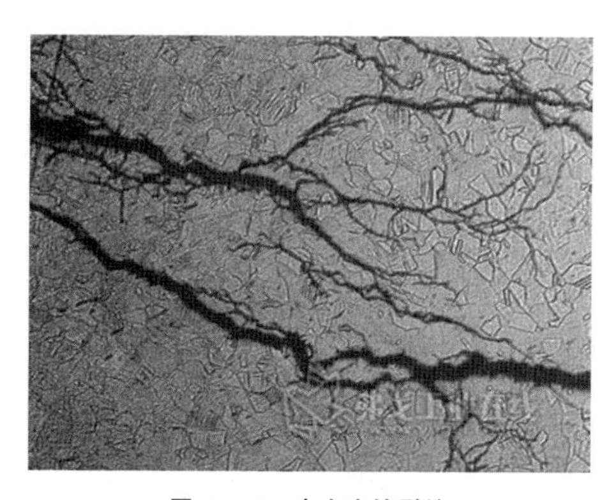

图 9-10 应力腐蚀裂纹

1.应力腐蚀的特征

一般认为发生应力腐蚀的三个基本条件是材料的应力腐蚀敏感性、特定腐蚀环境和拉伸应力，具体特征如下：

(1)发生应力腐蚀的主要是合金，一般认为纯金属不会发生应力腐蚀断裂。

(2)只有在特定环境中对特定材料才产生应力腐蚀，这些易发生应力腐蚀的合金和特定的环境介质见表9-1。

(3)发生应力腐蚀必须有拉应力的作用，压应力反而能阻止或延缓应力腐蚀。

表9-1 易发生应力腐蚀的合金和特定的环境介质

合 金	腐蚀介质
碳钢与合金钢	碳酸盐溶液、过氧化氢、氯化物溶液、潮湿大气、海基环境等
不锈钢	氯化物溶液、潮湿大气、海基环境、二氯乙烷等
铝合金	潮湿大气、含 SO_2 大气、海基环境、氯化物溶液等
铜合金	含 SO_2 大气、氨蒸气、硝酸溶液等
镁合金	氢氧化钠、潮湿大气、海基环境等

拉应力主要有两个来源：一是加工制造、装配过程中产生的残余应力，温差产生的热应力及相变产生的相变应力；二是材料承受外加载荷造成的应力，一般以残余应力为主，约占发生应力腐蚀事故的80%。

2.影响应力腐蚀的基本因素

影响应力腐蚀的主要因素有力学因素、环境因素、合金成分等。

(1)力学因素。应力是导致弹体结构应力腐蚀的关键因素，应力主要来自三个方面：弹体结构在贮存、运输、挂机、着陆飞行等阶段承受外加载荷引起的应力，在制造、加工过程，如铸造、锻造、热处理、机械加工和焊接等过程中引起的残余应力，由于腐蚀产物在封闭裂纹内的体积效应在垂直裂纹面方向产生的拉应力。拉应力是工作应力、残余应力、装配应力等的叠加，拉应力愈大，断裂所需时间越短。拉应力即使很小，也能使金属发生应力腐蚀。能引起金属产生应力腐蚀的最小应力称为应力腐蚀开裂的临界应力。应力腐蚀断裂所需应力，一般低于材料的屈服强度，高于应力腐蚀开裂的临界应力。

(2)环境因素。应力腐蚀发生的环境因素是比较复杂的，大多数应力腐蚀发生在湿热大气、水溶液中。环境的温度、介质的浓度和介质的杂质对应力腐蚀发生有不同的影响。

(3)合金成分。合金成分、组织结构、回火时效温度、位错的相互作用等，都会引起应力腐蚀开裂的发生，另外，添加非常少的合金元素都可能使金属发生应

力腐蚀。

以不锈钢 1Cr18Ni9Ti 为例，一般氮、磷杂质元素促进了阴极析氢过程，对抗应力腐蚀性能是有害的；存在微量钼是有害的，其促进了晶间型应力开裂；硅能提高不锈钢的耐应力腐蚀性能。

3.应力腐蚀控制措施

在防应力腐蚀结构设计方面，对于这类由应力和环境交互作用导致的腐蚀损伤，除了尽可能降低环境腐蚀的影响外，设计中还应尽量使结构承载合理，截面尺寸变化均匀，避免锐角，以减少应力集中，将结构件最大许用应力合理控制在相应金属材料的应力腐蚀破裂的临界应力以下。针对以上腐蚀特点，一般采取如下措施进行防腐：

(1)选用耐应力腐蚀的金属材料和热处理状态；

(2)控制拉应力水平，包括控制工作拉应力、残余拉应力与装配应力，使拉应力总水平低于应力腐蚀开裂门槛值；

(3)尽量避免或减少应力集中，改善应力分布，尽量使结构件的主应力方向沿材料的纤维方向，避免材料在短横向受较大的拉应力；

(4)模锻件设计时，应考虑晶粒流动方向，合理选择分模面位置，模锻件的尺寸应尽可能接近零件的最终尺寸，减少切削加工量，以避免造成较大残余应力和大量切断纤维；

(5)凡采用干涉配合的结构件，应合理控制干涉量；

(6)采取冷挤压、喷丸、应力压印等表面强化措施，以消除应力集中或在零件表面形成压应力层；

(7)采用表面渗碳、渗氮、氰化、渗金属或渗合金等工艺，以降低材料对应力腐蚀的敏感性。

9.1.6 疲劳腐蚀

疲劳腐蚀的过程是：构件在循环载荷和腐蚀介质共同作用下，疲劳强度会降低，疲劳损伤在构件内逐渐积累，达到某一临界值时，形成初始疲劳裂纹；然后，初始疲劳裂纹在循环应力和腐蚀环境共同作用下逐步扩展，发生亚临界扩展；当裂纹长度达到其临界裂纹长度时，难以承受外载荷，裂纹发生快速扩展，以至断裂。

通常，环境的腐蚀性越强，材料的疲劳腐蚀强度越低，耐蚀性较好的金属材料，如钛、铜及其合金等，对疲劳腐蚀敏感性小，耐蚀性差的高强铝合金、镁合金等对疲劳腐蚀敏感性大。疲劳腐蚀裂纹多起源于表面腐蚀坑或表面缺陷，在腐蚀介质的作用下,可使承力结构在较低的应力下和较短的使用时间内发生疲劳断裂。

疲劳腐蚀引起的破坏比单纯由腐蚀和机械疲劳分别作用引起的破坏总和严重得多,任何承力结构材料使用过程中都可能发生疲劳腐蚀。通常采用 $S-N$ 曲线和疲劳裂纹扩展速率 $\mathrm{d}a/\mathrm{d}N$ 对疲劳腐蚀结果进行表述。

为了控制承力结构材料的腐蚀疲劳,除改善应力和合理选材外,也可对承力结构材料施加表面涂(镀)层、添加缓蚀剂和实施电化学保护。

1.疲劳腐蚀的影响因素

影响疲劳腐蚀的因素有力学因素、环境因素、材料因素。

(1)力学因素包括应力循环参数、疲劳加载方式、应力集中。

(2)环境因素包括介质的腐蚀性、温度影响、外加电流的影响。

(3)材料因素包括:耐腐蚀性较好的金属,如钛、铜及其合金、不锈钢等,对疲劳腐蚀敏感性较小;耐腐蚀性较差的金属,如高强度铝合金、镁合金等,对疲劳腐蚀敏感性较大。同时,材料的组织结构也有一定的影响,不锈钢敏化处理对疲劳腐蚀强度是有害的。另外,表面残余应力的压应力对疲劳腐蚀性能更好;施加某些保护涂层也可以改善材料的耐疲劳腐蚀性能。

2.控制疲劳腐蚀的措施

为防止或减轻疲劳腐蚀,可以采取下列措施:

(1)根据使用及贮存环境选用耐疲劳腐蚀的材料,一般而言,抗点蚀能力高的材料,其抗疲劳腐蚀性能也较高;

(2)优化结构设计,减少应力集中,增加危险截面尺寸等;

(3)控制应力水平,消除残余拉应力;

(4)防止结构刚度突变,合理匹配;

(5)结构设计中注意防松,防止出现振动或共振现象;

(6)降低表面粗糙度,并采用有效的表面防护层;

(7)合理使用缓蚀剂,以改变局部腐蚀环境;

(8)采用表面强化处理,如表面渗碳、渗氮、碳氮共渗等。

9.2 结构防腐设计的措施

结构设计人员应从制导炸弹外形图开始考虑结构防腐问题,经历零部件设计、制造、装配等过程,在各个环节中给予控制,方能达到良好的防控效果。

9.2.1　制导炸弹零件类型

制导炸弹零件尺寸不一、形状各异、种类繁多。从材料角度可分为金属类零件和非金属类零件；从材料去除方式上可分为机加类零件、铸造类零件、锻造类零件等；从零件形状上可分为盘、轮类零件，环、套类零件，销、轴类零件，齿轮类零件，异型类零件，壳、体类零件，座、架类零件，板、块类零件；等等。吊耳或吊挂是制导炸弹与载机直接交连的零件，通常被定义为关重件，吊耳或吊挂的常用材料为 30CrMnSiA、40CrNiMoA，一般采用镀铬、去氢工艺处理，常见结构形式如图 9 - 11 所示。

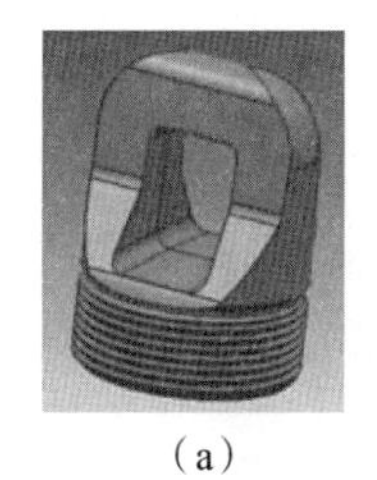
(a)

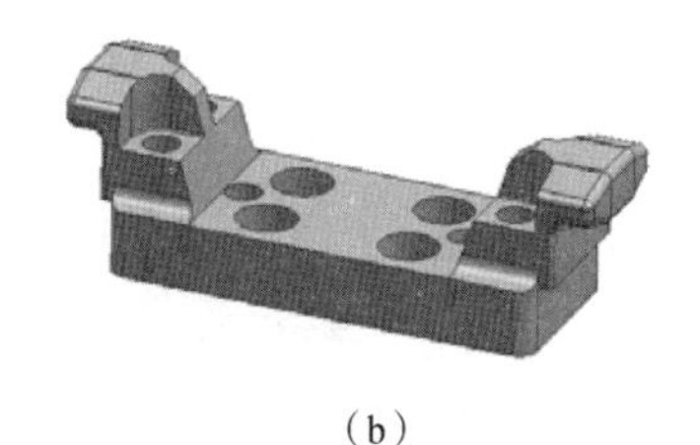
(b)

图 9 - 11　吊耳或吊挂简图

(a)吊耳；(b)吊挂

常见铸造类零件如图 9 - 12 所示。

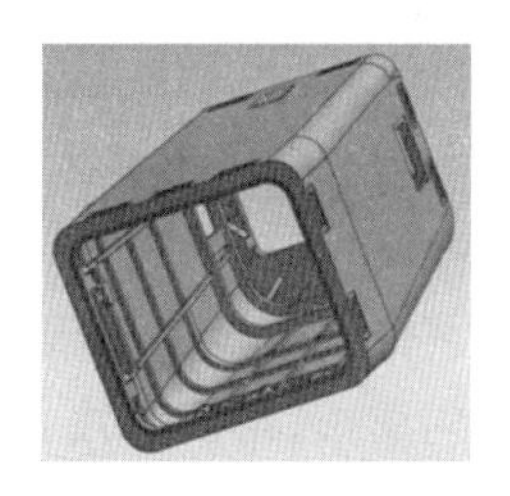

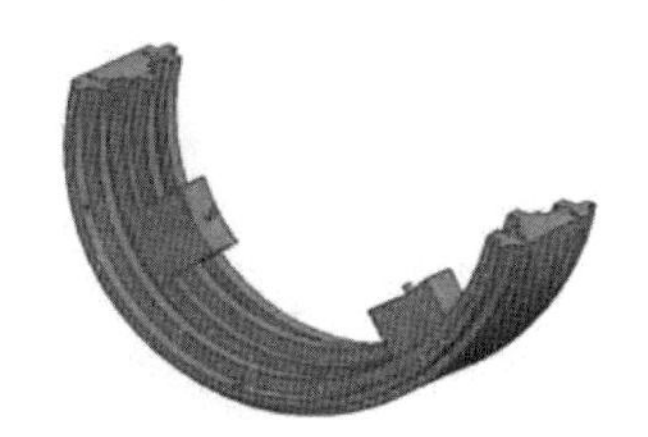

图 9 - 12　铸造舱体结构简图

常见锻造类零件如图 9 - 13 所示。

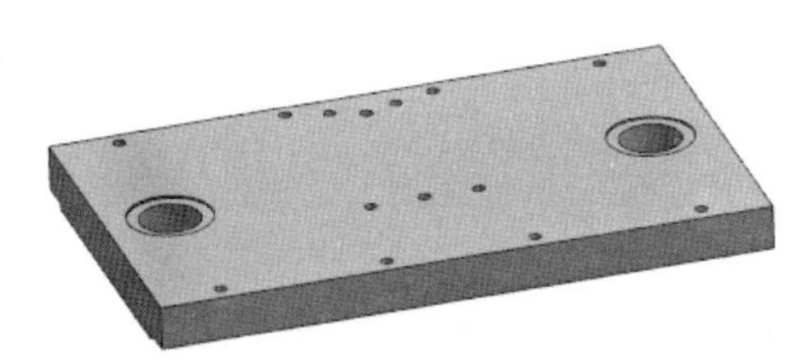

图 9 - 13　锻造安装底板结构简图

常见钣金类零件如图 9 - 14 所示。

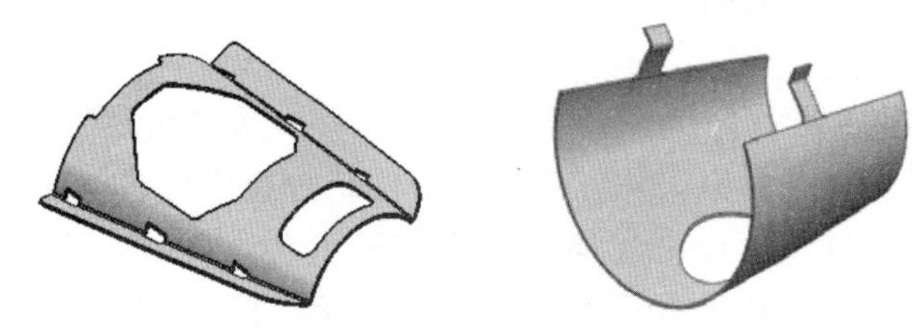

图 9 - 14　钣金类连接板结构简图

异形类零件如图 9 - 15 所示。

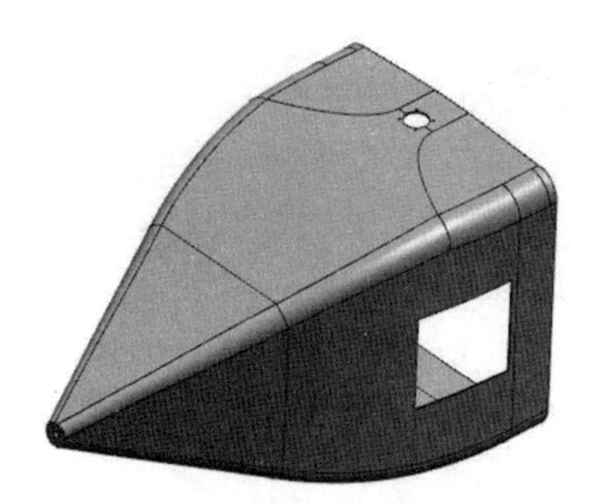

图 9 - 15　异形类零件结构简图

9.2.2　零、部件结构设计常用防腐措施

零、部件设计涉及材料选择、加工、制造工艺的确定及使用维护等多个方面，结合腐蚀环境，零件设计不合理会直接导致均匀腐蚀、电偶腐蚀、应力腐蚀、氢脆以及点蚀等在制导炸弹上发生。零、部件设计一般采用如下措施：

(1)设计形式和传力合理，避免刚度突变，减少应力集中。

(2)零件结构应避免尖角和凹槽，消除能存留腐蚀介质的间隙。

(3)零件设计中应避免死角，以免因积水引起腐蚀，一般采用圆角过渡或开泄流孔。

(4)零件表面应规定明确的粗糙度要求，关键的表面应有足够低的表面粗糙度值。

(5)对配合精度要求高的零件防护处理，应预留镀(涂)层余量。

(6)锻件在设计时应保证纤维方向与主应力方向一致。

(7)焊接件的焊缝应开敞,便于焊后打磨或其他加工,保证焊缝质量,保证焊接件的焊缝不进入腐蚀性介质。

(8)铸件应尽量采用真空加压铸造,以获得致密的表面,便于表面保护,提高抗腐蚀性能。

(9)高应力区域或拉应力部位应不打钢印。

9.2.3 弹体装配中的常用防腐措施

弹体装配涉及加工装配工艺、配合公差及防护处理等多个方面,在腐蚀环境,若零件装配不合理,会直接导致电偶腐蚀、缝隙腐蚀、应力腐蚀等腐蚀类型在制导炸弹上发生。装配设计一般采用如下措施:

(1)零件的配合面应光滑、平直,便于良好贴合,避免强迫装配。

(2)具有配合关系的零、部件应给出合理公差,避免装配应力。

(3)不同材料连接的结构,在装配前应按异种材料进行防护处理。

(4)战斗部、制导控制尾舱等重要结构装配时可采用工艺垫片减少装配应力,以防止应力腐蚀。

(5)高强度材料(吊挂等)零部件装配时,应使其残余拉应力减至最小,以防止由应力腐蚀开裂而导致的提前破坏。

(6)结构件装配一般不应修锉,以免破坏零件表面防护层,对于必须进行修挫的零件,表面修整后应进行表面防护处理。

9.2.4 连接设计中的常用防腐措施

连接设计涉及连接方式、密封及防护处理等多个方面,在腐蚀环境,若连接设计不合理会直接导致电偶腐蚀、缝隙腐蚀、应力腐蚀等腐蚀类型在制导炸弹上发生。连接设计一般采用如下措施:

(1)尽量选用同种金属或电位差小的不同金属(包括镀层)相互连接。

(2)采用阳极保护或阴极保护和隔离措施。

(3)根据相容性合理地进行金属与非金属之间的连接设计。

(4)铆钉连接时,应尽量不使材料强度较高的零件夹在材料强度较低的零件之间。

(5)避免铆钉承受拉力,并尽量避免采用不对称连接。

(6)螺栓连接时,应保证对接表面相互贴合。

(7)选用耐腐蚀性能高、抗氢脆和抗应力腐蚀性材料制造的紧固件。

(8)选用紧固件时应考虑与被连接材料的电化学相容性。

(9)选用垫圈时应注意不同金属的电偶腐蚀问题。

(10)弹体结构外表面易积水的部位,应采用不锈钢紧固件,提高抗腐蚀能力。

9.2.5 制造过程中的常用防腐措施

(1)根据炸弹结构形式和使用环境条件,采取合适的工艺制造方法,防止或减缓腐蚀。

(2)应制定合理的加工工艺,确保零件的抗腐蚀能力不下降。

(3)工序间应进行清洗,清洗后零件表面应无任何腐蚀物、油污,并进行防锈处理。

(4)应制定合理的热处理方法及工艺规程,在保证结构寿命的前提下,提高材料在特定环境下的抗腐蚀能力。

9.2.6 结构表面防护设计

制导炸弹结构表面防护体系通常由结构材料表面的金属镀覆层、化学覆盖层及有机涂层组成。应将腐蚀环境、基体材料、防护体系视为一体,进行优选组合。所有暴露于外部环境、经常处于腐蚀环境中的内表面,应视为外表面,并按外表面要求进行防护。有机涂层的选择应根据工作环境,综合考虑涂镀层之间及其与基体的附着力、涂层的耐腐蚀性能、耐大气老化性能与耐湿热、盐雾、霉菌的“三防”性能,以及涂层系统各层之间的适配性和工艺性等。金属镀覆层与化学覆盖层应根据结构工作环境和材料的特性、结构形状与公差配合要求、热处理状态、加工工艺与连接方法等选择。

9.3 结构防腐方法

制导炸弹的零部件较多,一般要求对每个零部件都要进行防腐处理。其原理是用耐腐蚀性强的金属或非金属覆盖耐腐蚀性弱的金属,将主体金属与腐蚀介质隔离开,达到防腐的目的。

(1)非金属覆盖层:主要指各种涂料防护层,即通过一定的涂敷方法把底漆和面漆涂在金属表面上,经固化形成涂层,保护金属不被腐蚀。

(2)金属覆盖层:利用电解作用使耐腐蚀性强的金属或合金沉积在金属制件表面,形成致密、均匀、结合力良好的金属层。

9.3.1　结构防腐方法的选择原则

(1)根据零部件的材料、使用性能及腐蚀环境来选择腐蚀方法。

(2)防腐层必须有较好的化学稳定性,并能抗大气中各种腐蚀介质的侵蚀。

(3)防腐层必须与基体材料有良好的结合力,以及较高的强度和硬度。一般情况下,若防腐层与基体材料结合力不好,耐蚀性差,强度及硬度低,防腐层易产生机械划伤而降低防腐效果。

(4)在满足制导炸弹零部件防腐要求的情况下,尽量选用比较经济的防腐方法。

9.3.2　材料表面处理状态的原则

(1)选用的金属镀覆层或化学覆盖层不应给基体材料带来如疲劳、残余应力等的不良影响。

(2)金属镀覆层选择应符合 GJB/Z 594A — 2000《金属镀覆层和化学覆盖层选择原则与厚度系列》,零件镀覆前的质量应符合 HB 5034 — 1995《零(组)件镀覆前质量要求》的要求,工艺质量控制应符合 GJB 480A — 1995《金属镀覆和化学覆盖工艺质量控制要求》的要求,金属镀层腐蚀等级见表 9 - 2。

(3)有机涂层的选择除应考虑其防护性能,耐湿热、盐雾、霉菌性能和耐大气老化性能外,还应考虑其与基体附着力、涂层之间相容性和施工工艺性能等。

(4)底漆与面漆应相互配套,底漆与基材应配套,底漆与腻子也应相互配套。

(5)底漆干燥后方能涂面漆。

(6)底漆与面漆应采用“一底一面”或“两底一面”,底漆厚度 0～0.03 mm,油漆总厚度不超过 0.065 mm。

表 9 - 2　金属镀层在恶劣环境(海洋大气)中的腐蚀等级

时间/a	环　境①		腐蚀等级②/镀层厚度③			
			镀　锌		镀　镍	镀　铬
			未钝化	钝　化		
1	海洋大气	1	5/20.8	5/21.4	2/9	1/17.6
		2	5/19.4	5/20.6	5/10.2	1/19.2
		3	5/23.4	5/15.4	5/12	4/21.6

续表

时间/a	环境		腐蚀等级/镀层厚度			
			镀锌		镀镍	镀铬
			未钝化	钝化		
3	海洋大气	1	5/20.8	5/21.4	2/9	1/17.6
		2	5/19.4	5/20.6	2/10.2	1/19.2
		3	5/23.4	5/15.4	4/12	1/21.6
5	海洋大气	1	5/20.8	5/21.4	1/9	1/17.6
		2	5/19.4	5/20.6	1/10.2	1/19.2
		3	5/23.4	5/15.4	4/12	1/21.6

注：①环境1～3代表不同的海洋大气环境：1—万宁，2—琼海，3—青岛。

②腐蚀等级：1—底金属腐蚀面积71%～100%，2—底金属腐蚀面积31%～70%，3—底金属腐蚀面积11%～30%，4—底金属腐蚀面积1%～10%，5—未露底。

③金属镀层厚度单位为μm。

9.3.3 常用金属镀覆层和化学覆盖层

制导炸弹的金属镀层和化学覆盖层一般包括钢铁零件电镀层(镀锌层、镀镉层、镀镍层等)及铝、镁合金的电化学转化膜(铝合金阳极氧化、镁合金阳极氧化或化学氧化)。

(1)钢铁零件。钢铁零件镀覆层的选择应满足如下要求：碳钢、合金钢、铸铁等在大气及海洋中耐腐蚀性能不高，除一些特殊场合外，一般应采用镀覆层；不锈钢一般不需采用镀覆层，但应进行钝化处理，提高抗点蚀能力；紧固件镀覆层的选择应符合紧固件相关的标准。

(2)铝合金零件。铝合金零件一般应进行阳极氧化处理。

(3)镁合金零件。镁合金零件一般应进行化学氧化或阳极氧化处理，然后结合其他防护措施，提高抗腐蚀能力。

有机涂层的选择应根据工作环境，综合考虑涂镀层之间及其与基体的附着力、涂层的耐腐蚀性能、耐大气老化性能以及涂层系统各层之间的适配性和工艺性等。零、部件涂漆应满足如下要求：

(1)铝合金零部件应先进行阳极氧化，再涂底漆和面漆；

(2)钢铁零部件应先进行磷化处理，再涂底漆和面漆；

(3)复合材料应先打磨除去石蜡等油性材料，检测合格后再涂底漆和面漆；

(4)所有经修边、修锉、划伤等的钢铁零部件应先进行局部磷化处理,再涂底漆和面漆;

(5)所有经修边、修锉、划伤等铝合金零部件应先进行局部阳极氧化处理,再涂底漆和面漆。

9.3.4 常用材料的腐蚀特性及使用要求

结构材料是制导炸弹弹体结构设计必需的物质基础,要成功地完成制导炸弹结构设计,必需了解制导炸弹常用材料的性能、特点等。制导炸弹结构常用的材料种类很多,按材料的性质可分为金属材料、非金属材料两大类。常用金属材料包括碳钢、合金钢、不锈钢,、铝合金和镁合金等;常用非金属材料包括橡胶板、塑料、复合材料及油漆等。目前金属材料仍占据主导地位,制导炸弹结构常用金属材料的抗腐蚀性能见表 9-3。

表 9-3 常用金属材料(裸态)抗腐蚀特性

材 料	抗均匀腐蚀	抗电偶腐蚀	抗应力腐蚀	抗氢脆性能	抗疲劳腐蚀	抗晶间腐蚀、剥蚀	抗点蚀
30CrMnSiA	C	C	C	C	C	C	C
30CrMnSiNi2A	C	C	C	C	C	C	C
35CrMnSiA	C	C	C	C	C	C	C
40Cr	C	C	C	C	C	C	C
40CrNiMoA	C	C	C	C	C	C	C
16Mn	C	C	C	C	C	C	C
65Mn	C	C	C	C	C	C	C
45	C	C	C	C	C	C	C
35	C	C	C	C	C	C	C
20	C	C	C	C	C	C	C
Q235	C	C	C	C	C	C	C
12Cr18Ni9	A	A	A	A	A	A	C
1Cr18Ni9Ti	A	A	A	A	A	A	C

续表

材料	抗均匀腐蚀	抗电偶腐蚀	抗应力腐蚀	抗氢脆性能	抗疲劳腐蚀	抗晶间腐蚀、剥蚀	抗点蚀
1Cr18Ni12Mo2Ti	A	A	A	A	A	A	A
5Cr17Ni4Cu4Nb	A	A	A	A	A	A	A
2A12	B	B	B	B	B	C	C
2A14	A	A	A	A	A	A	B
2A70	A	A	A	A	A	A	B
3A21	A	A	A	A	A	C	C
5A02	A	A	A	A	A	C	C
6A02	A	A	A	A	A	A	B
2014	B	B	B	B	B	C	C
7075	B	B	B	B	B	C	C
ZL114A	A	A	A	A	A	A	B

注：A —抗腐蚀性能高(未露底或腐蚀点少)；B —抗腐蚀性能中等(有腐蚀点但不严重)；C —抗腐蚀性能低(腐蚀点覆盖基材)。

第 10 章

结构可靠性

结构可靠性是在充分考虑各种不确定性因素基础上建立起来的一门工程学科。结构在规定的条件下和规定的时间内完成规定功能的能力，称为结构可靠性。结构可靠性通过可靠度进行概率度量。

结构可靠性直接关系到制导炸弹各项性能指标。因此，需要在设计、研制、生产、试验过程中，通过对制导炸弹开展可靠性工作，对制导炸弹的故障失效概率进行分析、预测、预防、控制、验证，以提高制导炸弹产品可靠性与质量，减少维修与保障成本。

本章主要从可靠性参数与指标、可靠性模型的建立、故障模式影响分析、可靠性分析方法及提高结构可靠性措施等方面，介绍制导炸弹结构可靠性。

10.1 概　　述

10.1.1 制导炸弹结构可靠性的特点

武器系统可靠性的设计分析技术是从电子产品系统可靠性分析技术上发展起来的，相比于电子产品的可靠性，制导炸弹结构可靠性具有以下特点。

1.失效模型建立更加困难

电子产品是由许许多多通用的、标准的元器件与功能模块组成的，一般而言，电子产品的元器件与功能模块在系统中具有互不相关的独立特性，从而使故障与失效散布具有正态分布(指数 $m=1$)特征的统计特性。

制导炸弹结构在设计、制造和使用过程中存在大量的不确定性因素,例如工作环境、承受的载荷、材料性能、结构尺寸和运动间隙等。实践表明,这些不确定因素往往都在一个较宽的范围内波动,呈现出随机变量的特点,这些因素大多具有独立事件的正态分布特性,但是各因素在一起后的失效特性则大多为非正态性。一些因素,如机械磨损、变形、间隙的变化等,往往不会直接导致制导炸弹结构系统的失效,而是具有耗损型结果,即是逐步的、有条件的、非全面的失效。

因此,弹体结构的失效模型建立比电子产品失效模型建立困难得多,既要确定散布限定区,又要确定指数的大小。

2.结构可靠性与维修、管理关系很大

从实际情况看,脱离实用状态(各种条件)的制导炸弹结构可靠性分析往往是无意义的,在不同的两种条件下,可靠性可相差十分大。例如:某密封圈材料耐温能力为－45 ℃,在此条件下使用,其故障率不到10%,当产品温度降至－50 ℃时,其故障率将会超过90%。

因此,降低使用载荷,严格控制使用条件,可以大幅度提高制导炸弹结构的可靠性。

3.结构可靠性应考虑复合应力

制导炸弹弹体结构在寿命周期内会经历各种自然与诱发环境,许多环境会同时存在,各结构件的故障都会在复合应力状态下出现,必须用类似复合应力分布的产品通用故障率表示,简单地采用单一应力条件,而不对试验结果进行修正,是不能用作设计与分析的。

4.结构可靠性分析至少应建立在独立功能部件上

与电子产品对每一个元器件均可开展可靠性分析不同,制导炸弹结构可靠性分析是建立在独立功能部件上的,例如折叠翼组件、抛撒系统等,单独进行一个零件的故障分析的意义是很小的。

5.结构产品故障模式多样化

电子产品的故障多为部件故障,而制导炸弹结构,除了部件故障外,还有许多是由部件间相互干扰、作用带来的故障。例如:对折叠翼展开可靠性分析时,可知其不仅受展开机构的影响,还受相邻构件变形、破坏等因素的影响,这类故障更加复杂,也更加难以控制。

6.制造工艺性对结构可靠性影响较大

制导炸弹弹体结构由许多零件组成,这些零件的加工、装配都有各自的特点,显然在计算可靠性时,炸弹结构应从系统角度进行研究,将各零件分解成独立的单元计算其可靠性。实践表明,工艺环境、工艺参数、原材料和检验手段等差异带来产品性能的差异较大。

资料表明，工艺误差引起的故障约占15%～30%，尽管采取了各种措施，但那些成品和检验过的产品同图纸相比，出现偏差的工艺可靠性参数数量实际上并没有减少。

7.结构可靠性通常较高

在制导炸弹设计过程中，应考虑各种极限载荷作用情况。任何超过限度的情况都不允许。同时，在强度等方面，采用安全系数法可有效提高产品可靠性。另外，在结构强度上增大一点（而不是电子产品中的冗余）就可以保证结构可靠性接近于1，而增加的经费却不多，性能影响微小。国外的故障统计分析表明，在航天器与导弹武器的各类试验中，结构性故障率在2%以下。

因此，在制导炸弹可靠性分配时，考虑技术难度、经费等比例关系，弹体结构系统的可靠性指标一般在0.95～0.999 9之间。

10.1.2 结构可靠性参数与指标

1.结构可靠性参数

制导炸弹结构可靠性参数可分为基本可靠性、任务可靠性以及贮存可靠性等。

(1)基本可靠性。基本可靠性参数指制导炸弹在规定的条件下，无故障的持续时间或概率，该参数反映了制导炸弹对维修人力的要求。基本可靠性参数包括反映使用要求的平均维修间隔时间、用于设计的平均故障间隔时间等。

(2)任务可靠性。任务可靠性参数是指在规定的条件下、规定的任务时间内，制导炸弹完成规定任务的概率。任务可靠性参数包括任务可靠度$R(t)$等，如制导炸弹的挂飞可靠性、抛撒可靠性、机构动作可靠性等。

(3)贮存可靠性。贮存可靠性参数指在规定的时间内，制导炸弹保持规定功能的概率。贮存可靠性参数包括贮存可靠度等。贮存可靠度属于贮存可靠性参数，指在规定的时间内，制导炸弹保持规定功能的概率。

2.结构可靠性指标

在制导炸弹研制合同或任务书中，往往需表述订购方对制导炸弹可靠性的要求，并且是承制方在研制、生产过程中能够控制的参数，即可靠性参数，其要求的量值称为可靠性合同指标。

制导炸弹结构可靠性常用参数如下：

(1)可靠度。产品在规定的条件下和规定的时间内，完成规定功能的概率称为可靠度。产品的可靠度是时间的函数，一般用$R(t)$表示，其数学描述为

$$R(t)=P(T>t)=\frac{N(t)}{N_0}=1-r(t)/N_0 \tag{10-1}$$

式中 T—— 产品故障前的工作时间；

t—— 规定的时间；

$N(t)$——$0\sim t$ 时刻的工作时间内，正常工作的产品数；

N_0—— 在规定条件下进行工作的产品数；

$r(t)$——$0\sim t$ 时刻的工作时间内，累计的故障产品数。

(2) 故障率。在规定的条件下和规定的时间内，产品的故障总数与寿命单位总数之比，称为产品的故障率，亦称失效率，一般用 $\lambda(t)$ 表示，其数学描述为

$$\lambda(t)=\frac{\Delta r(t)}{N_s(t)\Delta t} \tag{10-2}$$

式中 $\Delta r(t)$——Δt 时间内的故障数；

$N_s(t)$—— 在 t 时刻没有发生故障的产品数；

Δt—— 所取时间间隔。

当产品的故障服从指数分布时，故障率为常数，此时可靠度为

$$R(t)=e^{-\lambda t} \tag{10-3}$$

(3) 平均故障间隔时间。在规定的条件下和规定的时间内，产品寿命单位总数与故障总次数之比，称为平均故障间隔时间，一般用 MTBF 表示。平均故障间隔时间是表示可修复产品可靠性的一种基本参数。当产品的寿命服从指数分布时，产品的故障率 λ 为常数，则 $\mathrm{MTBF}=1/\lambda$。

(4)贮存寿命。在规定的贮存条件下，能够满足规定要求的贮存期限，称为贮存寿命，一般用贮存年限来表示，如制导炸弹贮存寿命等。

(5)挂飞寿命。在规定的挂飞条件下，炸弹能够正常工作而不发生断裂、大变形等失效的时间，称为挂飞寿命，一般用挂飞次数来表示。

(6)任务可靠度。在规定的条件下和规定的时间内，产品完成规定工作的概率，称为任务可靠度。该参数用来规定炸弹可靠性是直接、有效的，如制导炸弹翼面展开动作可靠性、炸弹飞行可靠性等。

制导炸弹产品的可靠性要求一般通过目标值、最低可接受值等进行定量要求。

(1)目标值：期望装备达到的使用指标，既能满足装备使用要求，又可使装备达到最佳效费比，是确定规定值的依据。

(2)最低可接受值：研制总要求或任务书中规定的装备必须达到的合同指标，是进行试验考核和验证的依据。

10.2 可靠性模型的建立

可靠性模型描述了系统及组成单元之间的故障逻辑关系，是分析论证并确定系统和设备可靠性指标，对系统可靠性进行综合评估的重要工具。

可靠性模型分为基本可靠性模型和任务可靠性模型。可靠性模型的建立流程主要包括系统功能分析、确定设计要求、建立可靠性框图以及建立可靠性模型等内容。流程图如图 10-1 所示。

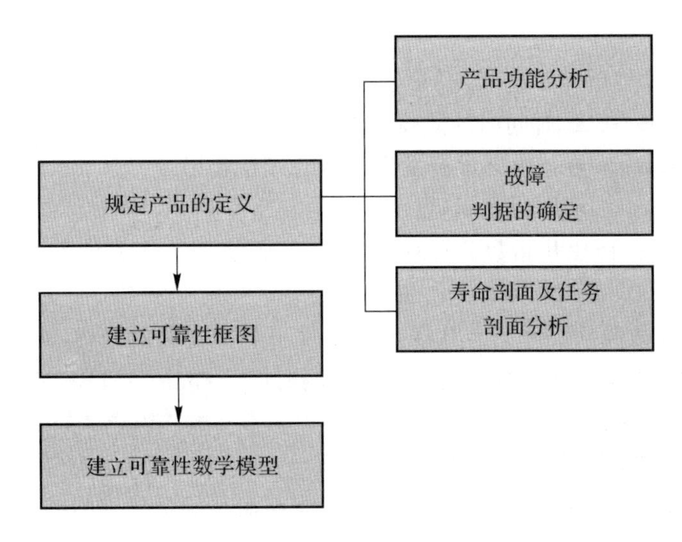

图 10-1　可靠性模型建立流程

可靠性建模一般应满足如下要求：

(1)可靠性模型应包括可靠性框图和可靠性数学模型；

(2)可靠性框图的编制应能反映出产品完成任务时，所有组成单元之间的相互依赖关系。

10.2.1　串联模型

系统的所有组成单元中任一单元的故障都会导致整个系统故障的系统，称为串联系统。串联系统对应的可靠性模型为串联模型，串联模型可靠性框图如图 10-2 所示。

图 10-2 串联模型可靠性框图

制导炸弹结构串联系统数学模型为

$$R_s(t)=\prod_{i=1}^{n}R_i(t) \tag{10-4}$$

式中 $R_s(t)$—— 系统可靠度；

$R_i(t)$—— 单元可靠度；

n—— 组成系统单元数。

10.2.2 并联模型

组成系统的所有单元发生故障时，系统才发生故障的系统，称为并联系统。其可靠性框图如图 10-3 所示。

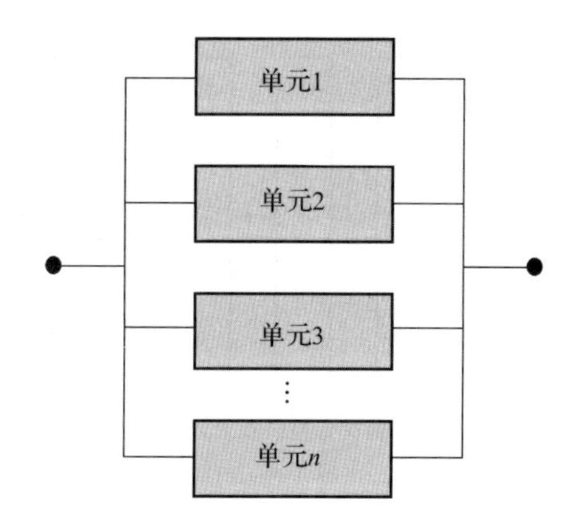

图 10-3 并联模型可靠性框图

制导炸弹结构并联系统数学模型为

$$R_s(t)=1-\prod_{i=1}^{n}[1-R_i(t)] \tag{10-5}$$

式中 $R_s(t)$—— 系统可靠度；

$R_i(t)$—— 单元可靠度；

n—— 组成系统单元数。

10.3 故障模式影响分析

为准确定位制导炸弹结构系统在加工制造、贮存、运输及作战使用过程中可能出现的直接故障及潜在故障,并针对故障提出解决措施加以改进,提高产品可靠性水平及使用性能,对其故障模式进行分析。

制导炸弹结构系统在加工制造、贮存、运输及作战使用过程中,会受到诸如复杂的环境因素、材料性能、加工质量以及结构承受的载荷等多方因素的影响。如果没有充分考虑这些因素,制导炸弹结构可靠性会大大降低,轻则引起武器作用故障,重则影响载机安全。

10.3.1 故障模式影响分析流程

制导炸弹结构故障模式及影响因素分析(Failure Mode and Effect Analysis, FMEA)一般按图 10-4 所示的流程进行。

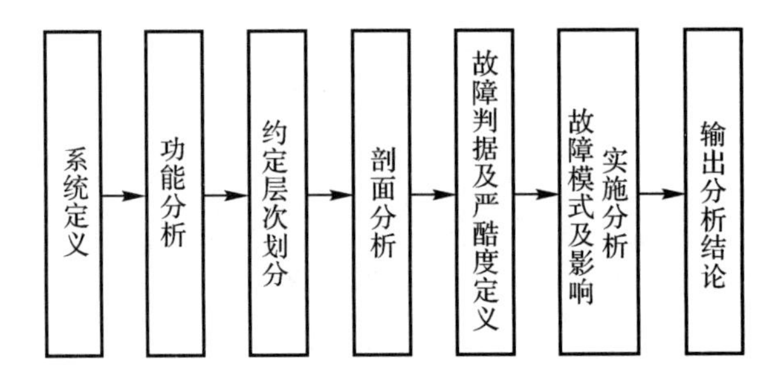

图 10-4 制导炸弹结构 FMEA 流程图

1.系统定义

系统定义即根据系统复杂程度、技术成熟性、分析工作进度和费用约束等明确分析范围,并尽可能全面介绍机构的结构组成、工作原理等。

2.功能分析

针对确定的制导炸弹结构分析范围进行功能分析,即给出制导炸弹结构、机构等各组成部件在完成各种任务时所应具备的功能、工作方式及工作时间等,指明分析所涉及的系统、子系统及其相应的功能。功能分析用于作为定义故障判据的依据,如图 10-5 所示。

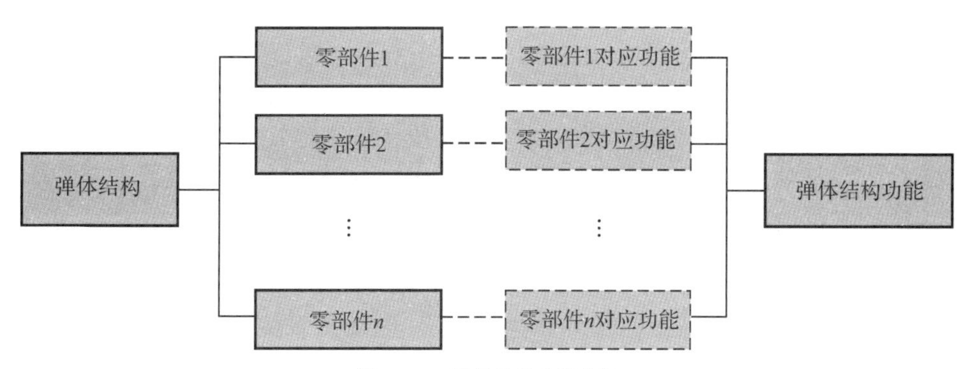

图10-5 弹体结构功能分析

3.约定层次的划分

在对制导炸弹结构进行故障模式及影响因素分析之前，应首先明确分析对象，即规定故障模式及影响分析从哪个产品层次开始，到哪个产品层次结束。这种规定的故障模式及影响因素分析层次称为约定层次。一般将最顶层的约定层次称为初始约定层次，将最底层的约定层次称为最低约定层次。一般参照约定或预定维修级别上的产品层次来确定最低约定层次，如维修时的最小可更换单元。

约定层次既可按系统的功能，也可按系统的结构划分。在不同的研制阶段，由于故障模式及影响因素分析的目的或侧重点不同，约定层次的划分不必强求一致。

约定层次划分注意事项主要包括：

(1)FMEA中的约定层次，划分为初始约定层次、约定层次和最低约定层次。

(2)对于采用了设计成熟，继承性较好，且经过可靠性、维修性和安全性等验证良好的产品，其约定层次可划分得少而粗，反之，可划分得多而细。约定层次划分得越多越细，FMEA的工作量就越大。

(3)在确定约定层次时，可参照约定的或预定维修级别上的产品层次。

(4)每个约定层次产品应有明确定义(包括功能、故障判据等)，当约定层次的级数较多(一般大于3级)时，应从下至上按约定层次的级别不断分析，直至初始约定层次相邻的下一个层次为止，进而构成完整的FMEA。

4.剖面分析

(1)寿命剖面。寿命剖面是指制导炸弹产品从交付到寿命终结或退出使用这段时间内所经历的事件和环境的时序描述。制导炸弹在寿命周期内所出现的

每一事件和每种情况都可能与环境因素有关，产品所处的环境十分复杂，不论在装卸、运输、贮存，还是在操作训练和作战使用过程中，装备无一不经受各种环境变化的影响。

制导炸弹从制造到作战(训练)使用或报废所经历的全部事件和环境一般有验收交付、装卸运输、库房贮存、勤务处理、训练、作战使用(任务剖面)、退役或报废等。制导炸弹寿命剖面框图如图10－6所示。

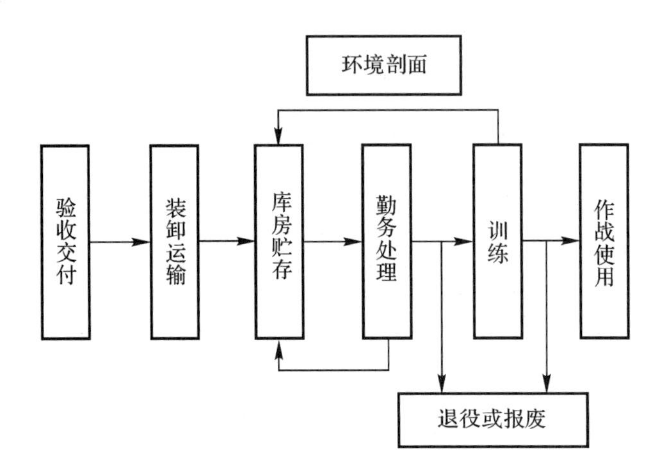

图10－6　制导炸弹寿命剖面框图

(2)环境因素。制导炸弹在寿命周期内所出现的每一事件和每种情况都可能与环境因素有关，制导炸弹所处的环境是十分复杂的，不论在装卸、运输、贮存，还是在挂机操作和使用维护过程中，制导炸弹无一不经受各种环境变化的影响，因此，对制导炸弹结构可靠性进行研究，必须开展其使用寿命期的环境剖面研究。

环境分类的方法很多，通常可把环境分为自然环境和诱导环境两大类。自然环境是指与气候和地域有关的环境，制导炸弹常见的自然环境有温度、湿度、低气压、风、雪、雨、砂尘、盐雾和霉菌等；诱导环境是指人为制造和改变的环境，制导炸弹常见的诱导环境有装卸和运输(公路、铁路、飞机、轮船)过程中引起的冲击和振动，车辆发动机诱发的振动和噪声，炸弹挂飞飞行过程中的加速度、振动、冲击，炸弹内挂飞行过程中的振动、噪声、电磁干扰，炸弹飞行过程中的气动噪声、振动，等等。

制导炸弹使用寿命期的环境历程是指炸弹验收交付后，经过后勤阶段和使用阶段所经受的各种环境条件，这个过程应包括炸弹发货运输、贮存停放、勤务运输、战备状态和作战使用全过程。制导炸弹使用寿命期一般环境历程见表10－1。

表 10-1 制导炸弹使用寿命期内一般环境历程

事件	后勤阶段(带包装)						使用阶段(不带包装)					
	发货运输状态				贮存状态	勤务运输状态	备用状态		战备状态		作战使用状态	
	汽车运输/装卸	火车运输/装卸	轮船运输/装卸	飞机运输/装卸	专用库房、野战库房	汽车运输/装卸	野战库房	汽车周转	库房待发值班	挂机值班	挂机飞行训练、作战	炸弹飞行，对目标攻击
自然环境	高温、低温、干/湿、盐雾、霉菌等	高温、低温、干/湿、盐雾、霉菌等	高温、低温、干/湿、盐雾、霉菌等	低气压、高温、低温、干/湿等	高温、低温、干/湿、盐雾、霉菌等	高温、低温、干/湿、盐雾、霉菌等	高温、低温、干/湿、盐雾、霉菌、风、雪、雨、沙尘、太阳辐射等	高温、低温、干/湿、盐雾、霉菌、风、雪、雨、沙尘、太阳辐射等	高温、低温、干/湿、盐雾、霉菌等	高温、低温、干/湿、盐雾、霉菌、风、雪、雨、沙尘、太阳辐射等	低气压、高温、低温、干/湿、风、雪、雨、沙尘、太阳辐射等	低气压、高温、低温、干/湿、风、雪、雨、沙尘、太阳辐射等
诱发环境	路面冲击、路面振动、装卸冲击、意外跌落等	铁路冲击、铁路振动、装卸冲击、意外跌落等	波浪冲击、波浪振动、装卸冲击、意外跌落等	着陆冲击、飞行振动、装卸冲击、意外跌落等	不考虑	路面冲击、路面振动、装卸冲击、意外跌落等	不考虑	路面冲击、路面振动、装卸冲击、意外跌落等	不考虑	不考虑	挂机飞行过程中的加速度、振动、冲击、平台电磁干扰、噪声、气动载荷	炸弹飞行过程中的加速度、振动、气动载荷

制导炸弹使用寿命期可分为后勤阶段与使用阶段:后勤阶段是指制导炸弹验收完成,指发货运输、贮存、勤务运输阶段,在这个阶段,制导炸弹通常是带包装状态;使用阶段是指备用、战备、作战使用状态等阶段,在这个阶段制导炸弹通常是不带包装状态。其中,备用状态是指炸弹处于野战库房贮存、战场周转的阶段,战备状态是指炸弹在作战阵地所处的战勤值班状态,作战使用状态是指作战部队在接到战斗命令后,挂弹飞行、搜索目标、炸弹投放、飞行、攻击的状态。

制导炸弹的发货运输通常有汽车运输、火车运输、轮船运输、飞机运输等方式,其中汽车运输与火车运输是最常见的两种方式;勤务运输是指制导炸弹从专用库房运至作战阵地前的行军状态,或因作战需要,作短距离阵地转移时的战斗勤务运输,勤务运输通常采用汽车运输,运输距离通常较短,约数十至数百千米。各种运输过程中,制导炸弹需经历相应的振动、冲击等诱发环境和自然环境,其中振动、冲击等诱发环境对制导炸弹影响较大。

制导炸弹的贮存可分为专用库房与野战库房贮存两种类型。其中专用库房贮存是指专用的军械仓库,其环境条件可以调节,因此,温度、湿度及其他自然环境条件对制导炸弹影响较小;野战库房是指在部队简易库房或露天状态下的贮存,其温度、湿度等自然环境条件对制导炸弹影响较大。

在备用状态、战备状态阶段,炸弹已从包装箱内取出,各项装配、测试检查结束,处于随时可能进入作战的待命状态,此时,各项自然环境对炸弹的作用是直接的,炸弹应能在寿命要求周期内承受。

作战使用状态,炸弹所经历的各项自然与诱发环境时间相对较短,但量值较大,且各项环境会同时作用、相互影响。

此外,随着舰载武器平台的发展,制导炸弹还应满足舰载平台滑跃起飞、弹射起飞和阻拦着舰、倾斜、摇摆、颠震等诱发环境要求。

5.故障判据及严酷度定义

(1)制导炸弹结构故障判据。制导炸弹结构的故障判据与其功能密切相关,凡不能满足功能要求的情况均定义为故障。故障判据与产品的使用环境、任务要求等密切相关。

典型制导炸弹结构的故障判据一般表现为:不能满足装载和支承弹身及弹上设备等成件要求;不能保证安装的强度和精度要求;不能实现重量、重心以及转动惯量的要求;不能满足贮存、使用、维护的要求;在载机上悬挂不可靠,发射时不能保证机弹分离安全可靠。

(2)制导炸弹结构故障严酷度定义。故障最终影响的严重程度等级称为严酷度。根据制导炸弹结构最终可能出现的系统损坏或经济损失等方面的影响程度定义故障严酷度。表 10 - 2 给出了典型制导炸弹结构的故障严酷度定义。

表 10-2 折叠舵翼动作机构故障严酷度定义

严酷度类别	严重程度定义
Ⅰ类(灾难性)	该类故障会危及载机安全
Ⅱ类(致命性)	该类故障会引起重大经济损失或攻击目标任务失败
Ⅲ类(临界)	该类故障会引起一定的经济损失或导致投放任务延误或攻击任务降级
Ⅳ类(轻度)	该类故障会引起非计划维修

6.故障模式及影响实施分析

故障模式及影响实施分析一般通过填写 FMEA 表格进行,弹体结构故障模式及影响分析见表 10-3。其中“初始约定层次产品”处填写处于初始约定层次的产品名称,“约定层次产品”处填写与 FMEA 表中正在被分析的产品紧邻的上一层次产品。当约定层次级数较多(一般大于 3 级)时,应从下至上按约定层次的级别不断分析,直至约定层次为初始约定层次的下级。

表 10-3 弹体结构故障模式及影响分析表

初始约定层次产品任务　　审核　　第　页　共　页

约定层次产品　　分析人员　　批准　　填表日期

代码	产品或功能标识	功能	故障模式	故障原因	任务阶段	故障影响			严酷度类别	故障检测方法	预防控制措施	备注
						局部影响	高一层次影响	最终影响				
1	2	3	4	5	6	7	8	9	10	11	12	13
对每一产品的每一故障模式采用一种编码体系进行标识	记录被分析产品或功能的名称与标志	简要描述产品所具有的主要功能	根据故障模式分析的结果,简要描述每一个产品的所有故障模式	根据故障原因分析的结果,要简要描述每一种故障模式的所有故障原因	简要说明发生故障的任务阶段与该阶段内产品的工作方式	根据故障影响分析的结果,简要描述每一个故障模式的局部、高一层次和最终影响,并分别填入第7~9栏			根据最终影响分析的结果,按每个故障模式分析其严酷度的类别	简要描述故障检测方法	简要描述补偿措施	记录注释和补充说明

7.输出分析结论

输出制导炸弹结构故障模式及影响分析结果。输出结果的主要清单包括：

(1)可靠性关键件清单；

(2)严重故障模式清单:故障影响严重的故障模式主要是严酷度为Ⅰ、Ⅱ类的故障模式。

10.3.2 故障树分析

故障树是一种表示事件因果关系的树状逻辑图,用规定的事件、逻辑门等符号描述系统中各种事件之间的因果关系。

故障树分析(Fault Tree Analysis, FTA)方法在系统可靠性分析、安全性分析和风险评价中具有重要作用,是系统可靠性分析常用的一种重要方法。它是在弄清产品基本失效模式的基础上,通过演绎分析方法,找出故障原因,分析系统薄弱环节。

故障树分析以系统的一个不希望发生的事件为焦点,是一种关于故障因果关系的演绎分析方法。通过自上而下的逐层分析,逐步找出导致该事件发生的全部直接原因和间接原因,建立其间的逻辑联系,用树状图表示,并辅以一些定量分析与计算。在故障树分析中,所研究系统及其组成单元的各类故障状态称为故障事件。通常把最不希望发生的事件称为顶事件,它位于故障树的顶端;最基本的故障事件称为底事件,底事件是仅作为其他事件发生的原因、不再深究其自身发生原因的事件,位于故障树的底端;介于顶事件与底事件之间的所有事件均称为中间事件。用相应的符号代表这些事件,用适当的逻辑门符号把顶事件、中间事件和底事件联结成树形图,即为故障树。

1.建立故障树的流程

为建立故障树,需要对待分析系统进行深入细致的调查研究,广泛收集有关制导炸弹的技术文件和资料,了解其构成、性能、操作、使用、维修情况,并深入、细致地分析系统的功能、结构原理、故障状态和故障因素等。此外,还需要对故障事件做出明确、精准的定义与描述。

(1)确定顶事件。顶事件通常是系统最不希望发生的事件。根据系统的不同要求,可以有多个不同的顶事件,但一个故障树只能分析一个不希望发生事件。因此,对于一个待分析系统而言,可能有多个从各自顶事件出发建立的不同故障树。故障树中,一个部件以特定的方式与其他部件相关联。顶事件的确定要从研究对象出发,根据系统的要求,选择与分析目的紧密相关联的事件。

(2)建立故障树。由顶事件出发,逐级找出导致各级事件发生的所有可能直

接原因，并用相应的符号表示事件及上层事件与下层事件之间的逻辑关系，直至分析到底事件为止。然后，结合逻辑运算算法作进一步的分析运算，并删除多余事件。

(3)故障树分析。建立故障树以后，就可以根据故障树对整个系统进行分析与评价，从中得出定性和定量的结果。

2.故障树定性分析

定性分析是故障树分析的主要内容，目的是分析某故障的发生原因、规律及特点，并从故障树结构上分析各基本原因事件的重要程度。故障树定性分析目的主要是寻找最小割集或最小路集。

(1)割集。当一个故障树的某些底事件同时发生时，顶事件必然发生，这些底事件的集合就称为一个割集。割集中的全部事件同时发生是顶事件发生的充分条件。

(2)最小割集。当割集中的任一底事件不发生时，顶事件即不会发生，则这样的割集称为最小割集。它是包含了能使顶事件发生的最小数量的必须底事件的集合。或者说，去掉最小割集中的任何一个事件后就不再是割集，这意味着最小割集中的全部事件发生是导致顶事件发生的充分必要条件。

(3)路集。若干底事件的集合中的底事件都不发生，则顶事件必然不发生，这样的集合称为路集。

(4)最小路集。如果一个路集中任意底事件发生，顶事件一定发生，则称此路集为最小路集。或者说，将最小路集中的任意一个底事件去掉就不再是路集。

3.故障树基本符号

故障树分析法是一种图形演绎法，建立故障树需要一些事件符号和表示逻辑关系的门符号，用以表示事件之间的逻辑关系。故障树中所用的基本符号有两类，即事件和逻辑门，此外还有转移符号、说明符号等，见表10－4和表10－5。

表10－4 故障树中的事件符号

名称		符号	含义
底事件	基本事件		基本事件用圆形符号表示，是故障树分析中无需探明其发生原因的事件
	未探明事件		未探明事件用菱形符号表示，是原则上应进一步探明其原因但暂时不必或暂时不能探明其原因的事件。菱形符号也代表省略事件，表示那些可能发生，但概率微小的事件，或者对此系统到此为止需要再进一步分析的故障事件，这些故障事件在定性分析中或定量计算中一般都可以忽略不计

续表

名称		符号	含义
结果事件	顶事件	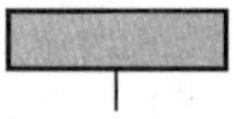	结果事件用矩形符号表示，可以是顶事件，或由其他事件或事件组合所导致的中间事件
	中间事件	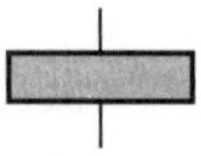	
特殊事件	条件事件		条件事件用扁圆形符号表示，用于描述逻辑门起作用的具体限制条件
	开关事件	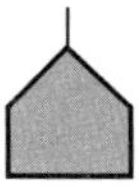	开关事件用房形符号表示，用于描述在正常工作条件下必然发生或必然不发生的事件，当房状图形中所给定的条件满足时，房形所在门的其他输入保留，否则除去

表 10－5　故障树中的逻辑门符号

名称	符号	含义
与门 AND	 与门	表示当且仅当所有输入事件发生时，输出事件才发生的逻辑关系
或门 OR	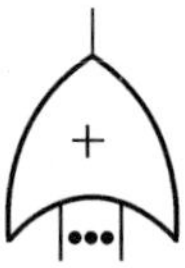 或门	表示至少一个输入事件发生时，输出事件就发生的逻辑关系
非门 NOT	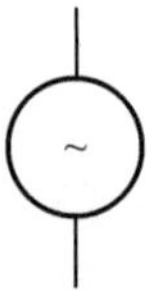 非门	表示输出事件是输入事件的对立事件

续 表

名　称	符　号	含　义
顺序与门 Sequential AND	(顺序条件) 顺序与门	表示当且仅当输入的事件按规定的顺序发生时，输出事件才发生的逻辑关系
表决门 Voting Gate	(r)/(n) 表决门	表示仅当 n 个输入事件中有 r 个或 r 个以上的事件发生时，输出事件才发生的逻辑关系
异或门 Exclusive OR	+ 不同时发生 异或门 A B1　B2	表示仅当单个事件发生时，输出事件才发生的逻辑关系
禁门 Inhibit Gate	(禁门打开的条件) 禁门	表示仅当条件事件发生时，输入事件的发生才能导致输出事件发生的逻辑关系

10.4　产品可靠性分析方法

10.4.1　弹体结构可靠性

制导炸弹结构可靠性是弹体结构在给定的使用条件下和给定的使用寿命内不产生破坏或功能失效的能力。弹体结构可靠度是弹体结构在规定的时间内、

规定的条件下完成预定功能的概率。弹体结构可靠性作为制导炸弹系统内的一个指标，可用制导炸弹经过发射前准备，从出厂交付部队使用，期间反复经历包装、运输、装卸、存放、检测、维修、训练及发射等过程，不出现致命故障的概率来描述。

弹体结构可靠性分析是用应力与强度的数量统计方法，研究强度问题的随机量，确定结构所承受的载荷和两者之间的关系，定量地评价弹体结构可靠性水平的过程。弹体结构强度可靠性设计流程图如图 10－7 所示。

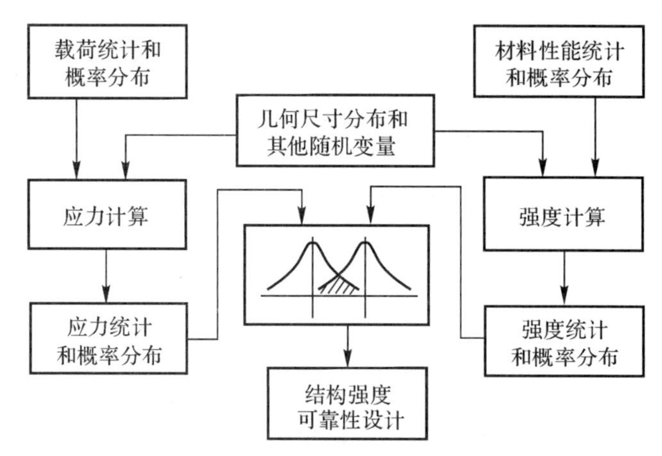

图 10－7　结构强度可靠性设计流程图

10.4.2　弹体结构可靠性计算

目前，机械载荷以静载荷为主，在静载荷设计的基础上，用动载荷进行后设计校核。

弹体结构设计中，零件的应力小于零件强度时，不发生故障或失效。按结构问题特点，结构可靠度为结构强度大于结构所承受载荷的概率。若强度用 S 表示，载荷用 L 表示，则 P_s 和 P_f 可表述为

$$P_s = P(S-L \geqslant 0) = P[(S/L) \geqslant 1] \tag{10-6}$$

$$P_f = P(S-L < 0) = P[(S/L) < 1] \tag{10-7}$$

令 $f(S)$ 为应力分布的概率密度函数，$g(\delta)$ 为强度分布的概率密度函数，如图 10－8 所示，应力与强度的概率分布曲线发生干涉。

应力值 S_1 落在宽度为 $\mathrm{d}S$ 的小区间内的概率等于该小区间所决定的单元面积 A_1，即

$$A_1 = f(S_1)\mathrm{d}S = P\left[\left(S_1 - \frac{\mathrm{d}S}{2}\right) \leqslant S \leqslant \left(S_1 + \frac{\mathrm{d}S}{2}\right)\right] \tag{10-8}$$

强度 δ 大于应力 S_1 的概率为 A_2：

$$A_2 = P(\delta > S_1) = \int_{S_1}^{+\infty} g(\delta)\,\mathrm{d}\delta \tag{10-9}$$

若弹体结构中任何一个舱段结构失效，则弹体结构失效，那么弹体各舱段间为串联连接；若只有在弹体的所有舱段失效后，弹体结构才会失效，那么弹体各舱段间为并联连接。对实际舱段结构而言，只要舱段中个别元件或部分元件失效，则认为舱段失效，通常，弹体结构舱段间为串联连接。

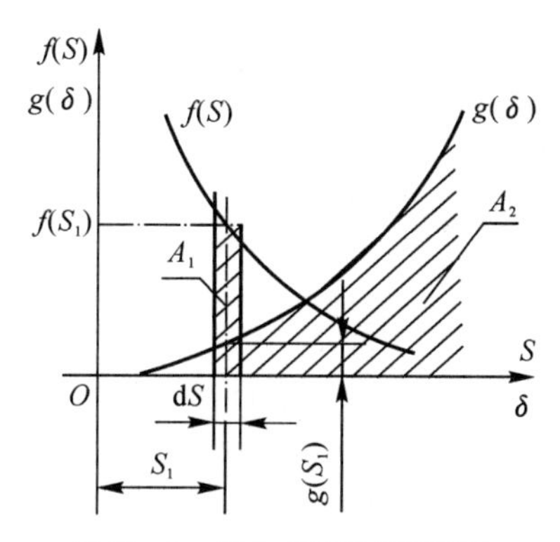

图 10-8 应力-强度分布干涉图

制导炸弹弹体结构的可靠性指标，可表示为下列形式：

$$P = \prod_{i}^{N} P_i^{n_i} \tag{10-10}$$

式中 P_i—— 第 i 个结构组件不破坏的概率；

n_i—— 结构中相同组件数；

N—— 结构组件类型数。

结构组件不破坏的概率[满足强度条件 $\mu_P = \eta \cdot f(\mu_1 + 3\sigma_1)$]为

$$P_i\{g \geqslant 0\} = \Phi(Z_{R,i}) = 0.5 + \frac{1}{\sqrt{2\pi}}\int_0^{Z_{R,i}} \mathrm{e}^{-\frac{t2}{2}}\mathrm{d}t \tag{10-11}$$

$$Z_{R,i} = \frac{\mu_{s,i} - \mu_{1,i}}{\sqrt{\sigma_{s,i}^2 + \sigma_{1,i}^2}} \tag{10-12}$$

式中 $Z_{R,i}$—— 第 i 个结构部件的可靠性系数；

$\mu_{s,i}$—— 第 i 个结构部件材料强度极限的数学期望；

$\sigma_{s,i}$—— 第 i 个结构部件材料强度极限的均方根偏差；

$\mu_{1,i}$—— 第 i 个结构部件载荷值的数学期望；

$\sigma_{1,i}$—— 第 i 个结构部件载荷值的均方根偏差。

$$\mu_{1,i}=\frac{\mu_{P,i}}{\eta\cdot f\cdot(1+3C_{vl})} \tag{10-13}$$

$$\sigma_{1,i}=\mu_{1,i}\cdot C_{vs} \tag{10-14}$$

$$\sigma_{1,i}=\mu_{1,i}\cdot C_{vl} \tag{10-15}$$

式中 $\mu_{P,i}$—— 第 i 个结构部件材料强度极限；

η—— 剩余强度系数；

f—— 安全系数；

C_{vl}—— 载荷变差系数；

C_{vs}—— 材料性能变差系数。

10.4.3 弹体结构可靠性参数

1.参数的统计处理

(1)载荷的统计分析。载荷作用于零件或部件中会引起变形和应变等效应，若不超过材料的弹性极限，则由静载荷引起的效应基本保持不变，而由动载荷引起的效应则随时间而变化。大量统计结果表明，静载荷一般用正态分布描述，动载荷一般用正态分布或对数正态分布描述。

(2)材料的统计分析。金属材料的抗拉强度 σ_b、屈服极限 σ_s 能较好符合或近似符合正态分布；多数材料的延伸率 δ 符合正态分布；剪切强度极限 τ_b 与 σ_b 有近似关系，故近似于正态分布。疲劳强度极限有弯曲、拉压、扭转等，大部分材料的疲劳强度极限服从正态分布或对数正态分布，也有的符合威布尔分布。多数材料的硬度近似于正态分布或威布尔分布。金属材料的弹性模量 E、剪切弹性摸量 G 及泊松比 μ 具有离散性，可认为近似于正态分布。

(3)几何尺寸。由于加工制造设备的精度、量具的精度、人员的操作水平、工况、环境等影响，同一零件、同一设计尺寸在加工后也会有差异。零件加工后的尺寸是一个随机变量，零件尺寸偏差多呈正态分布。

2.参数数据的处理

(1)剩余安全系数。剩余安全系数一般等于或略大于 1，使强度略有储备，但不宜过大，以免造成弹体结构质量偏大。

(2)安全系数。安全系数是制导炸弹结构设计中的一个重要参数，它是一个带有经验性质的数据，不但受外载荷、结构强度及失效模式的影响，而且还受材料、加工质量、结构可靠度指标、特定的使用要求等综合因素的影响，它的大小会直接影响到结构质量和可靠度，关系到制导炸弹的性能。地空导弹安全系数一般取 1.2～2.0；制导炸弹的安全系数一般取 1.25～1.5，金属构件的安全系数一般取 1.2～1.3，复合材料构件的安全系数一般取 1.9～2.0。

(3)可靠性安全系数。把安全系数与可靠性联系起来产生的可靠性安全系数，是在结构强度变差系数和载荷变差系数的基础上，用 95%的概率下限强度与 99%的概率上限载荷之比求得的，即

$$f_R=\frac{1-1.65C_{vs}}{1+2.33C_{vl}}\times\frac{1+u_0\sqrt{C_{vs}^2+C_{vl}^2-u_0^2C_{vs}^2C_{vl}^2}}{1-u_0^2C_{vs}^2} \tag{10-16}$$

式中 f_R—— 可靠性安全系数；

u_0—— 可靠度系数；

C_{vs}—— 材料特性变差系数；

C_{vl}—— 载荷变差系数。

这是按照出现概率为 5%的最小强度与 1%最大载荷之比来定义的可靠性安全系数。

(4)材料特性变差系数。材料特性变差系数是由其数学期望与均方根偏差求得的，而均方根偏差与数学期望是设计部门依据制导炸弹所用材料的机械性能、物理性能，以及这些性能随温度的变化，测试统计的数据。制导炸弹所用材料变差系数一般取值为 0.02～0.16。常用金属材料特性变差系数见表 10-6。

表 10-6 常用金属材料特性的变差系数

材料特性	变差系数		材料特性	变差系数	
	常用值	范围		常用值	范围
金属材料拉伸强度	0.05	0.05～0.10	钢的布氏硬度	0.05	0.02～0.42
金属材料屈服强度	0.07	0.05～0.10	金属的断裂韧性	0.07	
金属材料疲劳强度	0.08	0.015～0.15	钢和铝合金的弹性模量	0.03	
零件的疲劳强度	0.1	0.05～0.2	铸铁的弹性模量	0.04	
焊接结构强度	0.1	0.05～0.2	钛合金的弹性模量	0.05	
复合材料结构强度	0.1	0.08～0.12	复合材料连接强度	0.12	0.1～0.15

(5)载荷变差系数。载荷变差系数在制导炸弹设计初期可用类比法确定，即参考以前类似型号数据或飞航导弹数据，也可用计算飞行弹道的原始数据散布特性求得，即根据某一制导炸弹部件选定的设计情况，通过载荷近似认为正态分布的性质，采用 3σ 原则求得。

载荷变差系数的取值范围一般为 0.02～0.22。轴压和弯扭复合载荷取 0.2，

按分布载荷计算取 0.1，内压或外压取 0.02。

根据气动吹风试验、靶场试验等统计数据，得出制导炸弹载荷因素服从正态分布，并得出相应的分布参数。载荷分布类型及变差系数见表 10－7。

表 10－7　载荷分布类型及变差系数

载　荷	分布类型	变差系数
惯性载荷	正态分布	0.1
挂机飞行气动载荷	正态分布	0.1
自由飞行气动载荷	正态分布	0.15
离机弹射载荷	正态分布	0.2
挂机振动载荷	正态分布	0.2
挂机冲击载荷	正态分布	0.2
疲劳载荷	正态分布	0.1～0.15
阵风载荷	正态分布	0.22

10.5　提高结构可靠性的措施

在结构设计方案阶段或工程研制初期，应结合炸弹结构的具体特点，制定可靠性设计措施，作为设计评审的内容，以保证提高产品结构可靠性。

可靠性设计应在认真总结已有的、类似的产品研制经验的基础上，使其系统化、条理化、科学化，由经验丰富的设计人员来制定。它是工程实践中通常的可靠性设计手段之一，能有效提高产品的可靠性。

可靠性设计不仅要考虑工作状态对产品可靠性的影响，还应充分考虑包装、贮存、运输、装卸、测试和挂飞等状态对产品可靠性的影响。

10.5.1　通用设计要求

(1)采用成熟技术。优先选用经过验证、成熟的设计方案，提高产品设计的继承性。严格控制新技术采用比例，在一个新型号研制过程中，新技术占比一般情况不应高于 30%。

(2)简化设计。应在满足规定功能要求的条件下,使其设计简单,尽可能减少产品层次和组成单元种类与数量;应优先选用标准化程度高的零部件,最大限度地采用通用的组件、零部件、元器件,并尽量减少其品种;必须使故障率高、容易损坏、关键性的结构单元具有良好的互换性和通用性;尽量使接口、连接方式通用化。

(3)冗余设计。在重量、体积、成本允许的条件下,选用冗余设计比其他可靠性设计方法更能满足任务可靠性要求;影响任务成功概率、安全性的关键部件如果具有单点故障模式,则应考虑采用冗余设计技术。

(4)降额设计。设计中对影响任务成败、安全性的关键部件、标准件,应特别注意采取降额设计。

(5)热设计。对于传导散热设计,可选用热导率大的材料,加大材料与导热零件的接触面积,尽量缩短热传导的路径,在传导路径中不应有绝热或隔热件等;对于辐射散热设计,可在发热体表面涂上散热的涂层以增加黑度系数,加大辐射体的表面面积等。

(6)环境防护设计。采取具有防水、防霉、防锈蚀的材料;应用保护涂层以防锈蚀。

(7)抗冲击、振动设计。采取减振设计措施,如采用阻尼减振、动力减振;采用抗振设计,如改变安装部位,提高零部件的安装刚性,安装牢固;采用约束阻尼处理技术;防止共振;等等。

(8)进行容错、防差错设计。对于易装错的零部件,采取防错装结构;采用醒目的识别标识、防差错或危险标识。

(9)选择的零部件、标准件、原材料要考虑使用环境与寿命要求,尽量减少产品品种、规格和数量,且优化选用国标、国军标、行业标准的通用件与标准件。

10.5.2 结构设计要求

(1)尽可能采用简单的结构形式。部、组件之间的装配关系尽可能少、传力路线尽可能短,尽量减少应力集中,减少或避免附加弯矩和扭矩,控制结构应力水平。

(2)结构设计采取防止某个零件失效而引起连锁失效的措施。结构设计时应采取止裂措施、多路传力设计、多重元件设计等。

(3)严格控制结构的相对位置,考虑在静力、动力条件上结构变形对可靠性的影响。

(4)对于吊挂系统、弹翼、舵翼、舱体等重要承力件的结构设计,应进行结构刚度和可靠性设计，提高抗弯和抗扭刚度，结构必须能够承受限制的峰值载荷而不产生有害变形。

(5)提高结构的疲劳寿命。结构应尽量减少应力集中，控制断面急剧变化程度，防止尖角、锐边；尽量采用干涉配合的紧固件；局部关键部位进行强化处理或表面处理；在振动量级较高部位，应降低工作应力水平。

(6)铸件的壁厚和断面应均匀，不应有突然变化；加强筋的厚度和分布要合理；铸件圆角要合理，不应有尖角；要有合理的拔模斜度。

(7)模锻件的结构应对称、简单，应保证锻件的流线方向与最大拉应力方向一致。

(8)冲压件结构应简单、对称，采用圆弧过渡。

(9)紧固件应有防松与防锈措施。

10.5.3 机构设计要求

(1)在满足功能和性能要求的前提下，机构组成形式力求简单，减少不必要的运动环节。

(2)机构设计要有适宜的防卡滞措施，在装配过程中应充分检查机构运动灵活性。

(3)机构相互运动件之间，留有足够运动间隙，该间隙值应充分考虑结构变形、温度变化等因素影响。

(4)机构设计要防运动启动或终止产生过大冲击，应有必要的缓冲装置。

(5)运动部位应涂油防护，并作好润滑，所送油脂应满足制导炸弹使用温度环境要求。

10.5.4 结构安装设计要求

(1)各零部件、元器件组件(特别是易损件和常拆件)的安装要简便，安装件周围要有足够的空间。

(2)系统、设备、组件的配置应根据其故障率高低、尺寸和重量，以及安装特点等统筹安排。尽量做到在安装时不拆卸、不移动其他部分，在必须拆卸和移动其他部分时，要满足操作简便的要求。

(3)功能相同且对称安装的部、组、零件，应设计成可互换通用。修改设计时，应考虑同型号先后产品的替换性。

(4)安装人员的操作应按顺序安排。

(5)安装对象和安装设备应使安装人员经过适当培训即能适应安装工作。

(6)安装规程和方法应简单、明确,使安装人员易于理解和记忆。

(7)应避免或消除安装操作时发生人为差错的可能,即使发生差错也能容易发觉。

(8)对于不允许倒装或不允许旋转某一部位安装的零件,应采用非对称安装结构。

(9)左、右(或上、下)及周向对称配置的零部件,应尽可能设计成能互换的;若功能上不互换,则应在结构、连接上采取措施,使之不会装错。

(10)在安装时可能发生危险事件的部位,须设危险警告标志。

(11)安装部位应提供自然或人工的适度照明条件。

(12)应采取措施,减少系统、设备、机件的振动,避免安装人员在超出有关规定标准的振动条件下工作。

第11章

制导炸弹试验

11.1 静力试验

制导炸弹静力试验是对炸弹的许多承力零件、部件、组件以及整弹进行强度验证，并对弹体结构设计、强度与刚度计算中的简化模型和计算方法的可靠性，以及炸弹生产工艺品质等给出结论。静力试验是制导炸弹弹体结构研制过程中的一项重要研发试验，它不仅是验证结构形式、选材的合理性和结构静力分析正确性的重要手段，而且为制导炸弹研发与改型提供了设计资料，并为制导炸弹提高可靠性积累了数据。

炸弹静力试验通常在炸弹技术设计确定和样件生产阶段进行，试验所需试验件应是按制导炸弹结构的设计图纸制造的，试验件的支持边界应用相应真实条件，或设计专用工装来模拟边界条件，试验载荷一般应加至设计载荷或破坏载荷；在制导炸弹的方案论证与方案设计阶段，根据项目研制需要，可对一些新结构、复杂结构进行摸底性静力试验，以验证设计的可行性，一般采用零件、部件进行，其试验边界条件要求可低一些，试验载荷可变，通常逐步加载到零件破坏，以验证设计结构承载极限；在产品的生产阶段，通常对一些重要、关键零件，如吊耳、滑块、剪切保险丝等进行验收性静力试验，以验证材料性能、生产工艺的稳定性，试验件应从批产生产品中抽取，试验边界条件应模拟真实边界条件，试验载荷通常会加至破坏载荷。本章主要针对鉴定性静力试验进行介绍。

11.1.1 试验目的

静力试验是对制导炸弹结构的各承力零件、部件，以及整机进行强度验证，并对结构设计、强度和刚度计算中的计算模型和计算方法的可靠性，以及生产工艺品质等给出结论。

试验的目的概括起来包括以下方面：

(1)判定弹体结构静强度和静刚度水平是否满足设计要求；

(2)为改进结构设计、验证或修正强度计算方法提供依据；

(3)考核弹体结构生产的工艺水平是否稳定，为批生产的产品验收提供依据；

(4)为结构可靠性设计积累数据。

11.1.2 试验基本原理

结构静力试验是在实验室条件下，用试验装置再现制导炸弹使用寿命周期内可能出现的各种载荷及边界条件，通过观测和研究炸弹结构零部件的应力、变形状态，验证产品结构强度、刚度是否满足设计要求的试验。

试验技术涉及的基础理论与专业技术比较广泛，包括理论力学、材料力学、弹性力学、相似理论、数据处理和误差分析等方面，其最基本的试验原理是应力与应变关系和圣维南原理。

1.应力与应变关系

物体在施加外力的影响下，为了保持原形在内部产生抵抗外力的力称为内力，该内力被物体的截面积除后得到的值即是应力，或者简单地可概括为单位截面积上的内力，表示为

$$\boldsymbol{P}=\frac{\mathrm{d}\boldsymbol{F}}{\mathrm{d}A} \tag{11-1}$$

式中 $\boldsymbol{P}$—— 总应力，它是一个矢量，习惯上将 $\boldsymbol{P}$ 分解为该截面的法向分量(正应力 $\boldsymbol{\sigma}$)和切向分量(剪应力 $\boldsymbol{\tau}$)，Pa；

$\mathrm{d}\boldsymbol{F}$—— 单面面积上的拉力，N；

$\mathrm{d}A$—— 单位面积。

物体受力后，对一个微小单元体来说，其几何变形有两种基本形态，一种是边长的改变，另一种是两相交面之间夹角的改变。其中边长的相对改变量称为正应变，即

$$\varepsilon_x = \frac{\Delta\,\mathrm{d}x}{\mathrm{d}x} \tag{11-2}$$

两相交面之间夹角的改变(用弧度表示)称为剪应变 γ。

当所研究的物体是各向同性时，根据胡克定理，可得到空间应力状态下的应力与应变之间的关系：

$$\left.\begin{aligned}
\varepsilon_x &= \frac{1}{E}[\sigma_x - \mu(\sigma_y + \sigma_z)] \\
\varepsilon_y &= \frac{1}{E}[\sigma_y - \mu(\sigma_x + \sigma_z)] \\
\varepsilon_z &= \frac{1}{E}[\sigma_z - \mu(\sigma_x + \sigma_y)] \\
\gamma_{xy} &= \frac{\tau_{xy}}{G} \\
\gamma_{yz} &= \frac{\tau_{yz}}{G} \\
\gamma_{xz} &= \frac{\tau_{xz}}{G}
\end{aligned}\right\} \tag{11-3}$$

式中 E—— 材料的弹性模量；

μ—— 材料的泊松比；

G—— 材料的剪切模量。

静力试验时，在零件需要被关注的部位上贴应变片，测出零件受载后的应变水平，通过分析计算即可以得出零件在此时的应力水平。

2.圣维南原理

圣维南原理：分布于弹性体上一小块面积(或体积)内的载荷所引起的物体中的应力，在离载荷作用区稍远的地方，基本上只与载荷的合力和合力矩有关，载荷的具体分布只影响载荷作用区附近的应力分布。也就是说，作用在弹性体某一微小表面(或体积)上的力系，由作用在同一微小表面上的另一等效力系(即两力系具有相同的合力和合力矩)来代替，在离载荷作用点外较远的地方，应力水平是一致的，没有本质的差异。

在结构静力试验时，加载通常会有两种情况：一种是试验件上的载荷分布情况是真实已知的，但因分布复杂，试验时无法完全模拟，如零件的惯性载荷等；另一种是只知道试验件上所受力的合力大小与位置，而这个力的分布方式并不明确，如翼面的气动载荷等。应用圣维南原理，可适当简化边界条件，实现在零件需验证部件给出与实际情况本质上相同的应力分布。

圣维南原理对实心物体特别适用，对薄壁结构、细杆结构应根据情况具体分

析，避免局部失效带来的问题。

11.1.3　试验场地、设备、装置

1.试验场地

静力试验场地首先应具备有承受足够大试验载荷的能力。随着厂房形式的不断发展变化，较常见的承载形式有三种：第一种是龙门式固定试验架；第二种是承力地板加承力墙；第三种是承力地板、承力墙再加承力天化板。

与飞机、卫星等产品相比，制导炸弹结构尺寸小、载荷少，试验场地采用承力地板、承力墙再加上龙门式固定试验架的形式，可以较灵活、快速地组织试验。承力地板由多根地轨组成，地轨为倒 T 形槽结构，采用地角螺栓可以固定试验架、试验夹具或试验件。龙门式固定试验架由标准立柱、承力梁、横梁等结构组成，用于安装加力设备、试验夹具或试验件。

2.试验设备

试验设备包括加载设备和测量设备。

(1)加载设备。加载设备用于静力试验时为试验件提供载荷，目前常用的加载设备包括液压加载设备、螺旋加载器、拉力试验机等。其中螺旋加载器用于单向、小载荷的静力试验，拉力试验机用于对简单结构、单向载荷的零件或材料试验加载，这里主要介绍液压加载设备。

液压加载设备适用于多点、大载荷的试验，试验系统由控制系统、油源、液压子站、输油管道、液压作动筒、油压接头和各种管道阀门等组成。

1)控制系统。控制系统的作用是实现多方向、多加载点的协调加载，同时实现对试验过程的监控，并对试验过程进行安全保护，出现问题时及时卸载，如图 11-1 所示。以美国穆格 FCS 公司的 Smartest - 8 为例，该产品可同时进行 8 个通道液压加载伺服控制，在试验过程中可以不中断试验，随时将通道的控制方式由力控制变为位移控制，反之亦然。系统采用全部数字控制，从实时文本格式交换(RTFE)到顺序控制器(SMC)采用高速光纤通信，传递数字信号，无信号衰减，加载准确。此外，采用控制系统进行加载，可实现“虚拟通道”技术，即可以自行设定公式进行实时计算，输入可以是一个通道的力反馈、位移、温度、应变或其他虚拟通道的计算结果，输出结果是一个物理通道的控制命令。

2)油源。油源又称为油泵站，其作用是为液压加力系统提供动力源，通常包括电机、恒压变量泵、比例溢流阀、滤油器等部分，如图 11-2 所示。油源输出的油压可根据需要，按载荷大小及使用的作动筒型号来进行调节，油源的液压泵流量一般为 100 L/min，输出压力为 20 MPa 以下。油源应具有超温、超压、超限位安全保护装置。油源的每个泵出口以及油路中应装有油滤装置,对液压油进行过滤。

图 11-1　控制系统

图 11-2　油源

3)液压子站。液压子站的作用是将源油提供的高压油分配至各个液压作动筒,并起到稳定油压的功能。根据载荷加载点的情况,液压子站一般配备 2～3 个。

4)液压作动筒。液压作动筒是静力加载的执行机构,实现对试验件的加载。液压作动筒主要由电液伺服阀、作动筒等组成,如图 11-3 所示。液压作动筒设计时,除应根据油压、试验力计算活塞筒直径外,还应根据加载频率、加载幅值等选择电液伺服阀。液压作动筒还应根据系统的总体性能要求来确定作动器的间隙、摩擦、泄漏等诸多参数,在此基础上,对液压作动筒的基本结构和确定的各参数进行综合调整,优化设计,以获得系统所需的最佳谐振频率及液压固有频率,这样可以改善由机构谐振与液压系统的耦合所造成的低频小阻尼综合谐振状态,提高系统的频响和工作稳定性。根据实验产品情况,实验室可配备 1 t、2 t、

5 t、8 t、10 t 等不同拉力的液压作动筒。

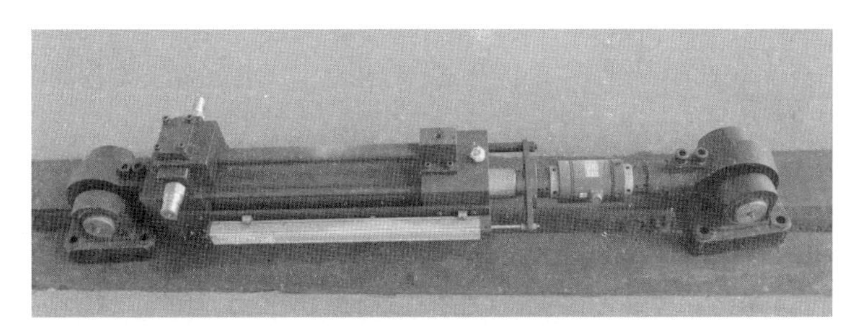

图 11-3　液压作动筒

(2)测量设备。

1)力测量设备。静力试验过程中,加载的力的大小可由测力传感器来测定。传感器目前有多种形式,主要有测力环、测力计等。测力环常用于载荷较大的场合,测力范围分为 10 kN、30 kN、50 kN、100 kN、150 kN、250 kN 等;测力计常用于载荷较小的场合,测力范围分为 1 kN、3 kN、5 kN 等。测力传感器的测力原理是弹性金属体上贴有应变片,弹性体受力后产生变形,使应变片相应发生变形,应变片电阻值随之变化,通过放大后,在电子仪器上指示出力的数值。

2)应变测量设备。静力试验应变测量的原理:结构件在受力后发生变形,与其紧密贴合的应变片同步发生变形,采用电阻应变片将此机械变形量转换成相应的电量(电阻),通过测量该电量(电阻),分析计算得出结构变形量。应变测量设备由应变片、信号调理器、数据采集系统等组成。其中应变片贴在试验件上,与试验件同步变形。应变片按测量方向可分为单向变形片、双向应变片、45°应变花、60°应变花等。信号调理器用于将应变片的电压信号进行放大,并传给数据采集系统。数据采集系统用于实现测量数据的采集、处理。

3)位移测量设备。位移测量设备用于测量试验件受载时所发生的位移,常用的位移测量设备有:①标杆、标尺测量位移,测量时目测读数,手工记录,因此测量速度慢,精度低,但可测量大位移;②百分表测量位移,测量时目测读数,手工记录,该方法测量精度高,10 mm 以下的位移量可精确到 0.01 mm;③位移传感器与测量仪配套测量,该方法采用位移传感器采集试验件受载后的位移量,将其转化为电信号,经测量仪分析、处理后得到位移量,该位移量可以通过计算机显示、存储,也可反馈至控制系统作为控制量进行试验控制,是目前常见的位移测量方法。

3.试验装置

试验装置包括通用承载装置和专用试验装置。

(1)通用承载装置。通用承载装置指静力实验室内通用的承载、加载装置。这类装置不按产品型号配套,而是根据每个企业的实际情况,按一定的系列进行设计,不同产品试验时,根据需求进行选择、组合。这类装置主要包括立柱、加载梁、承力梁、加力杠杆系统、拉杆、拉板、帆布带等。

1)立柱和承力梁。立柱和承力梁均采用梁式结构,由缘板、腹板、垫板和槽钢等焊接而成,梁的横断面为箱形结构。龙门式固定试验架如图 11-4 所示。其中立柱主要用于与承力地轨连接,可实现水平方向的加载,承力梁通常横跨在两个立柱或承力地轨之间,实现垂直方向的加载。立柱、承力梁可单独配合承力地轨使用,也可组合成龙门式固定试验架,构成一套完整的承载系统。

图 11-4　龙门式固定试验架

2)加力杠杆系统。作用在弹体上的载荷通常是分布载荷,而加载设备输出的是集中力,故试验时,需把作用在弹体上一定区域内小面积的分布载荷简化为集中载荷,但这些集中载荷的作用点仍很多,显然不可能一点一点地单独加载。为此,需要加力杠杆系统将同一方向上的多个作用点的力,根据平面力系的合成原理合成为一个力,如图 11-5 所示。图中竖直方向的单线表示拉杆,水平方向的双线表示杠杆,拉杆与杠杆各有许多种形式,拉杆通常采用钢丝绳,杠杆通常可采用双槽钢、双角钢、钢管等结构,实验室根据实际需要,按载荷大小、长度将拉杆与杠杆系列化。

3)帆布带。弹体结构进行静力加载时,可以通过在弹体上打孔,增加连接结构,通过拉板、拉杆进行加载,但为了保持弹体结构完整性,更多地采用帆布带的形式进行加载,尤其是翼面、薄壳结构。帆布带一般采用帆布或尼龙布,用丝线或尼龙线缝制而成。帆布带的承载能力由其本身材料、规格、黏接剂，以及黏接工艺决定。

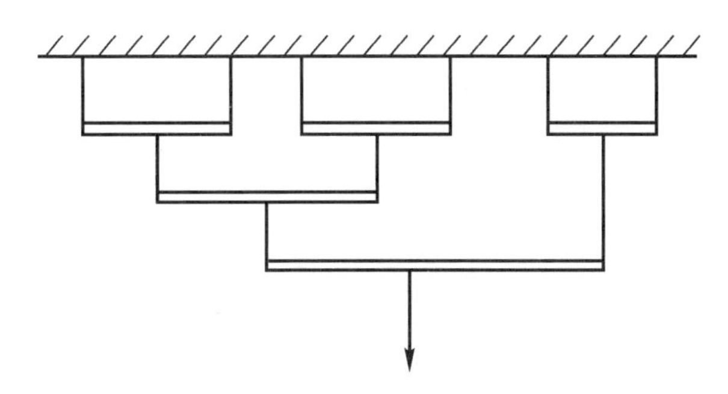

图 11－5 加力杠杆系统示意图

(2)专用加载装置。专用加载装置指静力实验室根据不同产品型号、不同类部件试验需要，而制造的试验专用工装。这类装置根据产品的特点各不相同，但在设计时仍应遵守相同的原则：

1)接口形式应接近实际情况。加载装置与试验件之间的连接结构应与真实产品相一致，以真实模拟试验件受载情况。如挂机强度试验时，挂钩形式应与飞机挂钩结构形式一致。

2)必须考虑边界效应。加载装置设计时应考虑试验件受载时的边界效应，避免在连接处应力过分集中。如弹翼组件强度试验时，若仅将弹翼安装板作为边界进行试验，则有可能出现应力较大的现象，试验时应以弹体为模拟边界进行试验。

3)应选取足够的安全系数。为保证试验过程中加载装置不出现提前破坏，加载装置应有足够的安全性，其强度应能承受最大试验载荷的 2～3 倍而不出现破坏。当结构支持形式的真实性与选取安全系数相矛盾时，应首先保证支持结构的真实性的要求，在此基础上，选取尽可能大的安全系数。例如，制导炸弹进行挂机强度试验时，吊耳、滑块的固定工装必须与真实的挂架接口相一致，如要增大安全系数，则只能采用高强度材料来实现，而不能采用增加结构几何尺寸的办法。

4)应具有合适的刚度。要使加载装置刚度完全模拟弹上实际结构的刚度，往往是比较困难的，设计时通常使加载装置的刚度大于弹上实际的结构刚度，以避免产品受载时变形过大引起载荷重新分布。但并不是加载装置刚度大就好，在一些情况下，加载装置刚度过大，会阻碍弹体在受载后的变形，使局部应力增大，提前破坏。

11.1.4 试验设计

静力试验涉及面广，试验前应完成试验大纲（或试验方案）、布局图、杠杆图等设计工作，确保试验顺利进行，这主要包括以下几个方面。

1.试验顺序的安排

进行试验前，应根据试验任务书规定的试验内容与试验需求，安排试验顺序。试验顺序安排合理与否，直接关系到试验品质、试验周期与试验成本。

一方面，最先做的试验所用的试件是完好的，并且没有承受过载荷，在后续的试验中，由于多次承受不同载荷，试验件有可能发生变形，出现残余应力，甚至破坏，因此试验安排时应考虑试验后结构件对后续试验的影响；另一方面，不同试验涉及的装夹、加载方式不同，频繁地改变装夹、加载方式，会大大加长试验周期，增加试验成本。因此，试验顺序编排时，要全面考虑两方面的关系。

安排试验顺序的原则为：

(1)先做小载荷试验，后做大载荷试验；

(2)先做设计载荷试验，后做破坏试验；

(3)关键部件、重要部件的试验应优先安排；

(4)在设计或计算中没有把握，或结构改变后急需强度结论时，应优先安排；

(5)前面的试验中如发生结构破坏，对后面的试验情况影响不大或无影响者先做；

(6)安装形式相近，做完一个试验情况后只需少量变动即可做后面两个或多个试验情况的，应连续安排，以减少安装工作量；

(7)翼面、舵翼的试验可在全弹或舱段试验后立即在弹上进行，不必另装在夹具上，以缩短试验周期；

(8)研究性试验排在后面。

2.加载方案设计

根据试验任务书规定的试验加载要求，确定试验加载方案，不同的结构、载荷采用不同的加载方式，对于整流罩、气缸等承压结构，采用加压法进行加载，对于舱体、翼面等承力结构，采用加力杆、杠杆等进行加载。

整流罩、气缸等承压结构所受载荷为分布压力，按加载方向可分为内压试验、外压试验，加载的方向根据产品受载方向确定。加载介质常采用气体、液体。加载介质选择时，应满足试验压力及其精度要求，并适合检查对试件的影响，较大压力试验时，一般都用液体作加压介质。与气体相比，用液体加压有以下优点：

(1)在注水和加低压等试验准备阶段,能及时发现因密封不好而发生的渗漏;

(2)试验发生破坏时,卸载及时,可以防止破坏部位的扩大,可以直接观察并记录破坏的部件,保留较完整的试验件;

(3)液体的压缩比小,试验破坏时,其压力随着高压的液体喷出而急剧下降,不会出现气体充压破坏时的爆破现象,使用安全。

常用的液体介质为水,水有获取方便、价格便宜、无毒无害、处理方便的特点。

例如,某制导炸弹密封头部整流罩在炸弹飞行时,内部填充气体,需承受0.12 MPa压力,采用内压法进行强度试验,试验示意图如图 11-6 所示。

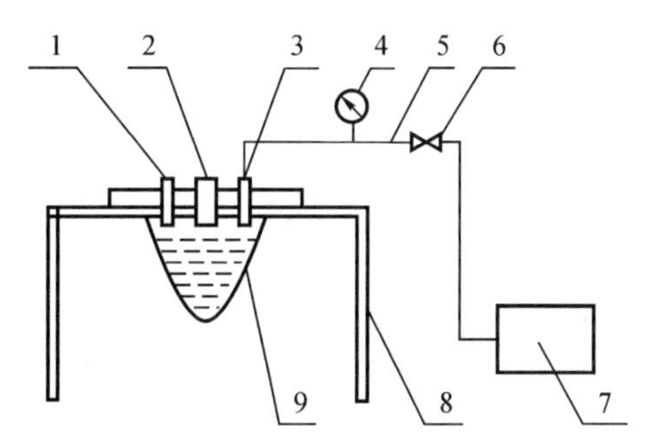

图 11-6　某密封头部整流罩强度试验示意图

1—排气孔;2—注水孔;3—加压接头;4—压力表;5—水管;6—阀;7—液压泵;
8—强度试验工装;9—密封头部整流罩

全弹、舱体、翼面等加载试验时,采用加力杆、帆布带、杠杆等进行试验加载,试验设计时,应做好以下工作:

(1)绘制试验加载协调图。制导炸弹静力试验,通常加载点较多,全弹试验时一般都有 10 个以上加载点,加载方向也有垂直、水平、轴向和其他任意方向,这为试验的实现与协调带来了困难,为了准确、清楚地表达试验加载,应绘制试验加载协调图,作为加载系统协调尺寸、加载顺序的依据。

(2)绘制加载点图。全弹、舱体、翼面等结构试验时,通常将作用在结构上的分布载荷简化为有限点的集中载荷,加载点图用于明确这些加载点位置及载荷大小。由于加载点通常采用帆布带的形式进行加载,因此加载点图通常也称帆布带位置图。

绘制加载点图是试验加载设计的一项重要工作,该图是粘贴帆布片和设计杠杆系统图的依据,设计时应考虑以下方面:加载点应尽量设计在框、筋、梁上,以利于载荷的扩散;在满足设计要求的情况下,加载点越少越好;帆布带尺寸、规格设计时，应兼顾部件试验与全弹试验需要，载荷按其最大值设计；帆布带设计应有足够的安全系数，一般取 1.5～2.0，当帆布带受载不均时，其安全系数应适当加大；加载应可行，加载点应互不干扰；加载点的设计不应影响载荷的传递，个别位置载荷过大、帆布带粘贴不下时，经设计部门同意，可以用打孔加垫片的方法加载，打孔的直径在满足拉杆系统强度、刚度的条件下，应尽可能小。

例如，某制导炸弹弹翼加载点如图 11－7 所示，图中序号 1～15 为加载点序号，④、⑭为 4 号帆布带与 14 号帆布带。

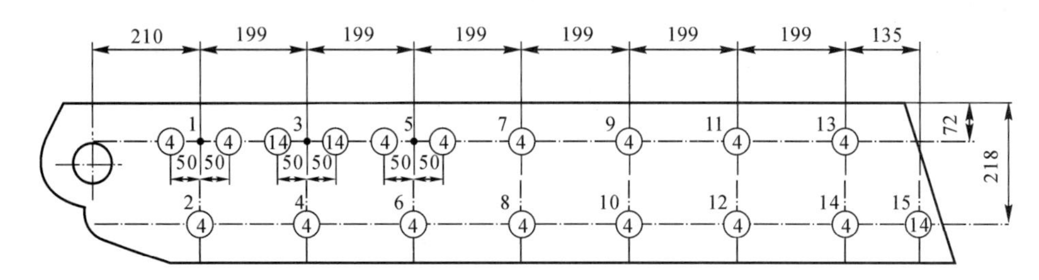

图 11－7　某制导炸弹弹翼加载点图

(3)绘制加载系统图。确定加载形式与加载点后，需绘制加载系统图，用于确定加载系统。对于单点加载，明确加载点位置及加载设备规格即可，对于多点加载，则需绘制杠杆图。绘制杠杆图时应注意以下几点：杠杆比不应太大，两侧载荷比通常不应大于 4；杠杆系统应具有足够强度与刚度，避免杠杆受载时变形或破坏引起试件上载荷过大，杠杆系统的安全系数一般取 2～3；各切面的杠杆系统中，应有两个以上的可调节拉杆，以便于杠杆系统的调节；各杠杆间应为铰链连接，以保证载荷的真实传递；各级杠杆间的距离应尽可能小，以减小加载系统的总高度，方便加载。

例如，某制导炸弹弹翼后缘杠杆图如图 11－8 所示。

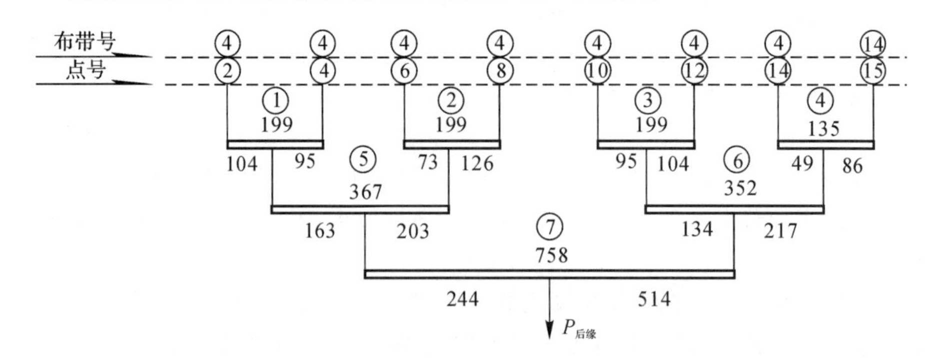

图 11－8　某制导炸弹弹翼后缘杠杆图

3.绘制试验安装图

确定加载方案后，开展试验安装图的设计，通过试验安装图明确加载装置、加载方向与方式、加载力大小等内容。

试验安装图绘制时应考虑以下因素：

(1)全弹及其部件的各个情况的加载试验中应尽可能采用同一套试验装置进行加载，以减少安装工作量。

(2)试验装置。应优先选择通用加载装置进行试验，以减少专用装置数量，缩短工装试制周期。

(3)试验架。必须按全弹及部件各个情况载荷的大小及载荷点位置计算试验架的受力情况，使它具有足够的强度与刚度，保证试验的安全和试验品质。

(4)试验件在试验架的安装、加载高度应适当，方便试验安装操作。对于杠杆系统的安装，通常弹体轴线至地面距离为2～2.9 m。

(5)试验架的位置应适当，以充分利用承力地轨进行加载。设计时，通常使试验件的轴线在地面的投影与某一地轨中心线重合。

(6)加载多个方向载荷时，应注意防止加载装置相互干扰，必要时应设计工装，使两套加载系统分开。

例如，某制导炸弹弹翼展开情况下，弹翼与弹身组合飞行工况试验安装图如图 11-9 所示，弹体采用通用加载装置进行固定，弹翼总载荷 15 804 N，由杠杆系统分配至两件弹翼上。

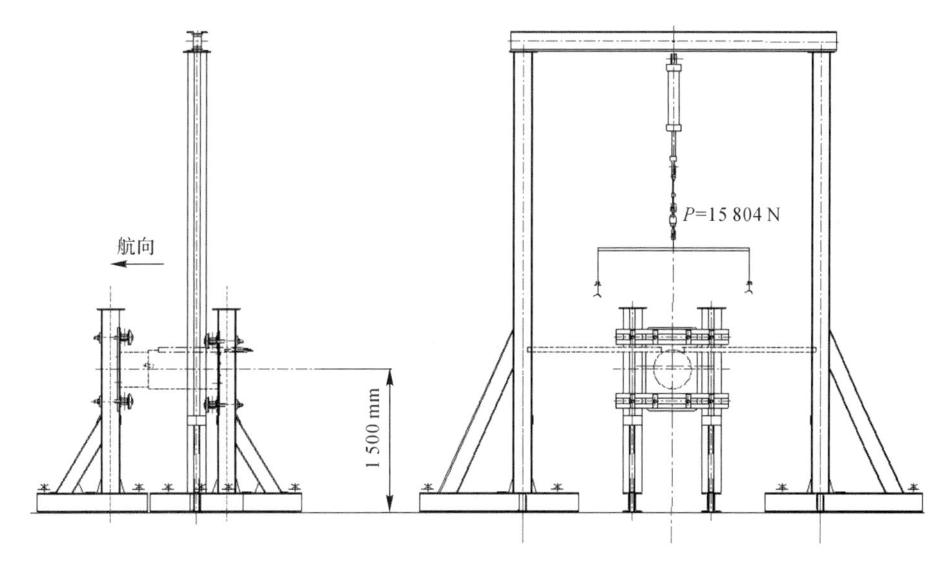

图 11-9 某制导炸弹翼身组合自由飞行工况试验安装简图

4.测量方案

试验时，应明确测量方案，这包括应力测量与位移测量。

应力测量点及其位置应按试验任务书要求确定，并绘制出详细的布置图，图中应标注应变片粘贴位置尺寸，以及应变片编号。

位移测量点及其位置应按试验任务书要求确定，并绘制出详细的布置图，图中应标明测量点的位置及测量点的编号。考虑到试验时试验架发生变形会造成整个试验件发生刚体位移，故位移测量点布置时，还需测量几个参考点，将其位移值作为位移数据处理时的修正参数。

图 11－10 为某制导炸弹弹翼应变片布置图。图中序号 32、33、34 为一个 45°应变花的三个应变片，35、36、37 为另一个 45°应变花的三个应变片；45、135、150 为应变片粘贴位置，单位为 mm；45、135、140、1 480 为应变片贴位置尺寸，单位为 mm。图 11－11 为该弹翼位移测量点布置图，③④⑤⑥为 4 个位移测量点。

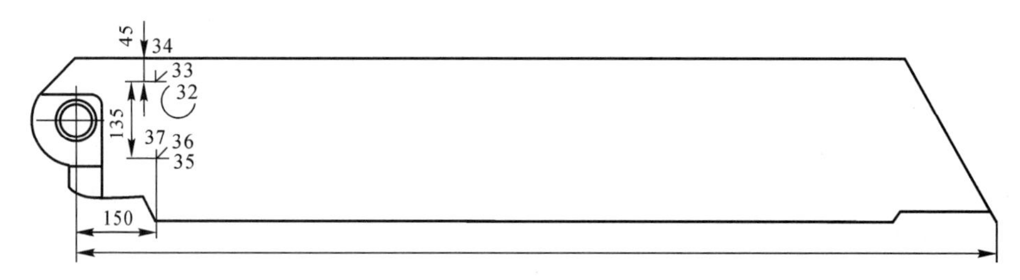

图 11－10　某制导炸弹弹翼应变片布置图

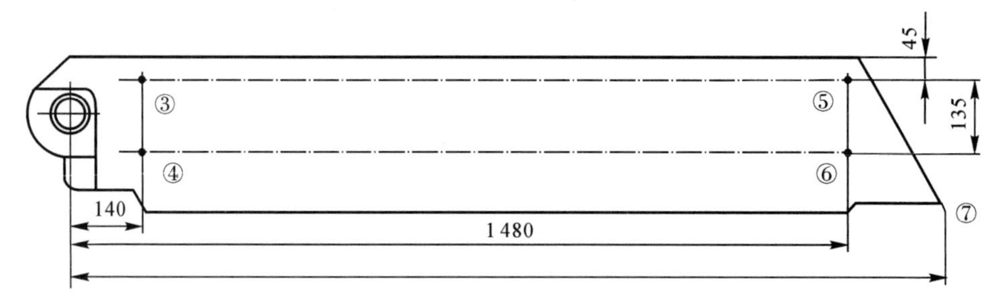

图 11－11　某制导炸弹弹翼位移测量点布置图

11.1.5　试验实施

1.产品准备

(1)产品检查。试验前，应进行产品状态检查，确定所提供进行试验的试验

件符合试验任务书的要求，并有检验合格证或其他说明试验件状态的检验文件，未经设计方允许不得在试验件上进行机械加工。在试验中，不传递载荷、对试验件结构强度和刚度影响不大的部件、零件，允许从试验件结构中略去，对于其中传递载荷，不需要考虑自身强度与刚度的部件、零件，可以用模拟件代替。以上略去与代替部分必须在试验大纲或试验任务书中明确说明。

(2)帆布带粘贴。帆布带的粘贴工作包括处理、粘贴帆布带、粘贴剂的固化等内容。帆布带在试验件上的黏结面应洁净，黏结面的强度应能反映试验件真实强度水平，对于试验件表面的喷涂、发蓝、氧化、镀锌和镀铬等处理，应用砂纸打磨去除，一般打磨后表面粗糙度要达到 6.3～3.2 μm，打磨有效面积应大于所要粘贴的帆布带的粘贴面积。打磨后，用丙酮和酒精棉球擦洗试件及帆布带的黏结面，除去油污及汗渍，清洗后，不得用手触摸黏结面。黏结面凉干后，按规定的粘贴工艺在黏结面涂上专用胶(如环氧树脂胶)，帆布带与试验件黏合时应压紧，胶层的厚度应薄而均匀。粘贴完成后，根据粘贴剂的要求进行加压、加温、时效处理，保证粘贴可靠。帆布带的粘贴强度应有足够安全裕度，对于新材料试件、新粘贴用胶的粘贴性能，应制造拉力试验件，进行粘贴力测试试验。

(3)应变片粘贴。应变片的粘贴工作包括表面处理、粘贴应变片等内容。应变片在试件上的黏结面应是一个洁净且粗糙度适当的表面，对于表面喷有涂层的试验件，首先应除去表面涂层，然后用砂纸交叉打磨，一般表面粗糙度要达到 6.3～3.2 μm，有效面积应大于所要粘贴的应变片的基底面积，对于粗糙度高于 3.2 μm 的表面也应用砂纸打磨至 6.3～3.2 μm，对于表面镀锌或镀铬的试件，打磨时不必完全磨去表面层。

打磨后，用丙酮和酒精棉球擦洗试件及应变片的黏结面，除去油污及汗渍，清洗后，不得用手触摸黏结面。

黏结面凉干后，在黏结面涂上专用胶(如 502 胶)，将应变片与试验件黏合，压紧，粘贴时，应保证应变片方向与要求方向一致，胶层的厚度薄而均匀。

2.现场安装、调试

试验现场安装、调试是试验准备工作中工作量最大的一个环节，包括试验架的安装、试验件的安装、杠杆系统安装、测力传感器与作动筒的安装、应变片接线、位移测量系统安装、加载系统调试、测量系统调试等工作。

(1)试验架的安装。按照试验安装图进行试验架的安装工作，首先在地面按设计图划线，确定各主要承力构件的位置，按要求固定立柱，搭建龙门架，固定加载装置。

(2)试验件的安装。按确定的试验件安装方案，将试验件固定在加载装置上，安装过程中，应注意保护试验件结构完好，固定面受力均匀，避免安装带来的附加载荷，安装完成后，检查连接是否牢固，试件是否在要求位置，必要时，还需对试验件采取保护措施。

(3)杠杆系统安装。首先在地面对杠杆系统进行组装、协调，各安装尺寸误差不得超过±1.5 mm，然后，标明各加载点号和整套杠杆图号及配重，最后，对杠杆系统进行称重，加载时应扣除此重量。对于垂直平面内的所有杠杆系统，杠杆的自重均应按杠杆比进行配平。若配平重量小于1 kg，允许不加配重，试验加载时，应去除杠杆重量引起的载荷。对于水平面工作的杠杆系统，若重量大于10 kg，应用绳子将杠杆系统吊起，消除重力影响。将组装好的杠杆系统按安装图要求装至试验件上，安装时，应注意杠杆上标记的载荷点与试件上的载荷点一一对应，防止装错，调节杠杆上的调节拉杆，使各杠杆相互平行。杠杆系统安装时，应确保套在帆布带内的钢棒、套管到位，水平方向的杠杆要设法吊起。安装完成后，应对照杠杆系统图检查每一根杠杆的尺寸和全部紧固螺钉是否拧紧。

(4)测力传感器与作动筒的安装。杠杆系统安装完成后，把测力传感器、作动筒按安装图要求连接至承力点上，然后在作动筒上连接油管。测力传感器装在杠杆系统与作动筒之间，杠杆系统合力点、测力传感器、作动筒应在一条直线上。安装时，应对测力传感器与作动筒进行保护，防止试验件试验时结构破坏或帆布带脱落可能造成的测力传感器或作动筒损坏。

(5)应变片接线、位移测量系统安装。加载系统安装完成后，进行应变片接线与位移测量系统的安装工作。应变片接线时，注意接线点与应变片测量点对应一致，电缆走线避开加载系统。位移测量系统安装时，与加力系统不可相互接触，位移测量应尽量以地面为基准，位移架的底座连接在地板上，位移传感器的测量方向应与试验件变形方向相平行。位移传感器量程选择时，应考虑试验件可能出现的最大位移，且安装时还应留有足够的行程。应变片接线完毕，位移测量系统安装完成后，应对试件上的测量点编号与测量布置图上编号进行记录、检查，并检查确定电缆接头编号与测量仪器上测点编号协调一致。

3.试验系统调试与预试验

(1)加载系统调试。对各加载点分别进行加载调试，调试时，作动筒与力传感器、油源系统、控制系统进行连接，与杠杆系统、试验件断开，通过控制系统，对作动筒进行控制操作，检查加载系统能否准确实现加载、卸载、稳载工作，并用手拉测力传感器检查控制系统与测力传感器的通信与工作协调。

(2)测量系统调试。对于应变测量系统，在应变片粘贴完成后，应用仪器对应变片进行检测，应变测量系统连接完成后，可先对试验件加一级载荷(10%载荷)，检查应变测量系统工作是否正常。对于位移测量系统，应在测量系统连接完成后，对试验件施加一定量的载荷，以消除试验件与夹具等安装间隙带来的误

差影响，载荷根据试验系统结构可在10%～30%范围内选择，加载后，估计间隙已消除时，将测量系统调零，以保证测量的准确性。

(3)预试验。正式试验前，应对整个试验系统进行预试验，以确认全系统的协调性和准确性。预试验从初始载荷状态开始进行，即：当使用自动协调加载系统时，在已施加10%设计载荷的状态下开始试验；当未使用自动协调加载试验系统时，在加载系统调零完毕的状态下开始试验。预试中发现问题应在未施加载荷的状态下排除故障，故障排除后应重新进行预试，原则上直到确认试验系统正常，方可不再进行预试，但预试次数一般以三次达到预定的最高预试载荷为限。

预试步骤：

1)试验系统调整到初始载荷状态；

2)测量系统调零并进行测量记录；

3)加载一个级差(一般为10%设计载荷)；

4)保载、测量、观察；

5)重复步骤3)、4)直至30%设计载荷或试验大纲规定的预试载荷；

6)退载到初始载荷状态。

预试过程中应注意检查：

1)试验件的状态是否正常；

2)加载系统工作是否正常，各加载点是否能协调加载；

3)加载过程中杠杆系统是否有相互干涉；

4)杠杆系统加载过程中各杆之间的空间位置是否正常；

5)试验应变片测量线、传感器电缆、位移测量系统等的布线是否合理，各布线与加载系统是否有干涉；

6)应变测量系统、位移测量系统工作是否正常；

7)油压系统工作是否正常，降压保护措施是否正常。

4.正式试验

通过预试确认试验系统正常后方可进行正式试验，试验前，应在试验件前立试验情况标牌。在正式试验全过程中随时观察、记录试验现场发生的情况，包括试件、工装和整个试验系统的异常情况，必要时应进行现场录像。

正式试验步骤：

(1)将试验系统调整到初始载荷状态；

(2)将测量系统调零并进行测量记录；

(3)加载一个级差(一般为10%设计载荷，使用载荷应单设一级)；

(4)保载、测量、观察；

(5)重复(1)～(4)步骤直至使用载荷(67%设计载荷)；

(6)拍照；

(7)逐级退载至初始载荷状态；

(8)测量、观察；

(9)将测量系统调零并进行测量记录；

(10)重复步骤(5)，并继续以10%或5%设计载荷为级差逐级加载到设计载荷；

(11)保载3 s以上，观察、拍照；

(12)按试验任务书或大纲要求退载到零，结束试验，或继续以5%设计载荷为级差逐级加载到试件破坏或大纲规定的某级载荷，并进行拍照；

(13)逐级退载到零；

(14)在试验过程中，当试件发生破坏时，应保护现场并由有关人员进行观察、分析、拍摄、记录。

11.1.6 试验结果

1.应力计算

将各测量点的各级应变量值进行一元线性拟合(拟合过程中对可疑数据进行舍弃)，得到载荷与应变值的一元线性关系，求出对应载荷的应变值，再计算出应力。

对于单向应力，其计算公式为

$$\sigma = E\varepsilon \tag{11-4}$$

对于平面应力，其计算公式如下。

最大主应力为

$$\sigma_{\max} = \frac{E}{2}\left[\frac{\varepsilon_1 + \varepsilon_3}{1-\mu} + \frac{1}{1+\mu}\sqrt{(\varepsilon_1 - \varepsilon_3)^2 + (2\varepsilon_2 - \varepsilon_1 - \varepsilon_3)^2}\right] \tag{11-5}$$

最小主应力为

$$\sigma_{\min} = \frac{E}{2}\left[\frac{\varepsilon_1 + \varepsilon_3}{1-\mu} - \frac{1}{1+\mu}\sqrt{(\varepsilon_1 - \varepsilon_3)^2 + (2\varepsilon_2 - \varepsilon_1 - \varepsilon_3)^2}\right] \tag{11-6}$$

最大剪应力为

$$\tau_{\max} = \frac{1}{2}(\sigma_{\max} - \sigma_{\min}) \tag{11-7}$$

主应力相对应变片中第一片(片号小的为第一片)的夹角为

$$\theta = \frac{1}{2}\arctan\frac{2\varepsilon_2 - \varepsilon_1 - \varepsilon_3}{\varepsilon_1 - \varepsilon_3} \tag{11-8}$$

式中　E—— 材料弹性模量，一般铝材取72 GPa，钢材取210 GPa；

ε_1、ε_2、ε_3——45°应变花三个方向所测应变；

μ—— 材料泊松比，一般铝材取0.32，钢材取0.28。

2.位移计算

将几次测量数据先进行算术平均，再用最小二乘法对各测量点的各级数据进行线性拟合，拟合过程中对可疑点进行了舍弃，用所得直线方程的斜率乘以67、100、150即得使用载荷、设计载荷、破坏载荷下的位移量。

3.试验报告

试验报告应全面反映试验的情况，提供测试数据及分析结果，并对试验件作出是否满足强度、刚度要求的结论，试验报告的内容通常包括以下几个方面。

(1)试验目的：明确试验考核的要求。

(2)试验依据：包括试验任务书或试验大纲的名称、代号。

(3)试验产品技术状态：包括参试品、陪试品的数量和状态，以及产品装夹状态等内容。

(4)试验设备：包括加载设备、测量设备，以及试验装置的名称、型号、代号等内容。

(5)试验过程：包括试验项目、试验场地、试验时间、参试人员、试验安装情况、试验加载方法、试验步骤，以及试验中出现的现象。

(6)试验数据分析：包括试验情况汇总、应力与位移测量数据、试验照片。

(7)试验结论：按照试验情况，作出关于试件强度与刚度的结论，并提出改进建议。

除试验报告外，试验人员还应单独出具应力测量报告、应变测量报告，对各应力测量点、应变测量点的测量结果进行详细的分析、说明。

11.2 模态试验

模态参数是在频率域中对振动系统固有特性的一种描述，一般指的是系统的固有频率、阻尼比、振型等。模态试验是通过对给定激励的系统进行测量，得到响应信号，再应用模态参数辨识方法得到系统的模态参数。

通过模态试验搞清楚结构物在某一易受影响的频率范围内各阶主要模态的特性，就可能预测结构在此频段内在外部或内部各种振源作用下的实际振动响应。因此，模态试验是结构动态设计及设备故障诊断的重要方法。模态试验的最终目标是识别出系统的模态参数，为炸弹的振动特性分析、振动故障诊断和预报以及结构动力特性的优化设计提供依据。

模态试验是制导炸弹研制过程中的一项重要试验，它不仅是验证结构布局、设计、选材合理性的重要手段，而且能为控制系统设计、弹上设备研制提供必要的数据。

11.2.1 试验目的

通过模态试验确定制导炸弹结构的模态参数，分析其结构动态特性，从而为产品研制过程中相关结构动力学问题的解决提供依据。

模态试验是对制导炸弹的结构频率、振型、阻尼等模态参数进行测量，为解决制导炸弹结构、控制和总体设计中出现的各类振动问题，如结构动态响应预示、动载荷分析、控制系统设计与稳定性分析、结构设计的效果分析和优化设计、振动和噪声控制等提供依据。

11.2.2 试验基本原理

1.结构动力学方程

一般情况下，假设系统是定常与稳定的，即线性的不变系统。所谓线性是指描述系统振动的微分方程为线性方程，其响应对激励具有叠加性。设系统在 $f_1(t)$、$f_2(t)$ 激励单独作用下的响应是 $x_1(t)$、$x_2(t)$，则系统在 $a_1f_1(t)+a_2f_2(t)$ 作用下的响应是 $a_1x_1(t)+a_2x_2(t)$，其中 a_1、a_2 是常数。所谓定常是指振动系统的动态特性(如质量、阻尼、刚度等)不随时间变化，即具有频率保持性。具有黏性阻尼的多自由度系统振动微分方程为

$$\boldsymbol{M}\ddot{\boldsymbol{x}}+\boldsymbol{C}\dot{\boldsymbol{x}}+\boldsymbol{K}\boldsymbol{x}=\boldsymbol{f}(t) \tag{11-9}$$

式中 $\boldsymbol{M}$—— 系统的质量矩阵；

$\boldsymbol{C}$—— 系统的黏性阻尼系统系数矩阵；

$\boldsymbol{K}$—— 系统的刚度矩阵；

$\boldsymbol{x}$、$\dot{\boldsymbol{x}}$、$\ddot{\boldsymbol{x}}$—— 系统的位移、速度、加速度矩阵；

t—— 时间；

$\boldsymbol{f}(t)$—— 激励力。

做初始条件为零的拉普拉斯变换，得

$$(s^2\boldsymbol{M}+s\boldsymbol{C}+\boldsymbol{K})\boldsymbol{X}(s)=\boldsymbol{F}(s) \tag{11-10}$$

可写成

$$\boldsymbol{Z}(s)\boldsymbol{X}(s)=\boldsymbol{F}(s) \tag{11-11}$$

式中，阻抗矩阵为

$$\boldsymbol{Z}(s)=s^2\boldsymbol{M}+s\boldsymbol{C}+\boldsymbol{K} \tag{11-12}$$

2.频响函数 FRF

频响函数是结构的输出响应和输入激励之比。同时测量激励力和由该激励力引起的结构响应,将测量的时域数据通过快速傅里叶变换(FFT)从时域变换到频域,经过变换,频响函数最终呈现为复数形式,包括实部与虚部,或者是幅值与相位。我们常用矩阵形式来处理频响函数,频响函数矩阵每个元素都包含着该振动系统的各阶模态参数。

频响函数是传递函数的子集,是传递函数沿频率轴的估计,频响函数可写成

$$\boldsymbol{H}(\mathrm{j}\omega)=\boldsymbol{Z}^{-1}(\mathrm{j}\omega)=(-\omega^2\boldsymbol{M}+\mathrm{j}\omega\boldsymbol{C}+\boldsymbol{K})^{-1}$$

3.模态分析

模态分析分为计算模态分析和试验模态分析。如果模态参数是由有限元计算方法获得的,则称为计算模态分析;如果是通过传感器和数据采集设备获得数据,然后通过参数识别获得模态参数,则称为试验模态分析。模态分析是根据结构的固有特性,包括频率、阻尼和振型这些动力学属性去描述结构的过程。严格从数学意义上定义,是指将线性定常系统振动微分方程组中的物理坐标变换为模态坐标,对方程解耦,使之成为一组以模态坐标及模态参数描述的独立方程,以便求出系统的模态参数。坐标变换的变换矩阵为模态矩阵,其每列为模态振型。模态分析的最终目的是识别出系统的模态参数,为结构系统的振动特性分析、振动故障诊断和预报,以及为结构动力特性的优化设计提供依据。因此,模态分析主要研究结构的固有特征,理解固有频率和模态振型有助于设计出符合要求的振动应用方面的系统。

11.2.3 试验设备

试验设备主要由激励系统、测量系统、数据采集处理系统三部分组成,其硬件配置框图如图 11-12 所示。

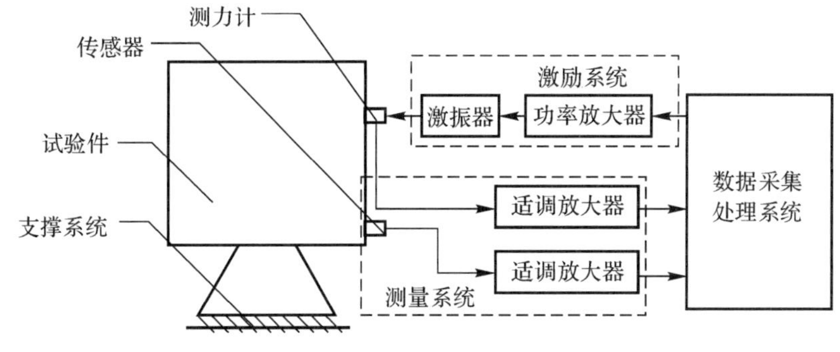

图 11-12 模态试验设备配置框图

由激励系统产生激励信号，使试验件产生振动，测量系统测量激励系统的激励力和试验件的响应，通过变换放大，输入数据采集处理系统，经分析、计算得出试验件的模态参数。

1.激励系统

常见的激励系统有激振器与冲击锤，对于某一特定结构的模态试验，应根据结构尺寸、重量，以及试验频带要求、结构的动态特性和现有的设备条件等因素，选择激励系统的硬件配置。

(1)激振器。激振器的激励信号可采用数字计算机数字合成，经数模转换输出，也可由模拟正弦或随机信号发生器产生。其激励信号的形式可为力、运动位移或加速度，激励信号的大小、频率、幅值等也可根据试验需要进行调整，相比冲击锤，试验设计更灵活，输入更准确，如图 11-13 所示。激振器按照能量转换形式的不同，可分为机械式、电动式、压电式、电磁式和涡流式等，每种激振器都有各自有效的激励频带、激励力大小和输出功率特点，一般较常采用的是具有电流反馈的电动激振器。

图 11-13　激振器产品图

选择激振器时，应保证能够提供足够的力和位移，有效使用频率范围应满足试验技术要求，最大振级应保证结构的完好性。

(2)冲击锤。冲击锤由刚性质量块(包含可更换的质量块)、紧固在质量块一端的力传感器和紧固在力传感器另一端的锤头组成，用力锤来激励结构，同时进行加速度和力信号的采集和处理，实时得到结构的传递函数矩阵。冲击锤激励可采用固定敲击点、移动响应点和固定响应点、移动敲击点两种方法进行激励测量。

冲击锤激励要求：

1)质量块质量和锤头刚度根据试验中激励频带的要求选择；

2)锤头面积要小，保持冲击位置精确定位；

3)冲击锤在冲击瞬间的速度矢量应该沿力传感器的灵敏轴方向,其偏差应小于10°;

4)锤头的冲击表面面积应足以承受施加的最大冲击力,而又不使锤头和试验件产生永久变形,多次冲击应保证冲击力幅度基本一致;

5)避免冲击锤连击。

2.测量系统

模态试验的测量物理量一般有以下两类:激励输入,即激励力、基础运动位移或加速度;响应输出,加速度、速度、位移或应变以及其他与结构形变有关的物理量。

测量系统由传感器和适调放大器等组成。

激励输入和响应输出是非电量,采用电测的方法测量。激励力可采用压电式或压阻式测力计测量,加速度可采用压电式或压阻式加速度计测量,位移可采用差动变压器式或压阻式位移计测量,应变可采用电阻应变计或半导体应变计测量。首先通过传感器将力学量变换成电量或电参数变化,再通过适调放大器将电量转化为电压量,送数据至采集处理系统。

(1)传感器。传感器用于对试验产品输入及输出的测量,其选择基本要求如下:传感器应该有足够的灵敏度和较低的噪声,使测量系统的信噪比满足试验技术要求;传感器的灵敏度相对于时间应该是稳定的,横向灵敏度应小于测量方向灵敏度的5%;传感器对外界环境(如温度、湿度、磁场、电场、声场、应变以及交叉输入)的影响不敏感;传感器的质量和转动惯量应当很小,以免给试验结构增加动载荷,至少应小到能够对该载荷进行修正;传感器的频率响应特性应符合试验技术文件要求;传感器的安装方式符合试验频率范围要求。

(2)适调放大器。适调放大器一般是模拟线形电路,它应具有以下功能要求:输入级与传感器相匹配,前置级的形式随传感器变换原理不同而异,例如压电式传感器应选电荷对放大器或阻抗变换器作为前置级,电参数式传感器需通过交流电桥将电参数变化调制成载波电信号,或通过直流电桥转换成电压变化;信号调节,例如模拟电信号的放大、微分、滤波、解调和归一化处理等;输出级与数据采集、记录和处理系统相匹配;多通道适调放大器应保证通道之间频响函数的一致性和较低的串音(交调失真)。

3.数据采集处理系统

数据采集处理系统包括数据采集硬件与数据采集软件、模态分析相关软件,实现数据采集、存储、预处理、格式转换、模态参数辨识和振型显示等功能。模数转换器和数模转换器的字长至少为12位,信号记录带宽应优于20 kHz,最大采样频率优于1 024 ksa/s(ksa表示样本单位)。

数据采集系统接地是电测系统中的一个重要问题。良好接地的原则是测试系统要单点接地。如果是多点接地，则形成一个或多个回路，导致测量信号中产生大量干扰信号，其中主要是 50 Hz 交流噪声。单点接地的方式有并联接地和串联接地两种。所谓并联接地，是将各测试仪器的地线并联地连接到同一接地点，这种接地方式效果最好，但需连接几根较长的地线。串联接地是将所有仪器的地线用一根线连在一起，然后选择一个接地点接地，一般选在主要仪器的接地点上。不管采用何种单点接地方式，传感器都要与被测结构绝缘。

11.2.4 试验设计

1.试验方案设计

(1)试验件安装方式选择。根据支撑结构对试验件支持边界的不同，试验件安装方式可分为固定边界、柔性悬挂边界和弹性边界三种，模态试验应根据试验件的真实边界状态选择适合的支持边界。

(2)确定激励方式。对于试验模态而言，激励方式分为锤击法和激振器法。锤击法通常适用于简单的线性结构，不适用于非线性结构。激振器激励能量更大，分布更均匀，获得的数据质量更高，通常用于大型复杂结构，且是研究非线性的唯一方法。激振器的安装方式有固定式和悬挂式两种。固定式安装方式要求激振器固定系统的固有频率高于试验频带上限的 5 倍，适用于低频；悬挂式安装方式要求激振器悬挂系统的固有频率至少低于试验频率范围下限的 1/5，适用于高频激励。应根据试验带宽选择合适的激振器安装方式。

(3)响应测点位置设计。应进行产品结构模态仿真分析，根据仿真结果进行响应测量位置设计。某产品模态仿真结果如图 11－14 和图 11－15 所示。响应测点位置应选在能反映试验件结构主模态特性、刚性较好的点上。测量自由度的数目、布置和方向取决于结构的复杂程度和试验目的，与试验频带上模态阶数和振型有关，需要根据试验前的预分析结果和工程经验以及试验要求来确定。通常，要求测量自由度的布置足以表征试验频带内结构主模态的振型和结构特征控制点的响应特征，具有足够的空间分布能力，不产生振型之间的空间混淆。

在测试之前，被测结构或类似结构的计算模型或试验模型可以为试验工程师提供有关试验方面的许多有价值的信息，如测量自由度多少合适，参考点选择什么位置才能合理地观测到所有感兴趣的模态等。通过预试验分析得到计算模态振型，可以确定在关心的频带范围内布置多少个测点才能唯一地区分出所有关心的模态。另外，也可以确定测量或激励方向，以及激励点或参考点的位置，还可以确定大致的试验带宽等。

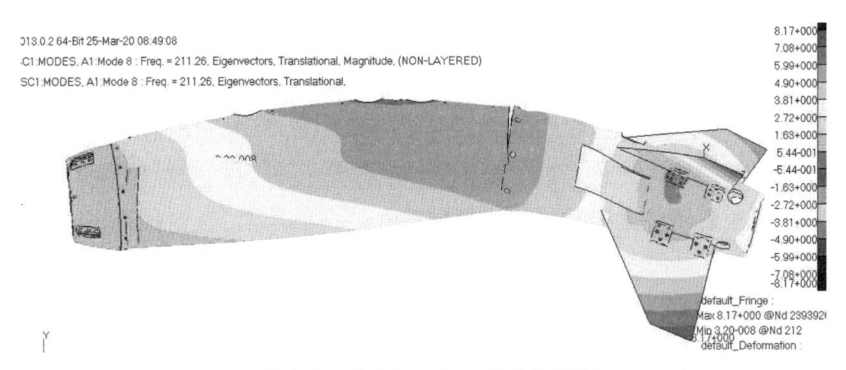

图 11-14 某产品全弹垂向(Y 向)一阶模态振型(211.3 Hz)

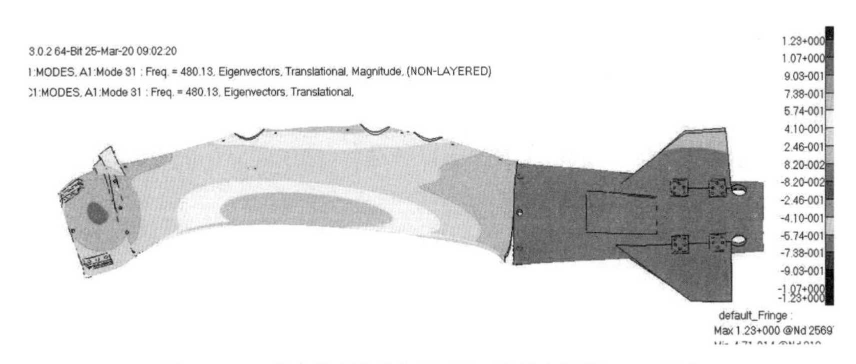

图 11-15 某产品全弹垂向(Y 向)二阶模态振型(480.1 Hz)

(4)试验流程设计。应根据试验内容、试验安装方式等,综合考虑安排试验流程。试验流程安排的合理性,直接关系到试验周期、试验成本和试验人员的工作量。

2.试验安装工装设计

(1)激振器安装工装设计。应根据选择的激振器安装方式和试验件结构特征,设计激振器支撑工装。由于激振器的支撑或激振器的自身惯性,输入结构的激振力会对激振器产生反作用力,若需要,应当把一个附加质量加到激振器上,以增加激振器的自身惯性;激振器与试验件的连接应采用具有足够轴向刚度的柔性连杆,确保激励力的有效传递和试验件与激振器的安全。激振器与轻型结构固定连接时,常常会产生激振器连接约束。为了避免严重的连接约束引起的测量误差,应当考虑以下几点:

1)使用非接触式激振器;

2)对惯性控制的激振器设计一个支撑系统,使作用于试验结构上的力的反

作用既不会引起激振器的任何转动,也不会引起对力传感器的任何横向移动;

3)连接激振器和力传感器的驱动杆应设计成轴向具有大刚度,而在其他方向具有足够的柔性,宜使用细长杆,应保证激振器和驱动杆以及传感器轴在一条直线上。

(2)试验件安装工装设计。根据选择的支持边界,设计符合要求的支撑结构。三种边界条件对支撑结构的要求如下。

1)固定边界:固定支撑基础的最低固有频率应高于试验件最高阶测量频率(通过计算分析获得)的5倍;固定支撑基础的质量一般应大于试验件质量的10倍。当上述要求无法实现时,应估计固定边界条件对测量的影响。

2)柔性悬挂边界:柔性悬挂支撑方式近似模拟试验件的自由状态,悬挂系统的固有频率一般应小于试验件一阶固有频率的1/5;悬挂点应选在试验件结构刚度较大的节点附近;试验悬挂方向应与试验件的模态测量方向垂直;安装在试验件上的附加连接件(包括橡皮绳等)的总质量一般应小于试验件总质量的2%;悬挂系统的强度安全系数不小于4。

3)弹性边界:模拟实际工作状态的边界,一般利用不同刚度的支撑弹性件实现。

11.2.5 试验实施

1.产品准备

(1)产品检查。试验前,应进行产品状态检查,确定提供进行试验的试件符合试验文件的要求。

(2)传感器安装表面处理。传感器采用螺钉连接时,需预先在安装位置打孔并攻螺纹。当采用粘贴剂将传感器黏结在试验件上的方法时,需要对粘贴位置的试验件表面进行清理,去除油污,避免传感器粘贴不牢。

2.现场安装

(1)传感器的安装。按试验文件要求,在指定位置安装传感器。必要时可根据现场实际调整传感器安装位置,但应在文件中记录更改原因及更改后的传感器位置信息。

通常用螺钉或胶黏剂把传感器安装在结构上。应采用尽可能少的中间件,直接通过传感器或阻抗头把激励力传递给结构。如果结构上传感器的安装表面不平,可采用某种适当形状的固定垫。传感器和安装面间的黏性液体(如重油或润滑油)可以改善高频时两者之间的耦合。应按传感器制造厂商推荐的紧固力矩把力传感器拧紧。传感器外壳宜与试验件绝缘,保证整个测量系统单点接地,甚至浮空。

由于模态试验的激励力通常不会太大，因此，模态传感器的灵敏度比较高，一般为 100 mV/g。测量传感器的安装位置应避开关心的模态的节点位置。传感器安装时，最好是直接将其固定在被测结构上，二者之间无其他安装工件，当引入安装工件之后，或多或少会带来一些所谓的寄生振动。因此，要尽量减少安装工件的使用，如果要用，一定要保证安装工件的自振频率是被测振动频率的5～10倍。对于加速度传感器而言，有多种安装方式，如手持探针、蜂蜡、双面胶、磁座、胶粘和螺栓等。不同的安装方式对应不同的安装刚度，因而整个传感器系统的自振频率不同。安装刚度越大，传感器系统的自振频率越高，能用于测量的频带也就越高。因此，关心的频带越高，传感器的安装刚度应越大。

(2)试验件安装。采用辅助工具(升降车、行吊等)将试验件按试验文件要求安装到支撑结构上，固定牢固。对于采用柔性悬挂边界的试验件，将试验件与支撑结构牢固连接后，升降车或行吊应缓慢落下，避免突然释放对橡皮绳等柔性装置产生冲击，造成试验件损伤和人员伤害。

(3)激振器安装。将激振器及其支撑工装安装好，通过驱动杆连接激振器和试验件激励点，必要时微调激振器位置，尽可能使激励轴线位于所测量模态振型的响应平面内，且垂直于试验件轴向(如垂直于弹体轴线)。通常激振器连接在结构响应大的位置，以获得更好的数据，但激振器的速度和行程有限，如果激振位置的响应速度或位移超过激振器的能力，那么激振器就跟不上结构响应，此时激振器不会施加激励给结构，而是跟随结构响应，表现为力谱在结构的一个或多个共振频率处有衰减，此时应调整安装，使激振器激励结构响应较小的位置。

(4)测量系统连接。将传感器、激振器/力锤、试调放大器和数据采集处理分析系统通过数据线可靠连接。

3.正式试验

(1)分析模型建立。标识出响应测量点和所使用的总体坐标系，响应测点应选在能反映试验件结构主模态特性的点上。测量自由度的数目、布置和方向取决于结构的复杂程度和试验目的，与试验频带上模态阶数和振型有关，需要根据试验前的预分析结果和工程经验以及试验要求来确定。在地面或待测结构上用胶带或记号笔标识出测点号和坐标系各个方向，以防各个测点因坐标方向出错而导致模态振型不正确。生成几何模型用线框模型表示，用于表征模型动画，通过后续的振型动画，确定各阶模态的节点位置。

(2)数据采集。校准测量系统，确定所使用的各个设备都能正常工作，同时对测量系统进行校准。数据采集分为预采集和正式采集。预采集的目的是确定合理的参数，包括采样频率、量程设置、采样时长等。如果采用激振器法，则需要确定激励信号、参考点位置等。另外，还需要对数据进行检查，包括线性检查、频

率响应函数(FRF)测量和相干检查、互易性检查等。确定参数和进行相应检查后,就可以正式采集了。正式采集完一组数据后,应立即从时域和频域检查测量数据,防止某些测点数据出现问题。如果数据存在问题,应立即重新测量。数据采集应至少包括所有测点的频率响应函数(FRF)和相干数据。

(3)参数识别。参数识别是从测量数据中提取模态参数。第一步确定系统极点,第二步计算模态振型。系统极点是全局特性,通常的做法是选择所有的频响函数来进行极点估计,最后得到的各阶极点是所有频响函数最小二乘估计的结果。计算模态振型必须包括所有测点的频率响应函数(FRF),计算所有测点的振型值。图 11-16 和图 11-17 所示为某产品全弹垂向一阶、二阶模态振型图,其实测一阶频率为 229 Hz,二阶频率为 519 Hz。

图 11-16　全弹垂向(Y 向)一阶模态振型(229 Hz)

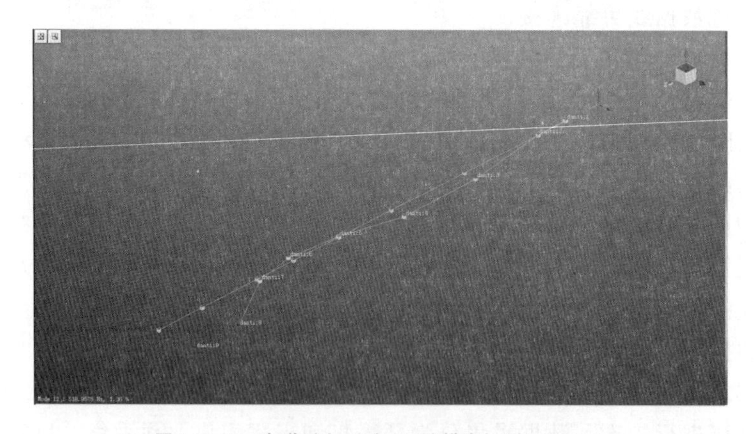

图 11-17　全弹垂向(Y 向)二阶模态振型(519 Hz)

(4)结果验证比较。模态模型验证可以按照三种级别进行:

1)对振型进行视觉检查,或者把实测得到的频率响应函数与从模态参数识别过程中综合得出的频率响应函数进行比较。

2)利用某些数学工具来检验估计出来的模型的质量,如模态判定准则、模态参与、互易性、模态超复杂性、模态相位共线性、平均相位偏移、模态置信因子等。

3)使用外部工具进行验证,可以使用计算模型对试验模型进行验证,如相关性分析。

对试验结果与仿真结果进行对比,更有助于模态参数判别的准确性,表11-1为某产品试验结果与仿真结果的对比。

表11-1 试验结果与仿真结果对比

模态模型	试 验	仿 真	仿真误差
全弹Y向一阶弯曲	229 Hz	211.3 Hz	7.8%
全弹Y向二阶弯曲	519 Hz	480.1 Hz	7.5%

11.2.6 试验报告

试验报告应全面反映试验的情况,提供测试数据及分析结果,并对试验件作出是否满足强度、刚度要求的结论。试验报告的内容如下。

(1)试验目的:明确试验考核的要求。

(2)试验依据:包括试验任务书或试验大纲的名称、代号。

(3)试验产品技术状态:包括参试品的数量与状态。

(4)试验装置与设备:包括测试设备、试验工装等内容。

(5)试验过程:包括参试品安装、激励、测试情况,并对测试数据进行处理分析,得出产品模态参数。

(6)试验结论:按照试验情况,作出试验结论。

11.3 振动试验

11.3.1 试验目的

制导炸弹在实际使用过程中不可避免地会出现振动环境,可能导致产品出现结构破坏、螺钉松动、功能失效或降级等问题。

振动环境试验是在实验室条件下通过振动试验台产生一个人工可控的振动环境，作用于被试的产品上，使得产品经受与实际使用过程的振动环境相同或相似的激励作用，以考核在预期使用振动环境作用下，产品功能、性能能否达到设计所规定的各项要求。

11.3.2 试验设备

振动试验台根据工作原理和结构特点可分为机械振动台、电动振动台、电液振动台、电磁式振动台等，其中电动式振动台由于具有频率范围宽、承载能力大、波形最好、控制方便等优点，是各类振动、冲击试验中应用最为广泛的振动台。

电动式振动台主要由振动台、控制仪、功率放大器三部分组成，设备组成示意图如图 11－18 所示。

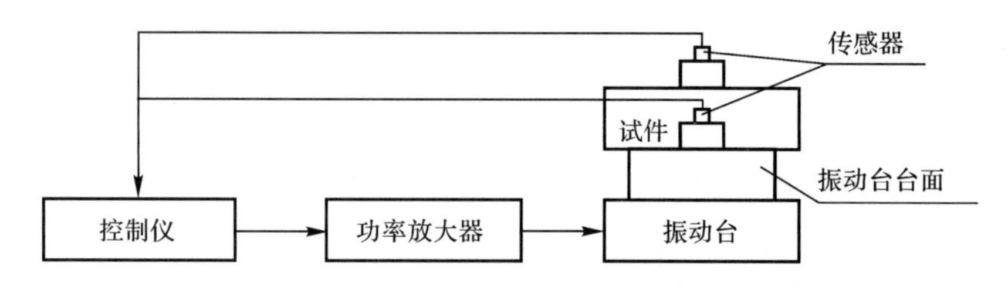

图 11－18　电动式振动台组成示意图

1.振动台

电动式振动台台体内励磁线圈与直流电源相连，在环行气隙里产生一个高磁通量。动圈部件有台面、骨架和驱动线圈，悬挂在振动台的环行气隙里。当交流电流通过驱动线圈时，电磁力会在驱动线圈的绕组上产生，使得台面产生向上和向下的移动，在图 11－19 中用双向箭头表示。台面移动量取决于控制仪发出的驱动信号的大小和频率，以及扩展台面（如果有）的质量、所加的负载质量和台面悬挂系统的刚度。

系统受振动台的最大机械行程、功率放大器电压和电流输出能力的限制。在低频段（5～15 Hz），振动系统受振动台最大位移限制；下一个频率段（15～100 Hz）受振动台的速度限制，这通常与功率放大器输出电压性能有关系；最后频段（100～3000 Hz）受振动台激振力限制，即被功率放大器输出电压和电流所限制。

图 11－20 所示为 16 t 电动式振动台。

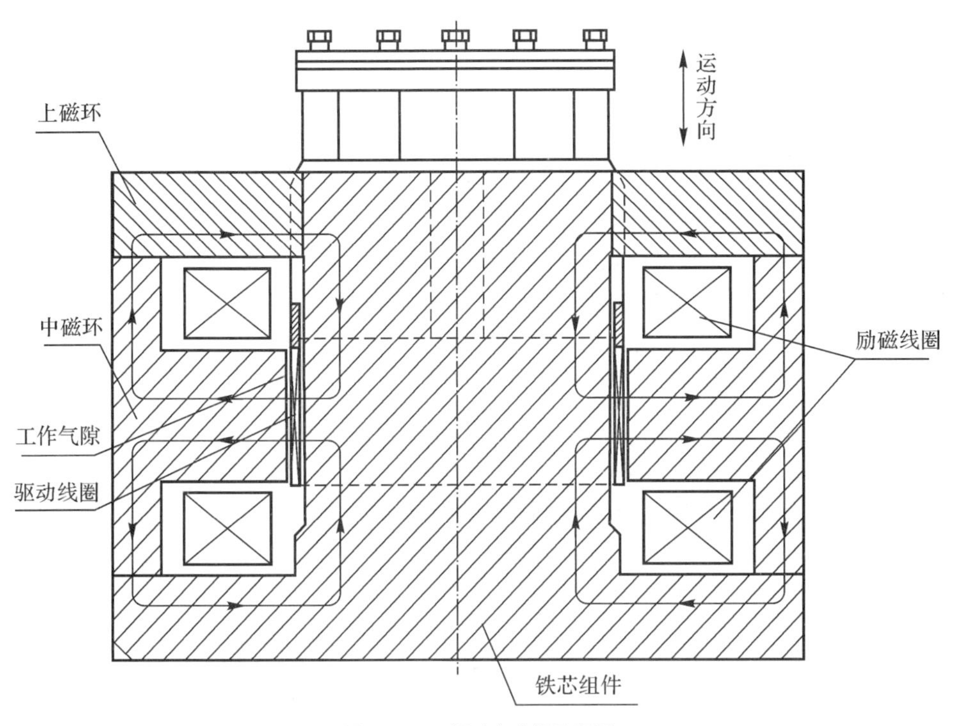

图 11－19 振动台磁场示意图

图 11－20 16 t 电动式振动台

2.控制仪

控制仪是实现振动、冲击波形控制的核心，用于产生频率和波形满足要求的激振信号。传感器检测到测量点的运动，把信号送到控制仪。同时，控制仪的输出被连到功率放大器的输入端上。控制仪的运行保持一个预先设定的参考量级，如果控制加速度传感器检测到的信号有偏差，控制仪就会相应地改变输出，以得到所需要的量级。

3.功率放大器

功率放大器的输入与控制仪的输出相连，功率放大器输出与振动台的驱动线圈相连。控制仪所产生的低功率、低电压的信号被功率放大器放大。功率放大器有必需的功率，使得交流电通过驱动线圈而产生出额定推力。功率放大器在一定的频率范围内提供的功率没有大的附加失真。

11.3.3 试验设计

1.试验件安装方式选择

振动试验试验件安装方式有固定式和悬挂式两种。

对于部件级试验，一般采用固定式安装，即通过工装将试验件直接固连在振动台上，如图 11-21 所示。

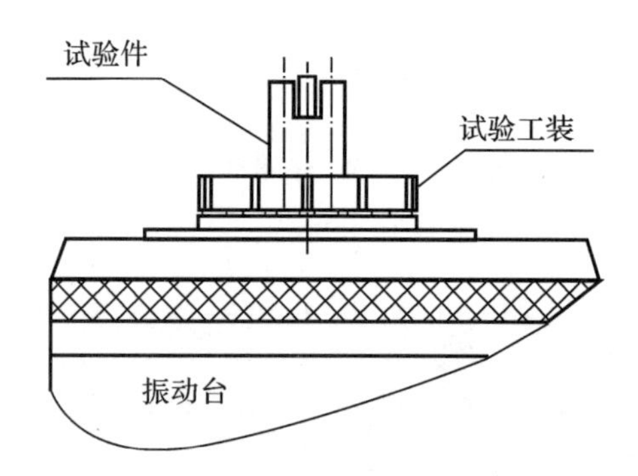

图 11-21　部件级试验固定式安装方式

对于制导炸弹全弹级振动试验，可以采用固定式和悬挂式两种方式。固定式安装方法是采用笼式工装将试验件与振动台连接，如图 11-22 所示。悬挂式安装方法是将试验件按挂飞的配置安装在结构支架上，结构支架通过柔性悬挂装置悬吊在支架上，试验件通过头尾两端的振动台施加激励，如图11-23所示。

振动试验一般均采用固定式安装方式。

2.试验量级确定

制导炸弹振动试验量级应根据产品寿命周期内经历的振动环境确定，包括制造、交付、工作等环境。

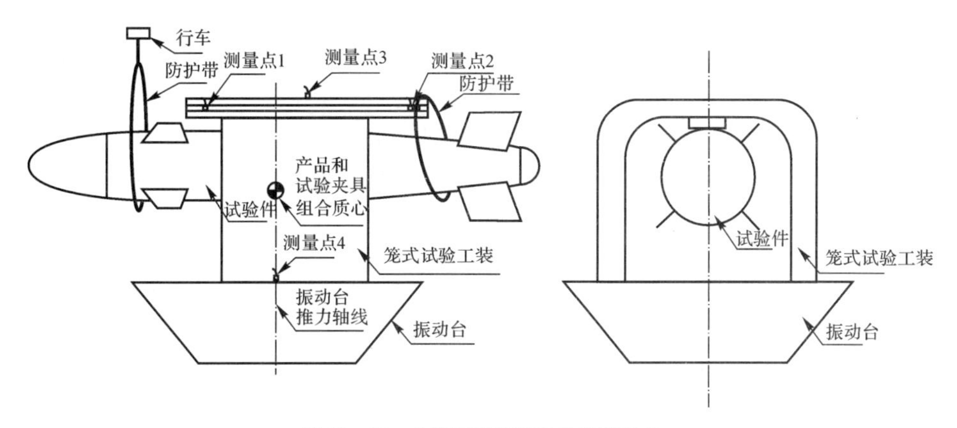

图 11-22 全弹级试验固定式安装方式

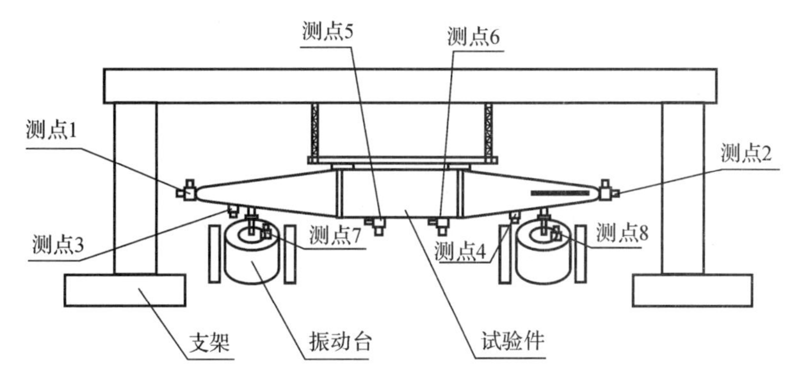

图 11-23 全弹级试验悬挂式安装方式

3.试验控制

航空制导炸弹为飞机外挂物，振动试验时一般采用加速度响应控制的方法：先对试验件施加一个随机的低量级振动，用控制传感器的反馈信号进行控制，然后在试验中调整振动的输入，直到控制加速度计的振动量级达到规定的振动量级。

振动试验控制方式一般有多点平均值控制、多点最大值控制、加权多点最大值控制。

多点平均值控制选择多个控制点的平均响应量值进行试验控制，多点共同起作用，由于有的控制点在某些频段范围偏低谷状态，使其他控制点超载过大，有可能造成不应有的损坏，因此多点平均值控制一般是偏于过载试验。

多点最大值控制选择多个控制点，以其各点最大响应量值进行试验控制。

由于只要其中有一个控制点的振动量值达到规定条件即行起控，此时，其他控制点的振动量值显然低于规定条件，有时低得很多，因此多点最大值控制一般是偏于欠载试验。

加权多点最大值控制是多点最大值控制方式的改进：人为地使某一控制点的控制值超过规定条件，但不允许过大，一般控制在耐久条件之内，这样来改善试验欠载情况。

上述控制方式，根据不同的试验目的都有应用，而以多点平均值控制应用较多。

控制点通常选择在台面、夹具特征点以及重要舱段上，如设备舱、弹头、弹尾等；控制点一般为3～5个，在试验时，要求每个控制点都要起到作用，并应尽量避免某个控制点的控制频率范围过宽或过窄，以求全面考核。

4.试验工装设计

振动试验夹具应能模拟试件在装机状态的安装方式，其结构设计应简单，具有良好的工艺性，质量应尽可能轻，且有足够的强度，能够方便地将振动台、试验件可靠地连接、固定，并且把振动台台面的运动尽可能不失真地传给试件。

在进行夹具设计之前，需要确定振动台、试件的特性参数，以及振动试验考核条件，包括：

1)振动台台面尺寸详细，即台面上孔和螺纹尺寸及分布尺寸；

2)附加到台面上的总质量 M 限制；

3)振动台额定值内的有效推力 F，考虑到夹具在振动传递时的推力损失，试验所需推力一般不超过振动台最大推力的80%；

4)试件的参数，包括动态特性、外形尺寸、接口、质量重心等；

5)试验振动谱。

其中：$F \geqslant MA$；$M = M_a + M_t + M_i$。M_a为振动台水平滑台与转接附件重力之和，M_t为试验件重力，M_i为振动夹具重力，A 为正弦加速度峰值或随机振动加速度的均方根值。

(1)夹具制造材料选择。夹具材料应选用比刚度大、阻尼大的材料。材料的比刚度大意味着质量轻而刚度大，对振动的影响小而传递力或参数的性能却很好。对于大多数金属而言，材料的比刚度相差不大，因此仅靠改进材料并不会明显改变夹具的频率特性，更多情况是从质量和成本角度考虑来选择合适的材料。铝合金和钢是最常用的材料，镁合金只有在其他材料无法满足夹具质量或动力学要求的情况下才采用。表11-2列出了常用夹具材料的一些重要的物理特性。

表 11－2 常用夹具材料的物理特性

材 料	弹性模量 E N/cm^2	容重 ρ N/cm^3	比刚度 E/ρ cm
铝	7.1×10^6	2.7×10^{-2}	2.6×10^8
镁	4.3×10^6	1.78×10^{-2}	2.4×10^8
钢	2.0×10^7	7.85×10^{-2}	2.5×10^8

(2)夹具的制造工艺。夹具制作的主要工艺有螺接、铸造、焊接和其他材料成形等，一般设计时优先采用整体铸造或机械加工工艺，其次为焊接和螺接工艺。整体铸造或机械加工、焊接工艺可以防止夹具各部件的相对运动，避免出现“毛刺”畸变。

1)螺接：应尽量避免选用多部分螺接的夹具，以免影响其传递；同时应注意加强零件的设计、紧固件的合理布置与拧紧等。

2)铸造：通常情况下(尤其是形状比较复杂的曲面形或变厚度、变截面夹具)，一般采用铸造的方法制作夹具。铸造合金的阻尼较大，因而有利于减小共振幅度，且加工成本较低，可满足多方面设计的要求。

3)焊接：焊接夹具制作比较方便，成本更低，但在制作时应保证焊接处的质量，消除焊接产生的残留应力，避免振动时出现断裂。

4)其他材料成形：对小型或微型的零件，可采用环氧树脂、蜡等材料以黏结、浇铸的方法成形制作夹具。成形时要注意固化、脱模等技术的应用。

5)对于用于制导炸弹全弹级的大型振动夹具，综合考虑其制造、使用和力学性能要求，通常采用铸造或焊接制造各主要部件，各部件间再通过螺钉连接的方式。

(3)夹具动力学要求。夹具的动力学特性关系到夹具传递振动能力的高低，因此夹具设计过程中应注意一些设计要求，使夹具能在试验频率范围内较好地传递振动，同时减少附加振动的产生。夹具的一阶固有频率要高于振动试验最高频率，避免夹具在试验频谱范围内产生共振耦合；对于难以实现一阶固有频率高于振动试验最高频率的大中型夹具，应尽可能提高一阶固有频率，且要限制试验频段范围内的放大倍数和 3 dB 带宽；避免夹具固有频率与试验件的固有频率重合，一般应保持 1.414 倍以上的差距；应当限制横向运动(垂直于振动方向)(见表 11－3)，且横向振动均方根量值不应超过振动方向量值的 30%，局部不应超过 50%。试验件和夹具相连的固定点间允许的振动输入偏差不能超过表 11－3 的要求。

表 11-3　夹具设计的动力学要求

典型试件	允许夹具的传递特性	允许夹具的正交运动	试件固定点间允许偏差
质量小于 2 kg 的小型设备或部件	1)1 000 Hz 以下没有共振峰； 2)1 000 Hz 以上共振峰不超过 3 个、其 3 dB 带宽大于 100 Hz，放大因子不超过 5	2 000 Hz 以内，Y 向和 Z 向的振动均小于 X 向	1)1 000 Hz 以下允许振动偏差±20%； 2)1 000～2 000 Hz 允许振动偏差±50%
设备，质量约为 5～25 kg	1)800 Hz 以下没有共振峰； 2)800～1 500 Hz 共振峰不超过 3 个、其 3 dB 带宽大于 100 Hz，放大因子不超过 5； 3)1 500～2 000 Hz 共振峰不超过 2 个、其 3 dB 带宽大于 125 Hz，放大因子不超过 8	1)1 000 Hz 以下，Y 向和 Z 向的振动均小于 X 向； 2)1 000 Hz 以上不允许不超过 X 向振动的 2 倍； 3)离开共振区 200 Hz 以外个别区域允许为 X 向振动的 3 倍	1)1 000 Hz 以下允许振动偏差±50%； 2)1 000～2 000 Hz 允许振动偏差±100%； 3)离开共振区 200 Hz 以外个别点允许偏差±400%
较大型的设备或部件，质量为 25～250 kg	1)500 Hz 以下没有共振峰； 2)500～1 000 Hz 共振峰不超过 2 个、其 3 dB 带宽大于 125 Hz，放大因子不超过 6； 3)1 000～2 000 Hz 共振峰不超过 3 个、其 3 dB 带宽大于 150 Hz，放大因子不超过 8	1)500 Hz 以下，Y 向和 Z 向的振动均小于 X 向； 2)500～1 000 Hz 不允许超过 X 向振动的 2 倍； 3)1 000～2 000 Hz 不允许超过 X 向振动的2.5 倍； 4)离开共振区 200 Hz 以外个别区域允许为 X 向振动的 3 倍	1)500 Hz 以下允许振动偏差±50%； 2)500～1 000 Hz 允许振动偏差±100%； 3)1 000～2 000 Hz 允许振动偏差±150%； 4)离开共振区 200 Hz 以外个别点允许偏差±200%
大型的设备或装备，质量为 250 kg 以上	1)150 Hz 以下没有共振峰； 2)150～300 Hz 共振峰不超过 1 个、其 3 dB 带宽大于 125 Hz，放大因子不超过 6； 3)300～1 000 Hz 共振峰不超过 3 个、其 3 dB 带宽大于 100 Hz，放大因子不超过 5； 4)1 000～2 000 Hz 共振峰不超过 5 个、其 3 dB 带宽大于 200 Hz，放大因子不超过 10	1)300 Hz 以下，Y 向和 Z 向的振动均小于 X 向振动的 1.5 倍； 2)300～2 000 Hz 不允许超过 X 向振动的 2.5 倍； 3)300～1 000 Hz 在共振区 100 Hz 外个别区域允许为 X 向振动的 3.5 倍； 4)1 000～2 000 Hz 离开共振区 150 Hz 以外个别区域允许为 X 向振动的 4 倍	1)400 Hz 以下允许振动偏差±50%； 2)400～2 000 Hz 允许振动偏差±100%； 3)离开共振区 200 Hz 以外个别点允许偏差±200%

注：X 向为振动方向；Y 向、Z 向为横向(即垂直于振动方向)。

(4)夹具的详细结构设计要求。夹具在详细设计阶段应当考虑以下设计要

求：适合的夹具类型、通用性及可扩展性；振动台面的安装孔位置、尺寸和试件的连接固定形式、外形、尺寸符合要求；振动试验传感器布置位置、电缆线布置、起吊和安装应方便；夹具和试件的组合质心尽可能靠近振动台的中心线；夹具具有良好的平衡性能，其结构形式为对称、低重心；配合面要保证较高的精度；夹具一般采用板、加强筋结构，以获得最小的质量、最优的动态特性。

采用螺接结构时，要合理设置螺钉间距和预紧力；当夹具材料采用镁合金和铝合金等硬度较软的材料时，夹具上设计的螺纹应采用粗牙螺纹且增加不锈钢材料的钢制螺套，避免反复安装造成螺纹损伤；螺栓头与夹具之间应增加垫圈，避免损伤夹具；应采取适当的表面处理措施，防止腐蚀。

(5)夹具力学性能仿真计算。夹具在完成结构方案设计后，应开展强度计算和模态仿真计算，确认其各项力学性能均符合设计要求。

强度分析应分别计算试验条件所要求的各试验方向载荷下的夹具应力，夹具应力应小于其材料强度。每个方向的试验载荷(载荷施加到试件的质心处)可按下式确定：

$$F = Makf \tag{11-13}$$

式中 F—— 试验最大载荷；

M—— 试件和夹具的质量；

a—— 最严试验条件的加速度，对于振动，为均方根加速度，对于冲击，为峰值加速度；

k—— 动态放大系数，一般取 2；

f—— 设计安全系数，一般取 2，对于大型试验夹具，可取 1.5。

模态分析主要计算夹具的特征频率和振型，计算获得的夹具特征频率应符合要求。仿真分析发现夹具设计不符合要求时，应对夹具设计进行优化改进，直至得到仿真结果满足要求的夹具设计。常用的改进设计方法有：加强(减弱)加强筋(板)、调整配重、调整连接件和更换材料等。

(6)试验验证。夹具的动力学特性计算是一项复杂的工作，特别是大型试验夹具，由于加工制造误差、间隙等影响因素，很难准确通过仿真计算准确地获得其全部动力学特性，因此试验验证是一项必不可少的工作。夹具制造完成后，将其固定在振动台上，采用正弦扫频或随机振动的方法测量夹具三个试验方向的特征频率，以确认夹具动态特性是否满足设计要求。试验频段应覆盖设计要求的频率范围。如不满足，则需要在保持夹具整体结构不变的情况下，进行局部修配，再进行试验，直至完全满足设计要求。常用的修配方法有局部加强(削弱)加强筋(板)、调整配重位置和质量、增加螺钉数量或增大螺钉直径等。

11.3.4 试验实施

1.产品准备

试验前应进行产品状态检查，确定提供进行试验的试验件符合试验文件的要求。传感器采用螺接时，需预先在安装位置打孔并攻螺纹。当采用黏结剂将传感器粘贴在试验件上的方法时，需要对粘贴位置的试验件表面进行清理，并去除油污，避免传感器粘贴不牢。

2.现场安装

(1)传感器的安装。按试验文件要求，在指定位置安装传感器。必要时可根据现场实际调整传感器安装位置，但应在文件中记录更改原因及更改后的传感器位置信息。

通常用螺钉或胶黏剂把传感器安装在结构上。应采用尽可能少的中间件直接通过传感器或阻抗头把激励力传递给结构。应保证传感器安装面平整，并且安装面必须垂直于试验方向，如果结构上传感器的安装表面不平，可采用某种适当形状的固定垫。传感器和安装面间的黏性液体(如重油或润滑油)可以改善高频时两者之间的耦合。采用螺钉连接时，应按传感器制造厂商推荐的紧固力矩把传感器拧紧。传感器外壳宜与试验件绝缘，保证整个测量系统单点接地，甚至浮空。

传感器必须安装牢固，并正确连接传感器电缆线，电缆线用固定胶带固定，如图 11－24 所示。固定胶带既可以在传感器意外脱黏时提供保护，防止掉落在地面上摔坏，也可以防止导线晃动，以免电缆线与传感器接头松动，以及引入电气噪声。

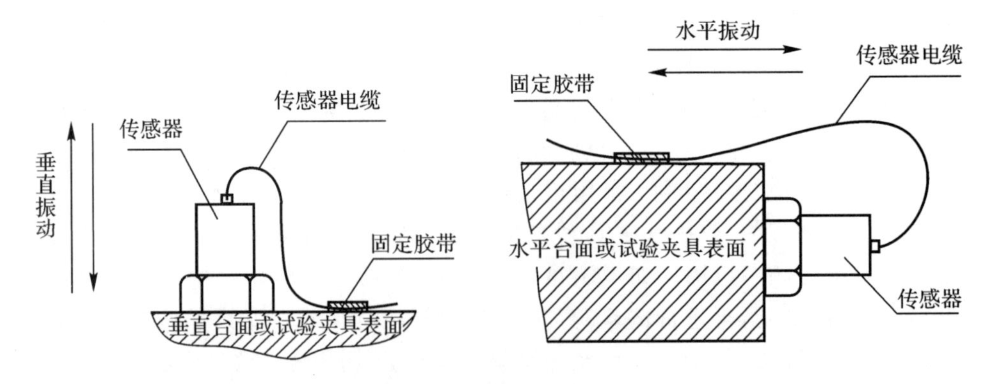

图 11－24　传感器及电缆线安装示意图

(2)试验工装及试验件安装。产品和试验夹具的组合质心应尽量通过振动台推力轴线;应采取保护措施,避免试验件意外掉落,造成试验件、设备损伤,以及可能的人员伤害。

3.试验调试

制导炸弹是一个复杂的弹性体,尤其是通过试验夹具安装至振动台上以后,试验系统动态特性变得更复杂。试验系统安装完成后,正式试验前,应对试验系统进行调试,以检测试验系统各组成部分之间的正确、协调、可靠。

试验系统调试首先采用正弦扫描进行试验系统动态特性摸底,扫描范围应根据振动试验考核频率范围确定,通过正弦扫描过程中对测量点进行检测,了解振动响应情况,便于后续试验中辅助试验人员进行问题定位。对于调试过程中异常响应,应检查试验系统连接情况。通过正弦扫描,选择出合理的试验控制点,使弹上的重要设备都受到一定频率范围的考核。

4.预试验

正弦扫描试验后,应组织预试验,初始量值一般不高于正式试验要求量值−9 dB,预试验最大量值一般取1/3正式试验振动量级或全振动量级,试验时间为5～10 min。通过预试验,全体试验人员可对试验程序进行熟悉,熟练操作和相互协调。预试验过程中,弹上设备应开机工作,所有参试人员按规定进行控制与检测。

5.正式试验

正式试验时,初始量值一般不高于试验要求量值−9 dB,当经过均衡,控制曲线容差符合要求后,以3 dB的增量逐渐提高试验量级,直至试验量值达到试验文件要求的水平。

试验前、试验过程中、试验后一般还要根据试验文件的要求,进行结构完好性检查和电气设备功能、性能检查。

6.试验报告

试验报告应全面反映试验的情况,提供测试数据及分析结果,并对试验件作出是否满足强度、刚度要求的结论。试验报告的内容如下。

(1)试验目的:明确试验考核的要求。

(2)试验依据:包括试验任务书或试验大纲的名称、代号。

(3)试验产品技术状态:包括参试品、陪试品的数量、状态,产品装夹状态等内容。

(4)试验条件:明确振动试验量级、振动时间。

(5)测试项目:包括弹上系统工作流程正确性、结构连接可靠性等。

(6)试验过程:包括产品安装、调试、控制点选择、预试验、正式试验和试验后检查等。

(7)试验结论:根据试验情况,作出试验结论,并提出改进建议。

11.4 机构功能试验

11.4.1 机构功能试验目的

制导炸弹机构包含折叠弹翼机构、折叠舵翼机构、开舱分离机构、抛撒机构等,这些机构运动速度较快,且大多含有火工装置,为了保证机构在弹上可靠动作,在地面进行机构功能试验是必不可少的。

机构功能试验的目的主要是验证机构的动作性能是否能满足指标要求。如:折叠弹翼、折叠舵翼机构功能试验主要验证机构是否卡滞,机构试验后结构是否完好,机构的动作时间是否满足设计要求;开舱分离机构功能试验主要验证分离体是否可靠分离,对相邻部件是否有破坏;抛撒机构功能试验主要验证载荷单元出舱速度、姿态、过载是否达到设计要求,载荷单元落点范围是否满足指标要求等。各机构动作原理虽然不同,但试验流程基本一致,本节以燃气驱动的折叠翼机构功能试验为例进行介绍。

11.4.2 试验基本原理

折叠翼机构功能试验是在实验室的条件下,用试验装置模拟折叠翼展翼过程中可能出现的各种载荷及边界条件,通过高速摄像机、加速度传感器等对折叠翼机构展翼过程中各部件的速度、力学状态等进行监测,以验证折叠翼机构结构强度、刚度、功能是否满足设计要求。

11.4.3 试验仪器设备

折叠翼机构试验所需仪器设备主要包括高速摄像机、直流稳压电源、同步触发开关、数据采集系统、传感器、加载装置等。

1.高速摄像机

机构功能试验的主要目的是验证机构的动作性能是否能满足指标要求。而制导炸弹机构动作时间都很快，通常折叠翼机构动作所需时间慢的在 500 ms，快的只有 30 ms，采用普通摄像设备根本无法记录机构动作过程，更无法进行数据判读，这就需要采用高速摄像机进行试验过程记录。

高速摄像机是机构功能试验的主要设备，也是机构动作时序、动作姿态，以及速度与加速度等动作参数采集与分析的重要设备，通常采用拍摄速率不小于 1 000 帧/s 的高速摄像机进行试验现场记录，通过同步触发开关，可保证记录数据的协调性。

2.直流稳压电源

弹上设备通常采用直流电源进行工作，在试验过程中，不需要真实的弹载计算机对燃气发生器等折叠翼机构的动作源进行激发，可采用直流稳压源模拟弹载计算机作为机构动作源的激励信号，通常直流稳压电源输出电压为 28 V，输出电流不小于 20 A。

3.同步触发开关

机构功能试验过程中，涉及高速摄像机、数据采集系统、传感器等多个仪器设备，一些设备数据量大，记录时间短，如高速摄像机记录时间不超过 5 s，因此需要采用同步触发开关给出记录时间起始信号。

此外，所有仪器、设备的测试数据信号需要一个时标信号作为标识，以在试验数据分析时，使各个信号特征点出现在折叠翼机构工作时序的那个时间段，同步触发开关有机械、数字等多种形式，一般不少于 4 路信号同步触发。

4.数据采集系统

数据采集系统主要用于加速度传感器、力传感器、压力传感器等测试设备的数据采集与记录，通常采集通道数不少于 8，分辨率不小于 12 bit，采集频率不小于 10 kHz。

5.传感器

传感器对折叠翼机构动作过程中的压力、冲击等参数进行测量。使用较多的传感器包括：压力传感器，用于对燃气发生器产生的燃气压力进行测量，一般要求工作压力在 0～90 MPa，工作温度不低于 600 ℃；加速度传感器，用于测量折叠翼机构动作过程中结构的冲击过载，一般要求灵敏度为 100 mV/g，量程为 50 g，分辨率为 0.001 g，频率响应为 0.3～6 kHz；角度传感器，用于对折叠翼机构动作过程中折叠翼的展开角度进行测量，一般要求量程为±90°，刷新率为 200 Hz，分辨率为 0.05°。

6.加载装置

制导炸弹折叠翼机构在工作过程中，受到气动力、惯性力等各种力载荷的作用，加载装置是在实验室条件下模拟各项载荷的装置。通常制导炸弹折叠翼机构所受的载荷可分为翼面轴向载荷和法向载荷，因此加载装置应能按轴向载荷和法向载荷分别进行模拟，加载幅值误差小于5%，响应时间短于5 ms。

对于小型折叠翼机构，由于通过力加载难度较大，通常以力矩的形式进行加载。

11.4.4 试验设计

1.加载方案设计

折叠翼机构功能试验是通过模拟制导炸弹飞行过程中的各种载荷条件，验证其动作功能是否正常，因此，试验前对折叠翼机构所受载荷的考虑是试验设计的重点。通常，加载方案应考虑最大加载、最小加载、典型加载、对称加载、不对称加载等条件。

最大加载指通过加载装置模拟折叠翼机构动作时可能出现的最大载荷条件，包括最大法向载荷、最大轴向载荷等，此时，重点验证折叠翼机构在最严酷载荷条件下的展开能力。试验最大载荷通常按制导炸弹实际载荷的1.2～1.5倍进行加载。

最小加载指通过加载装置模拟折叠翼机构动作时可能出现的最小载荷条件，试验时，通常可以考虑采用空载模拟最小加载条件，此时重点验证折叠翼机构在最小载荷条件下，机构受冲击时的承受能力。

典型加载指通过加载装置模拟折叠翼机构动作时可能出现的最常用载荷条件，此条件下，折叠翼机构应动作可靠、展开时间合理，冲击不对系统造成影响，此条件是折叠翼机构可靠性试验的主要约束条件。

对称加载指试验时加载装置模拟的载荷是各件翼载荷相同，对机构刚度影响相同。与对称加载相对应的加载条件是不对称加载，此时，可以考核折叠翼机构由不对称力受载带来的变形，以及附加力影响，通常按一片弹翼取55%，另一片弹翼取45%进行加载。

2.试验现场布置设计

试验设计中，重要的一个环节是现场布置设计，通过试验现场布置设计，确定各试验系统的连接关系，以及工作时序。试验仪器、设备与装置布置示意图如图11-25所示。

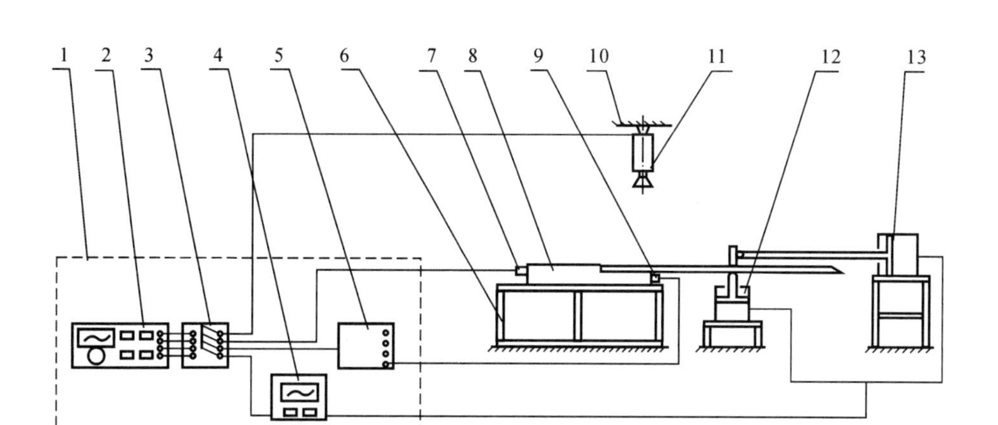

图 11-25 试验仪器、设备与装置布置示意图

1—测试防爆间;2—直流稳压电源;3—同步触发开关;4—加载控制系统;5—数据采集系统;6—试验台架;7—参试品;8—受试品;9—加速度传感器;10—高速摄像机安装架;11—高速摄像机;12—升力加载装置;13—阻力加载装置

11.4.5 试验实施

1.产品准备

首先应清点试验仪器、设备与加载装置,检查仪器、设备与加载装置的性能是否正常,对各测试仪器、设备进行通电检测、调试,对加载装置检测机构动作灵活性、加载准确性进行测试。然后,将各测试仪器、设备、加载装置进行联试。

同时,对试验产品进行状态检查,各机构结构件应完整,无影响机构运动的变形,活动件活动无卡滞,动作机构应动作灵活,到位锁紧机构应能对机构锁紧可靠。对于进行功能试验的折叠翼机构,其折叠翼应设计有与加载装置连接的机械接口。

对于燃气发生器,试验前应采用电阻测试仪检测其桥路直流电阻,确保其满足技术指标要求,将所测数据记录在表 11-4 所示的试验情况记录表中。测试过程中,燃气发生器产气口应指向无人、空旷地段,必要时应采用防护装置进行隔离。

2.现场安装

(1)安装受试品。将受试的折叠翼机构安装在试验台架上,安装后检查机构安装协调性;将加载装置与折叠翼机构中的折叠翼进行可靠连接,检查折叠翼机构与加载装置连接后各部件运动性能;然后,对加载装置进行逐步加载,检测系统连接后载荷加载准确性。

表 11－4　折叠翼机构试验情况记录表

试验时间：　　　　　　　　　　　　　　　　试验地点：

受试品名称：　　　　　　　　　　　　　　　受试品代号：

工况序号	火工品桥路直流电阻 R/Ω	高速摄像机采集帧数 n	高速摄像机拍摄速率 $v/(帧\cdot s^{-1})$	折叠翼展开到位时间 t/s	最大冲击过载 a_{max} $/(m\cdot s^{-2})$	结构完好性检查(变形、损坏等异常情况)	记录	审核
1								
2								
3								
⋮								

(2)安装试验仪器、设备。在折叠翼机构、台架等相关位置安装传感器,在折叠翼组件上安装压力传感器,将各传感器与数据采集系统进行接线,并对各路线路进行调试,确保信号感应正常、传输可靠。安装高速摄像机并调整摄像机视场,确保折叠弹翼展开后在高速摄像视场范围内,且弹翼展开平面与高速摄像机视线垂直;试验时,应在弹翼表面几何中心位置作标记点,标记点在高速摄像机中应清晰。连接直流稳压电源、同步触发开关、加载控制系统、高速摄像机、数据采集系统、折叠翼机构之间的控制线路。试验系统电线连接时,应采用不同颜色或编号的方式区分不同仪器设备的控制线路。试验前,对受试品、试验仪器设备、试验装置、控制线路连接状态进行检查,对控制线路进行调试,确保同步触发开关作用后各系统工作正常。试验确认状态正常后,应对试验现场进行拍照记录。

(3)设置载荷。按照试验任务书规定的载荷工况要求,在加载控制系统中设置折叠翼机构试验需要模拟的载荷,包括阻力、升力载荷等。

(4)安装火工品。将燃气发生器输入端进行短接,操作人员穿戴好防静电护具,并有效释放人体静电,采用专用的防静电工具将燃气发生器牢固安装到指定位置,断开燃气发生器短接电缆,完成燃气发生器与同步触发开关接线。

3.正式试验

(1)试验触发。所有人员进入试验操作间,试验前发出试验警报,各警戒岗位汇报正常,开展试验。确认加载控制系统、传感器、高速摄像机、数据采集系统等工作正常后,发出开始试验指令,触发同步开关,同步触发受试品、加载控制系统、高速摄像机和数据采集系统。

(2)读取试验数据。通过观看高速摄像机,识别折叠翼机构工作是否正常。通过数据采集系统中采集的同步触发开关初始数据信号和高速摄像机摄录的影像,直接读取高速摄像机从同步触发开关开始作用至弹翼展开到位锁紧过程中

采集的帧数，计算折叠翼展开时间与速度；通过数据采集系统中采集的加速度传感器测量数据，低通滤波处理后直接读取折叠翼展开过程中展开机构对锁紧机构的冲击过载，将各数据记录在表 11－4 中。

(3)检查受试品结构的完好性。试验完成后应对受试品进行全面结构完好性检查。在折叠翼动作试验 5 min 后，在试验总指挥确定的情况下，方可进入试验现场。检查时首先对受试品、试验仪器设备、试验装置等进行全方位目视检查，并进行多角度拍照；然后，对受试品零部件进行逐步拆卸、检查，对于零部件变形、损坏或其他异常情况进行多角度拍照，并记录在册。

4.试验中断处理

当试验过程中出现下列情况之一时，应中断试验：

(1)在试验中，由于试验仪器设备、试验装置等发生故障，或操作失误等原因致使试验中断，应进行全面的问题分析，待故障排除后重新进行试验；

(2)当折叠翼机构强度不够，结构发生破坏、变形等情况时，应停止试验并进行全面的问题分析，待问题解决后再重新进行试验；

(3)燃气发生器未作用时，应断开供电电源，对燃气发生器电缆进行短接处理，5 min 后方可进入现场，由操作人员卸下燃气发生器并交予专人保管，更换燃气发生器后重新进行试验。

11.4.6 试验报告

试验报告应全面反映试验的情况，提供测试数据及分析结果，并对试验件作出是否满足强度、刚度要求的结论，试验报告的内容如下。

(1)试验目的：明确试验考核的要求。

(2)试验依据：包括试验任务书或试验大纲的名称、代号。

(3)试验产品技术状态：包括参试品、陪试品的数量、状态，产品装夹状态等内容。

(4)试验设备：包括加载设备、测量设备、试验装置的名称、型号、代号等内容。

(5)试验过程：包括试验项目、试验场地、试验时间、参试人员、试验安装情况、试验加载方法、试验步骤，以及试验中出现的现象。

(6)试验数据分析：包括试验情况汇总、试验前后照片。

(7)试验结论：按照试验情况，作出关于试件强度与刚度的结论，并提出改进建议。

除试验报告外，试验人员还应单独出具应力测量报告、应变测量报告，对各应力测量点、应变测量点的测量结果进行详细分析、说明。

第12章

结构优化设计

12.1 概　　述

优化设计是20世纪60年代初发展起来的一门新学科，也是一项新技术和新的设计方法。它是将最优化原理和计算技术应用于设计领域，为工程设计提供了一种重要的科学设计方法。利用这种方法，人们就可以从众多的设计方案中寻找出最佳设计方案，从而提高设计的效率和质量。本章主要介绍结构优化设计的相关概念。

12.1.1 结构优化设计

结构优化设计是设计者根据设计要求，在全部可能的结构方案中，利用数学手段计算出若干个设计方案，按设计者预定的要求，从中选择出一个最好的方案。优化设计所得的结果，不仅是“可行的”而且是“最优的”。这里所说的“最优”，是相对设计者预定的要求而言。

对于设计者评价设计“优”的标准，在优化设计中称为目标函数。结构设计中的量，以变量形式参与结构优化，称为设计变量。设计时应遵守的几何、强度及刚度等条件称为约束条件。

结构优化设计中，选择设计变量，确定目标函数，列出约束条件，称为制定优化设计的数学模型。有了优化设计的数学模型后，还要选择合适的优化方法，进行结构优化设计，从而得到优化后的结构设计。

结构优化设计与传统的结构设计采用同一基本理论，使用同样的计算公式，遵守同样的设计规范、施工或构造规定，因而具有相同的安全度。从这些角度看，它们是完全一样的。

结构优化设计是近代出现的一种科学的设计方法，与传统的设计方法相比较，结构优化设计有下列优点：

(1)优化设计方法能够加速设计进度，节省工程造价。优化设计与传统的结构设计相比较，对简单的构件可节省工程造价3%～5%，对较复杂的结构可节省10%，对新型结构可望节省20%。

(2)结构优化设计有较大的伸缩性。作为优化设计中的设计变量，可以从一两个到几十个、上百个。作为优化设计的工程对象，可以是单个构件，整个建筑物甚至建筑群。设计者可以根据需要和本人的经验加以选择。

(3)某些优化设计方法(如几何规划)能够表示各个设计变量在目标函数中所占有“极”的大小，为设计者进一步改进结构设计指出方向。

(4)某些优化设计方法(如网格法)能够提供一系列可行设计直至优化设计，为设计者决策提供方便。

(5)设计者能够利用优化设计方法进一步贯彻设计意图。例如在钢筋混凝土结构的优化设计中，若设计者在设计中想要相对地少用些钢筋，多用些水泥，只要修改一下目标函数就可以了。

(6)结构优化设计方法为结构研究工作者提供了一条新的科研途径。

结构设计采用优化设计方法也带来一些新的问题：

(1)结构优化设计的计算工作量比较大，一般必须由电子计算机来完成，这就需要一定的设备条件。

(2)进行结构优化设计，除应掌握结构设计的知识以外，还应掌握有关的数学基础、程序设计、计算技巧等知识，传统的结构设计只是优化设计过程中的一个子环节，因而优化设计的难度较传统的结构设计要大得多。

(3)结构优化设计是一门新兴的学科，尚不完善，也不够成熟，有待进一步开展科学研究，并在实践中加以充实提高。

12.1.2 结构优化术语

1.设计变量

优化设计中参与设计的量可以是常量也可以是变量，视设计者的意图而定，凡参与结构优化设计的变量称为设计变量。它是结构优化设计中要求解的主要

对象。

设计变量可以是结构构件的截面参数，如截面的高或宽、截面面积、截面惯性矩等。这类设计变量比较简单，结构的形式、几何关系、材料特性等都已确定。

设计变量也可以是和结构整体有关的几何参数，如节点坐标、柱的高度等。

设计变量还可以是有关结构材料的参数，如材料的弹性模量、复合材料的层数等，选择这类设计变量时问题要复杂些。

设计变量的个数愈多，则结构优化的问题愈复杂，所需的计算时间也愈长。另外，设计变量愈多，设计的自由度愈大，可望取得的结果愈好。因此，设计者要精心选择那些对优化结果最有影响的参数作为设计变量，而且要合理选择设计变量的数目。

设计变量有的是连续的，有的则是离散的。处理连续的设计变量时，问题比较简单。当牵涉到离散的设计变量时，问题就复杂得多，设计者经常为了简化计算权宜地视之为连续变量，而在最后决定方案时，再选取最为接近的离散值。

2.目标函数

目标函数是设计变量的函数，它代表所设计结构的某个最重要的特征或指标，是判别结构设计优劣的标准。优化设计就是从许多可行的设计中，以目标函数为标准，找出这个函数的极值(极小或极大)，从而选出最优设计。

结构的体积、重量、刚度、造价、变形、承载力、自振频率、振幅等都可以根据需要作为优化设计中的目标函数。

最常用的目标函数是结构的重量，即以结构最轻为优化目标。结构的重量是可以确切定量的，它是结构最重要的指标之一，有时甚至是决定性的指标。目前多数优化设计都属于这类最轻设计。

有时重量最轻的结构不一定是最好的结构，还要考虑结构在造价上是不是经济的。另外，结构中不同的部件造价也会有较大的差别，所以以结构的造价作为目标函数有时具有更大的现实意义。结构的价格应综合考虑材料、加工制作、运输、安装和维护等一系列因素，但有时不易获得充分、准确的资料。

在需要时，目标函数也可以用若干所需特征的加权和来表示，例如目标函数：

$$W=\alpha\times\text{重量}+\beta\times\text{价格} \tag{12-1}$$

式中　α、β——加权系数，它们的选择应能确切反映各个特征在结构评价中的分量。

目标函数的不同取法，会导致不同的优化结果，所以合理地确定目标函数至关重要。

3.约束条件

结构优化设计时必须满足或遵守的条件和要求称为约束条件，它反映了有

关设计规范、计算规程、运输、安装、施工和构造等各方面的要求，有时约束条件还反映了优化设计工作者的设计意图。

对某个或某组量直接限制的约束条件称为显约束；对某些与设计变量的关系无法直接说明的量加以限制的约束条件称为隐约束。

一般情况下，结构优化设计约束条件很多，它们可以分为以下两类。

一类是设计规范等有关规定要求的数值，如板的最小厚度。这类约束条件比较简单，一般都是显约束形式，有时称这类约束为辅助约束（界限约束、边约束）。需要提醒的是，不要遗漏一些显而易见的约束条件，如杆件截面不能为负值，上柱截面一般应小于下柱截面，柱的截面应小于相应基础的顶面，等等。否则，所得到的优化结果可能无现实意义。

另一类约束条件是对结构的强度、稳定、频率等的限制，它们一般与设计变量没有直接关系，必须通过复杂的结构计算才能求得，因而常为隐约束形式，有时称这类约束为性态约束（性状约束）。

约束条件还可以分为等式约束和不等式约束两种。从理论上讲，一个等式约束条件可以在优化过程中消去一个设计变量，但消去的过程常常难以实现，因而并不经常采用这种办法。不等式约束的概念特别重要，有的优化问题中如仅规定等式约束将得不到最优解。此外，遗漏或不恰当地规定约束条件也会导致得不到最优解。

4.设计空间及可行域

由 n 个设计变量可以组成一个 n 维的设计空间，其中满足所有约束条件的点称为可行设计点（简称“可行点”），实际上就是满足规范等要求的一个设计方案。所有可行点组成的区域称为可行域。

每个约束条件在设计空间中以一个几何面（或线）的形式出现，它是以等式满足该约束条件的所有可行点的轨迹。对连续的设计变量，该轨迹一般是连续的。当以图形表达时，在设计变量是 2 个的情况下，约束条件表现为直线（约束条件为线性时）或曲线（约束条件为非线性时）；当设计变量是 3 个时，约束条件表现为平面或曲面，设计变量超过 3 个时表现为超平面或超曲面。

在以后的讨论中，我们将常用两维或三维的优化问题作为说明理论的辅助手段，这是因为两维或三维设计空间可表达为比较形象的几何图形，这有助于我们对问题的理解。

5.目标函数等值线

设目标函数值为 C，满足目标函数为 C 值的设计变量理论上可以有无穷组的解答，这些解答在设计空间中形成一个点集，而这个点集称为目标函数为 C 的“等值线”。

在图形表达时，设计变量是 2 个时，目标函数等值线表现为直线（当目标函数为设计变量的线性函数时）或曲线（当目标函数为设计变量的非线性函数时）；当设计变量为 3 个时，目标函数等值线表现为平面或曲面；设计变量超过 3 个时，表现为超平面或超曲面。为方便起见，将它们都简称为目标函数等值线。

当目标函数值不同时，可以形成一组目标函数等值线族。

一般而言，结构优化设计所得到的最优解，往往是某一个最小（或最大）的目标函数等值线与某一个约束条件线（或面、超曲面等）的切点，也可能是某一个最小（或最大）的目标函数等值线与某几个约束条件线（或面、超曲面等）的交点。

12.1.3 优化设计方法的分类

优化设计的方法很多，目前并没有统一的分类方法，为了便于今后的讲述和参考有关文献，下面介绍几种分类方法。

1.按目标函数或约束条件的数学特征来区分

(1)以是否对目标函数求导来区分，不求导数称直接法，求导数称解析法。

(2)按有无约束条件来区分，分为有约束条件和无约束条件两类。

(3)按设计变量的数目来区分，分一维、多维两类。

(4)按目标函数和约束条件的函数性质区分，分线性和非线性两类。

2.按优化方法的特征来区分

(1)准则方法。以某一种准则作为优化的目标，如满应力设计、满应变能设计等。

(2)数学规划。主要有：

1)线性规划、非线性规划——研究设计变量在约束条件限制下，目标函数的极值的求解方法。

2)动态规划——把所研究的问题分成若干阶段，利用递推关系依次作出最优决策的方法。

3)几何规划——在目标函数的各个部分中寻求分配总目标函数值的最优方案的方法。

3.按解决结构优化的程度来区分

(1)结构构件的优化——在结构外形、材料、载荷确定的前提下，求结构构件的截面尺寸。

(2)结构布局理论——在载荷、材料确定的前提下，求结构的布置方案和结构本身的几何外形。

(3)结构形式的优化——选择最合理的结构形式。

12.2 优化设计中的数学基础

优化设计是从可能的设计中选择最合理的设计以达到最优目标。搜寻最优的设计方法就是优化设计法，这种方法的数学理论就是优化设计概念。因此，有必要对与优化设计有关的数学基础做一些介绍。

12.2.1 矩阵

1.矩阵及其主要形式

设有线性方程组：

$$\left.\begin{array}{l} a_{11}x_1+a_{12}x_2+\cdots+a_{1n}x_n=b_1 \\ a_{21}x_1+a_{22}x_2+\cdots+a_{2n}x_n=b_2 \\ \quad\cdots\cdots \\ a_{m1}x_1+a_{m2}x_2+\cdots+a_{mn}x_n=b_m \end{array}\right\} \tag{12-2}$$

写成矩阵形式为

$$\boldsymbol{AX}=\boldsymbol{B} \tag{12-3}$$

其中，$\boldsymbol{A}$ 为 m 行 n 列矩阵。

$$\boldsymbol{A}=\begin{bmatrix} a_{11} & a_{12} & \cdots & a_{1n} \\ a_{21} & a_{22} & \cdots & a_{2n} \\ \vdots & \vdots & & \vdots \\ a_{m1} & a_{m2} & \cdots & a_{mn} \end{bmatrix} \tag{12-4}$$

用 a_{ij} 表示第 i 行第 j 列的元素。如果一个矩阵只有一列，则称为列矩阵，如

$$\boldsymbol{A}=\begin{bmatrix} a_1 \\ a_2 \\ \vdots \\ a_m \end{bmatrix} \tag{12-5}$$

若由矩阵 $\boldsymbol{A}$ 中的诸元素，按原次序构成相对应的一个行列式，则此行列式称为矩阵 $\boldsymbol{A}$ 的行列式，记作 $|\boldsymbol{A}|$，如

$$|\boldsymbol{A}|=\begin{vmatrix} a_{11} & a_{12} & \cdots & a_{1n} \\ a_{21} & a_{22} & \cdots & a_{2n} \\ \vdots & \vdots & & \vdots \\ a_{n1} & a_{n2} & \cdots & a_{nn} \end{vmatrix} \tag{12-6}$$

行列式的值一般可按某行或某列展开进行计算。例如,行列式 $|\boldsymbol{A}|$ 若按照第 i 行展开,则有

$$|\boldsymbol{A}|=\sum_{j=1}^{n}a_{ij}A_{ij} \tag{12-7}$$

式中　a_{ij}——第 i 行的诸元素;

　　A_{ij}——a_{ij} 的代数余子式。

所谓 a_{ij} 的代数余子式是指划去 a_{ij} 所在的行与列后余下元素构成的行列式与 $(-1)^{i+j}$ 的乘积。

对于 n 阶矩阵 $\boldsymbol{A}$,若它的行列式的值 $|\boldsymbol{A}|=0$,则称 $\boldsymbol{A}$ 为奇异矩阵,否则称为非奇异矩阵。

如果一个方阵的元素 $a_{ij}=a_{ji}$,则称为对称方阵,如

$$\boldsymbol{A}=\begin{bmatrix}4&3&2\\3&5&1\\2&1&7\end{bmatrix} \tag{12-8}$$

主对角元素均为 1,其余元素均为 0 的矩阵,称为单位矩阵,记作 $\boldsymbol{I}$,如

$$\boldsymbol{I}=\begin{bmatrix}1&0&0\\0&1&0\\0&0&1\end{bmatrix} \tag{12-9}$$

$\boldsymbol{I}$ 为 3 阶单位矩阵。显然,单位矩阵的行列式的值 $|\boldsymbol{A}|=1$。

除主对角元素外,其余元素都是 0 的方阵,称为对角矩阵,如

$$\boldsymbol{A}=\begin{bmatrix}3&0&0\\0&1&0\\0&0&2\end{bmatrix} \tag{12-10}$$

如果一个矩阵,在其主对角线以上或以下的所有元素均为零,则称为三角矩阵,如

$$\boldsymbol{A}=\begin{bmatrix}3&0&0\\2&1&0\\4&2&5\end{bmatrix} \tag{12-11}$$

则 $\boldsymbol{A}$ 称为 3×3 阶下三角矩阵。

所有元素都为 0 的矩阵,称为零矩阵。

2.矩阵的计算

(1) 矩阵的加减。两个同阶矩阵的加减,就是对应元素的加减。

$$\boldsymbol{C}=\boldsymbol{A}\pm\boldsymbol{B}\quad 即\quad c_{ij}=a_{ij}\pm b_{ij} \tag{12-12}$$

(2) 矩阵与数的乘法。当矩阵与数相乘时,就是矩阵中所有元素乘以该数。

$$C = kA \quad 即 \quad c_{ij} = ka_{ij} \tag{12-13}$$

(3) 矩阵的乘法。若

$$C = AB \tag{12-14}$$

则必须满足矩阵 A 的列数等于矩阵 B 的行数。在这种条件下,乘积 C 的元素 c_{ij} 等于矩阵 A 的第 i 行各元素分别与矩阵 B 的第 j 列各对应元素的乘积之和,即

$$c_{ij} = \sum_{k=1}^{m} a_{ik} b_{kj} \quad (i = 1, 2, \cdots, m;\ j = 1, 2, \cdots, n) \tag{12-15}$$

矩阵乘法有如下几个性质:

$$A(BC) = (AB)C \tag{12-16}$$

$$A(B + C) = AB + AC \tag{12-17}$$

但在一般情况下,$AB \neq BA$。

(4) 转置矩阵。将矩阵

$$A = \begin{bmatrix} a_{11} & a_{12} & a_{13} \\ a_{21} & a_{22} & a_{23} \end{bmatrix} \tag{12-18}$$

中的行与列对调,得到新矩阵

$$A^{T} = \begin{bmatrix} a_{11} & a_{21} \\ a_{12} & a_{22} \\ a_{13} & a_{23} \end{bmatrix} \tag{12-19}$$

则称矩阵 A^{T} 为矩阵 A 的转置矩阵。

由于对称方阵中 $a_{ij} = a_{ji}$,所以其转置矩阵必与原方阵相等,即

$$A^{T} = A \tag{12-20}$$

矩阵乘积的转置规则是

$$\left.\begin{aligned} (AB)^{T} &= B^{T}A^{T} \\ (ABC)^{T} &= C^{T}B^{T}A^{T} \end{aligned}\right\} \tag{12-21}$$

即矩阵乘积的转置等于反序矩阵转置的乘积。

矩阵相加的转置规则为

$$(A + B)^{T} = A^{T} + B^{T} \tag{12-22}$$

(5) 逆矩阵。对于 n 阶方阵 A,若有另一个 n 阶方阵 B,能满足 $AB = I$,则称 B 为 A 的逆矩阵。A 的逆矩阵记作 A^{-1},即 $B = A^{-1}$。若 $AB = I$,则 $BA = I$。即若 B 是 A 的逆矩阵,则 A 也必是 B 的逆矩阵。

由上述定义和矩阵互逆性质可以推得

$$(A^{-1})^{-1} = A \tag{12-23}$$

$$AA^{-1} = A^{-1}A = I \tag{12-24}$$

逆矩阵的求法如下:

设有三阶方阵

$$\boldsymbol{A}=\begin{bmatrix} a_{11} & a_{12} & a_{13} \\ a_{21} & a_{22} & a_{23} \\ a_{31} & a_{32} & a_{33} \end{bmatrix} \tag{12-25}$$

为非奇异方阵,构造另一个三阶矩阵:

$$\boldsymbol{A}^{*}=\begin{bmatrix} A_{11} & A_{12} & A_{13} \\ A_{21} & A_{22} & A_{23} \\ A_{31} & A_{32} & A_{33} \end{bmatrix} \tag{12-26}$$

矩阵$\boldsymbol{A}^{*}$是把行列式$|\boldsymbol{A}|$中各元素a_{ij}换成它的代数余子式$\boldsymbol{A}_{ij}$后所得方阵的转置矩阵。这样构成的矩阵$\boldsymbol{A}^{*}$称为矩阵$\boldsymbol{A}$的伴随矩阵。

对于非奇异矩阵,$|\boldsymbol{A}|\neq 0$,则按逆矩阵定义有

$$\boldsymbol{A}^{-1}=\frac{\boldsymbol{A}^{*}}{|\boldsymbol{A}|} \tag{12-27}$$

可见,方阵$\boldsymbol{A}$有逆矩阵的充分必要条件是其行列式$|\boldsymbol{A}|\neq 0$,即方阵$\boldsymbol{A}$为非奇异方阵。

在矩阵运算中,若$\boldsymbol{A}$、$\boldsymbol{B}$均为非奇异方阵,则有

$$(\boldsymbol{AB})^{-1}=\boldsymbol{B}^{-1}\boldsymbol{A}^{-1} \tag{12-28}$$

即两方阵乘积的逆阵等于反序方阵的逆阵的乘积。

12.2.2 函数的极值

1.多元函数的方向导数与梯度

(1)方向导数。二元函数$f(x_1,x_2)$在点$x_0(x_{10},x_{20})$处沿某一方向d的变化率如图12-1所示,其定义应为

$$\left.\frac{\partial f}{\partial d}\right|_{x_0}=\lim_{\Delta d\to 0}\frac{f(x_{10}+\Delta x_1,x_{20}+\Delta x_2)-f(x_{10},x_{20})}{\Delta d} \tag{12-29}$$

称其为该函数沿此方向的方向导数。据此,将偏导数$\left.\frac{\partial f}{\partial x_1}\right|_{x_0}$、$\left.\frac{\partial f}{\partial x_2}\right|_{x_0}$也看成是函数$f(x_1,x_2)$分别沿$x_1$、$x_2$坐标轴方向的方向导数,所以方向导数是偏导数概念的推广,偏导数是方向导数的特例。

方向导数与偏导数之间的数量关系是

$$\left.\frac{\partial f}{\partial d}\right|_{x_0}=\left.\frac{\partial f}{\partial x_1}\right|_{x_0}\cos\theta_1+\left.\frac{\partial f}{\partial x_2}\right|_{x_0}\cos\theta_2 \tag{12-30}$$

依次类推,即可得到n元函数$f(x_1,x_2,\cdots,x_n)$在点x_0处沿d方向的方向导数

$$\left.\frac{\partial f}{\partial d}\right|_{x_0}=\left.\frac{\partial f}{\partial x_1}\right|_{x_0}\cos\theta_1+\cdots+\left.\frac{\partial f}{\partial x_n}\right|_{x_0}\cos\theta_n=\sum_{i=1}^{n}\left.\frac{\partial f}{\partial x_1}\right|_{x_0}\cos\theta_i \tag{12-31}$$

式中 $\cos\theta_i$——d 方向和坐标轴 x_i 方向之间夹角的余弦。

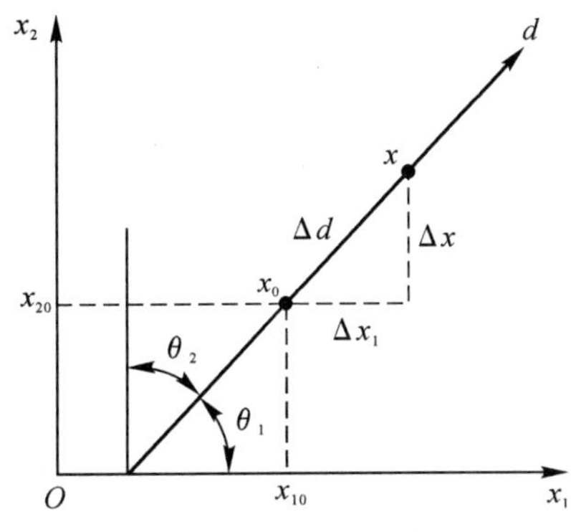

图 12－1 二维空间中的方向

(2) 二元函数的梯度。考虑到二元函数具有鲜明的几何解释,并且可以象征性地把这种解释推广到多元函数中去,所以梯度概念的引入也先从二元函数入手。二元函数 $f(x_1,x_2)$ 在点 x_0 处的方向导数$\left.\frac{\partial f}{\partial d}\right|_{x_0}$ 的表达式可改写成

$$\left.\frac{\partial f}{\partial d}\right|_{x_0}=\left.\frac{\partial f}{\partial x_1}\right|_{x_0}\cos\theta_1+\left.\frac{\partial f}{\partial x_2}\right|_{x_0}\cos\theta_2=\begin{bmatrix}\frac{\partial f}{\partial x_1} & \frac{\partial f}{\partial x_2}\end{bmatrix}_{x_0}\begin{bmatrix}\cos\theta_1\\ \cos\theta_2\end{bmatrix} \tag{12-32}$$

令

$$\nabla f(x_0)=\begin{bmatrix}\frac{\partial f}{\partial x_1}\\ \frac{\partial f}{\partial x_2}\end{bmatrix}_{x_0}=\begin{bmatrix}\frac{\partial f}{\partial x_1} & \frac{\partial f}{\partial x_2}\end{bmatrix}_{x_0}^{\mathrm{T}} \tag{12-33}$$

并称它为函数 $f(x_1,x_2)$ 在点 x_0 处的梯度。

设

$$\boldsymbol{d}=\begin{bmatrix}\cos\theta_1\\ \cos\theta_2\end{bmatrix} \tag{12-34}$$

为 d 方向的单位向量,则有

$$\left.\frac{\partial f}{\partial d}\right|_{x_0}=\nabla f(x_0)^{\mathrm{T}}\boldsymbol{d}=\|\nabla f(x_0)\|\cos(\nabla f,\boldsymbol{d}) \tag{12-35}$$

在点 x_0 处函数沿各方向的方向导数是不同的,它随 $\cos(\nabla f,\boldsymbol{d})$ 变化,即随所取方向的不同而变化。其最大值发生在 $\cos(\nabla f,\boldsymbol{d})$ 取值为 1 时,也就是当梯度方向和 d 方向重合时其值最大。可见梯度方向是函数值变化最快的方向,而梯度的模就是函数变化率的最大值。

在 x_1Ox_2 平面内画出 $f(x_1,x_2)$ 的等值线:

$$f(x_1,x_2)=C \tag{12-36}$$

其中,C 为一系列常数。从图 12-2 可以看出,在 x_0 处等值线的切线方向 d 是函数变化率为零的方向,即有

$$\left.\frac{\partial f}{\partial d}\right|_{x0}=\nabla f(x_0)^{\mathrm{T}}\boldsymbol{d}=\|\nabla f(x_0)\|\cos(\nabla f,\boldsymbol{d})=0 \tag{12-37}$$

所以

$$\cos(\nabla f,\mathrm{d})=0$$

可知梯度$\nabla f(x_0)$ 和切线方向 d 垂直,从而推得梯度方向为等值面的法线方向。梯度$\nabla f(x_0)$ 方向为函数变化率最大方向,也就是最快速上升方向。负梯度 $-\nabla f(x_0)$ 方向为函数变化率取最小值方向,即最速下降方向。与梯度成锐角的方向为函数上升方向,与负梯度成锐角的方向为函数下降方向。

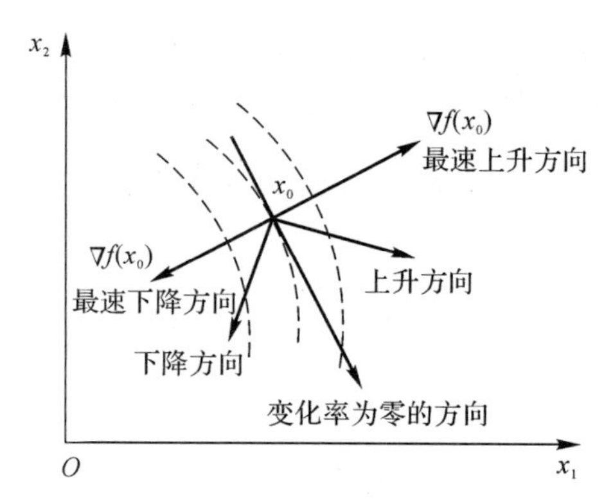

图 12-2　梯度方向与等值线的关系

(3) 多元函数的梯度。将二元函数推广到多元函数,则对于函数 $f(x_1,x_2,\cdots,x_n)$ 在 $x_0(x_{10},x_{20},\cdots,x_{n0})$ 处的梯度$\nabla f(x_0)$,可定义为

$$\nabla f(x_0)=\begin{bmatrix}\dfrac{\partial f}{\partial x_1}\\ \dfrac{\partial f}{\partial x_2}\\ \vdots\\ \dfrac{\partial f}{\partial x_n}\end{bmatrix}=\begin{bmatrix}\dfrac{\partial f}{\partial x_1} & \dfrac{\partial f}{\partial x_2} & \cdots & \dfrac{\partial f}{\partial x_n}\end{bmatrix}_{x_0}^{\mathrm{T}} \tag{12-38}$$

对于 $f(x_1,x_2,\cdots,x_n)$ 在 x_0 处沿 $\boldsymbol{d}$ 的方向导数可表示为

$$\left.\frac{\partial f}{\partial d}\right|_{x_0}=\sum_{i=1}^{n}\left.\frac{\partial f}{\partial x_i}\right|_{x0}\cos\theta_i=\boldsymbol{\nabla} f(x_0)^{\mathrm{T}}\boldsymbol{d}=\|\boldsymbol{\nabla} f(x_0)\|\cos(\boldsymbol{\nabla} f,\boldsymbol{d})$$

(12－39)

函数的梯度方向与函数等值面 $f(x)=C$ 相垂直,也就是和等值面上过 x_0 的一切曲线相垂直,如图 12－3 所示。

2.多元函数的泰勒展开

多元函数的泰勒展开在优化方法中十分重要,许多方法及其收敛性证明都是从它出发的。

二元函数 $f(x_1,x_2)$ 在点 $x_0(x_{10},x_{20})$ 处的泰勒展开式为

$$f(\boldsymbol{x})=f(x_0)+\boldsymbol{\nabla} f(x_0)^{\mathrm{T}}\Delta\boldsymbol{x}+\frac{1}{2}\Delta\boldsymbol{x}^{\mathrm{T}}\boldsymbol{G}(x_0)+\cdots \tag{12－40}$$

其中

$$\boldsymbol{G}(x_0)=\begin{bmatrix}\dfrac{\partial^2 f}{\partial x_1^2} & \dfrac{\partial^2 f}{\partial x_1\partial x_2}\\ \dfrac{\partial^2 f}{\partial x_2\partial x_1} & \dfrac{\partial^2 f}{\partial x_2^2}\end{bmatrix},\ \Delta\boldsymbol{x}=\begin{bmatrix}\Delta x_1\\ \Delta x_2\end{bmatrix}$$

$\boldsymbol{G}(x_0)$ 称作函数 $f(x_1,x_2)$ 在点 x_0 处的海森矩阵,它是由函数 $f(x_1,x_2)$ 在点 x_0 处的二阶偏导数所组成的对称方阵。

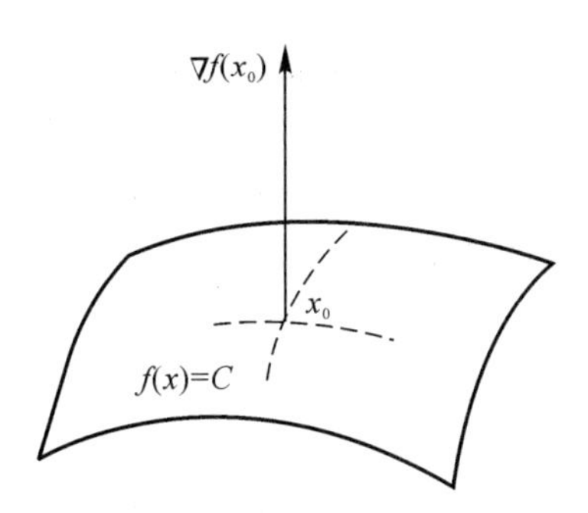

图 12－3　梯度方向与等值面的关系

将二元函数的泰勒展开推广到多元函数时,则 $f(x_1,x_2,\cdots,x_n)$ 在点 x_0 处泰勒展开式的矩阵形式为

$$f(\boldsymbol{x})=f(x_0)+\boldsymbol{\nabla} f(x_0)^{\mathrm{T}}\Delta\boldsymbol{x}+\frac{1}{2}\Delta\boldsymbol{x}^{\mathrm{T}}\boldsymbol{G}(x_0)+\cdots \tag{12－41}$$

其中

$$\boldsymbol{\nabla} f(x_0)=\begin{bmatrix}\dfrac{\partial f}{\partial x_1} & \dfrac{\partial f}{\partial x_2} & \cdots & \dfrac{\partial f}{\partial x_n}\end{bmatrix}^{\mathrm{T}}$$

为函数 $f(\boldsymbol{x})$ 在点 x_0 处的梯度。

$$\boldsymbol{G}(x_0)=\begin{bmatrix} \dfrac{\partial^2 f}{\partial x_1^2} & \dfrac{\partial^2 f}{\partial x_1 \partial x_2} & \cdots & \dfrac{\partial^2 f}{\partial x_1 \partial x_n} \\ \dfrac{\partial^2 f}{\partial x_2 \partial x_1} & \dfrac{\partial^2 f}{\partial x_1^2} & \cdots & \dfrac{\partial^2 f}{\partial x_2 \partial x_n} \\ \vdots & \vdots & & \vdots \\ \dfrac{\partial^2 f}{\partial x_n \partial x_1} & \dfrac{\partial^2 f}{\partial x_n \partial x_2} & \cdots & \dfrac{\partial^2 f}{\partial x_n^2} \end{bmatrix}_{x_0} \tag{12-42}$$

为函数 $f(\boldsymbol{x})$ 在点 x_0 处的海森矩阵。

在优化计算中，当某点附近的函数值采用泰勒展开式作近似表达时，研究该点邻域的极值问题需要分析二次型函数是否正定。当对任何非零向量 $\boldsymbol{x}$ 使

$$f(\boldsymbol{x})=\boldsymbol{x}^{\mathrm{T}}\boldsymbol{G}\boldsymbol{x}>0 \tag{12-43}$$

即二次型函数正定，$\boldsymbol{G}$ 为正定矩阵。

3.无约束优化问题的极值条件

无约束优化问题是使目标函数取得最小值，所谓极值条件就是指目标函数取得极小值时极值点所应满足的条件。

对于二元函数 $f(x_1,x_2)$，若在点 $x_0(x_{10},x_{20})$ 处取得极值，其必要条件是

$$\left.\frac{\partial f}{\partial x_1}\right|_{x_0}=\left.\frac{\partial f}{\partial x_2}\right|_{x_0}=0 \tag{12-44}$$

即
$$\nabla f(x_0)=\mathbf{0}(\mathbf{0}\text{ 表示零向量})$$

为了判断从上述必要条件求得的 x_0 是否是极值点，需要建立极值的充分条件。根据二元函数 $f(x_1,x_2)$ 在点 x_0 处的泰勒展开式，考虑上述极值的必要条件，经过分析可得相应的充分条件为

$$\left.\frac{\partial^2 f}{\partial x_1^2}\right|_{x_0}>0$$

$$\left[\frac{\partial^2 f}{\partial x_1^2}\frac{\partial^2 f}{\partial x_2^2}-\left(\frac{\partial^2 f}{\partial x_1 \partial x_2}\right)^2\right]_{x_0}>0$$

此条件反映了 $f(x_1,x_2)$ 在点 x_0 处的海森矩阵 $\boldsymbol{G}(x_0)$ 的各阶主子式均大于零，即

$$\left.\frac{\partial^2 f}{\partial x_1^2}\right|_{x_0}>0$$

$$|\boldsymbol{G}(x_0)|=\begin{vmatrix} \dfrac{\partial^2 f}{\partial x_1^2} & \dfrac{\partial^2 f}{\partial x_1 \partial x_2} \\ \dfrac{\partial^2 f}{\partial x_2 \partial x_1} & \dfrac{\partial^2 f}{\partial x_2^2} \end{vmatrix}_{x_0}>0$$

因此,二元函数在某点处取得极值的充分条件是要求在该点处的海森矩阵为正定。

对于多元函数 $f(x_1,x_2,\cdots,x_n)$,若在点 $\boldsymbol{x}^*$ 处取得极值,则极值的必要条件为

$$\nabla f(\boldsymbol{x}^*)=\begin{bmatrix}\frac{\partial f}{\partial x_1} & \frac{\partial f}{\partial x_2} & \cdots & \frac{\partial f}{\partial x_n}\end{bmatrix}_{x^*}^{\mathrm{T}}=0 \tag{12-45}$$

极值的充分条件为 $\boldsymbol{G}(\boldsymbol{x}^*)$ 正定,有

$$\boldsymbol{G}(\boldsymbol{x}^*)=\begin{bmatrix}\frac{\partial^2 f}{\partial x_1^2} & \frac{\partial^2 f}{\partial x_1\partial x_2} & \cdots & \frac{\partial^2 f}{\partial x_1\partial x_n}\\ \frac{\partial^2 f}{\partial x_2\partial x_1} & \frac{\partial^2 f}{\partial x_2^2} & \cdots & \frac{\partial^2 f}{\partial x_2\partial x_n}\\ \vdots & \vdots & & \vdots\\ \frac{\partial^2 f}{\partial x_n\partial x_1} & \frac{\partial^2 f}{\partial x_n\partial x_2} & \cdots & \frac{\partial^2 f}{\partial x_n^2}\end{bmatrix}_{x^*} \tag{12-46}$$

即要求 $\boldsymbol{G}(\boldsymbol{x}^*)$ 的各阶主子式均大于零。

一般来说,多元函数的极值条件在优化方法中仅具有理论意义。对于复杂的目标函数,海森矩阵不易求得,它的正定性就更难判定了。

4.等式的约束优化问题的极值条件

求解等式约束优化问题

$$\min f(\boldsymbol{x}) \tag{12-47}$$

$$\text{s.t. } h_k(x)=0,\quad k=1,2,\cdots,m \tag{12-48}$$

需要导出极值存在的条件,这是求解等式约束优化问题的理论基础(s.t.为约束条件,下同)。对这一问题,在数学上有两种处理方法,即消元法(降维法)和拉格朗日乘子法(升维法),现分别予以介绍。首先对消元法的内容进行介绍。

对于 n 维情况

$$\min f(x_1,x_2,\cdots,x_n)$$

$$\text{s.t. } h_k(x_1,x_2,\cdots,x_n)=0,\quad k=1,2,\cdots,l$$

由 l 个约束方程将 n 个变量中的前 l 个变量用其余 $n-l$ 个变量表示,即有

$$x_1=\varphi_1(x_{l+1},x_{l+2},\cdots,x_n)$$

$$x_2=\varphi_2(x_{l+1},x_{l+2},\cdots,x_n)$$

$$\cdots\cdots$$

$$x_l=\varphi_l(x_{l+1},x_{l+2},\cdots,x_n)$$

将这些函数关系代入目标函数中,从而得到只含 $x_{l+1},x_{l+2},\cdots,x_n$ 共 $n-l$

个变量的函数$F(x_{l+1},x_{l+2},\cdots,x_n)$，这样就可以利用无约束优化问题的极值条件求解。

消元法虽然看起来很简单，但实际求解难度却很大，因为将l个约束方程联立往往求不出解来。即便能求出解，当把它们代入目标函数之后，也会因函数十分复杂而难以处理。因此，这种方法作为一种分析方法实用意义不大，而对某些数值迭代方法来说，却有很大的启发意义。

拉格朗日乘子法是求解约束优化问题的另一种经典方法，会在下一节进行介绍。

5.不等式约束优化问题的极值条件

在工程上，大多数优化问题都可表示为具有不等式约束条件的优化问题，因此，研究不等式约束极值条件是很有意义的。受到不等式约束的多元函数极值的必要条件是著名的库恩-塔克条件，它是非线性优化问题的重要理论。

库恩-塔克条件：对于多元函数不等式的约束优化问题

$$\min f(\boldsymbol{x}) \tag{12-49}$$

$$\text{s.t. } g_j(\boldsymbol{x}) \leqslant 0, \quad j=1,2,\cdots,m \tag{12-50}$$

其中设计变量向量$\boldsymbol{x}=[x_1 \quad x_2 \quad \cdots \quad x_i \quad \cdots \quad x_n]^{\mathrm{T}}$为$n$维向量，它受$m$个不等式约束的限制，同样可以应用拉格朗日乘子法推导出相应的极值条件。为此，需要引入m个松弛变量$\bar{\boldsymbol{x}}=[x_{n+1} \quad x_{n+2} \quad \cdots \quad x_{n+m}]^{\mathrm{T}}$，使不等式约束$g_j(\boldsymbol{x}) \leqslant 0\ (j=1,2,\cdots,m)$变成等式约束$g_j(\boldsymbol{x})+x_{n+j}^2=0(j=1,2,\cdots,m)$，从而组成相应的拉格朗日函数，即

$$F(\boldsymbol{x},\bar{\boldsymbol{x}},\boldsymbol{\mu})=f(\boldsymbol{x})+\sum_{j=1}^{m}\boldsymbol{\mu}\,[g_j(\boldsymbol{x})+x_{n+j}^2] \tag{12-51}$$

式中 $\boldsymbol{\mu}$——对应于不等式约束的拉格朗日乘子向量，$\boldsymbol{\mu}=[\mu_1 \quad \mu_2 \cdots \mu_j \cdots \mu_m]^{\mathrm{T}}$，并有非负的要求。

根据无约束极值条件，可以得到具有不等式约束多元函数极值条件：

$$\left.\begin{aligned}&\frac{\partial f(\boldsymbol{x}^*)}{\partial x_i}+\sum_{j=1}^{m}\frac{\partial g_i(\boldsymbol{x}^*)}{\partial x_i}=0,\ i=1,2,\cdots,n\\&\mu_j g_j(\boldsymbol{x}^*)=0,\quad j=1,2,\cdots,m\\&\mu_j \geqslant 0,\quad j=1,2,\cdots,m\end{aligned}\right\} \tag{12-52}$$

这就是著名的库恩-塔克条件。

若引入起作用约束的下标集合

$$J(\boldsymbol{x}^*)=\{j \mid g_j(\boldsymbol{x}^*)=0,\ j=1,2,\cdots,m\} \tag{12-53}$$

库恩-塔克条件又可写成如下形式：

$$\left.\begin{aligned}&\frac{\partial f(\boldsymbol{x}^*)}{\partial x_i}+\sum_{j\in J}^{m}\mu_j\frac{\partial g_i(\boldsymbol{x}^*)}{\partial x_i}=0,\quad i=1,2,\cdots,n\\&g_j(\boldsymbol{x}^*)=0,\quad j\in J\\&\mu_j\geqslant 0,\quad j\in J\end{aligned}\right\}\tag{12-54}$$

将式(12－54)的偏微分形式表示成梯度形式，得

$$\nabla f(\boldsymbol{x}^*)+\sum_{j\in J}^{m}\mu_j\nabla g_j(\boldsymbol{x}^*)=0\tag{12-55}$$

或

$$-\nabla f(\boldsymbol{x}^*)=\sum_{j\in J}^{m}\mu_j\nabla g_j(\boldsymbol{x}^*)$$

它表明库恩-塔克条件的几何意义是，在约束极小值点 $\boldsymbol{x}^*$ 处，函数 $f(x)$ 的负梯度一定能表示成所有起作用约束在该点梯度(法向量)的非负线性组合。

12.3 数学规划法

数学规划问题所表达的是，对有限资源进行有效的利用或分配，以便达到所期望的目的。这些问题的特点是：对于满足每个问题的基本条件，存在大量的解。把某一解选为最好的解，与问题中某个方针或总的目标有关。满足问题的条件同时又满足给定目标的解称为最优解。

实际的结构优化设计问题一般是有约束的非线性规划问题。然而，对于非线性规划问题，至今还没有找到一个普遍有效的统一算法，对同一个设计问题的计算效率，往往因为采用不同的算法而有明显的差别。这里仅介绍解决无约束优化问题的黄金分割法(0.618 法)和变尺度法。

12.3.1 黄金分割法(0.618 法)

确定一元函数极小值点的数值方法，即单变量寻优，通常称为一维搜索。在最优化方法中一维搜索虽然最简单，但却十分重要，因为多维最优化问题的求解一般都伴有一系列的一维搜索。一维搜索的方法很多，例如成功-失败法、黄金分割法、分数法、抛物线法等。黄金分割法的步骤简单、直观，是最常用的方法之一。

黄金分割法不需要求函数的导数，也不要求函数连续，但除了要求函数存在极值点外，还要求在搜索区间内函数为单峰函数。

1.基本思想

对于单峰(或单谷)函数 $F(x)$，在其极值存在的某个区间$[a,b]$内，取若干

个点，并计算这些点的函数值进行比较，总可以找到极值存在的更小区间。在这个更小区间内增加计算点，又可以将区间缩小。当区间足够小，即满足精度要求时，就可以用该区间内任意一点的函数值来近似表达函数的极值。

2.计算方法

设区间$[a,b]$的长度为L，在区间内取点λ_1，从而将区间分割为两部分（见图 12-4），线段$a\lambda_1$的长度记作λ，并满足

$$\frac{L}{\lambda}=\frac{\lambda}{L-\lambda}=\frac{1}{q},\quad \lambda > L-\lambda \tag{12-56}$$

由式(12-56)有

$$\lambda^2+L\lambda-L^2=0$$

上式等号两边同除以L^2有

$$\left(\frac{\lambda}{L}\right)^2+\frac{\lambda}{L}-1=0$$

即

$$q^2+q-1=0$$

则有

$$q=\frac{-1\pm\sqrt{5}}{2}$$

取正根，有

$$q=\frac{-1+\sqrt{5}}{2}\approx 0.618\ 033\ 988\ 7$$

这种分割称为黄金分割法，或称为 0.618 法。

将黄金分割法用于一维搜索时，在区间内取两对称点λ_1、λ_2（见图 12-5），并满足

$$q=\frac{\lambda_2}{L}=\frac{\lambda_1}{L_2}=\frac{L-\lambda_2}{\lambda_2}\approx 0.618$$

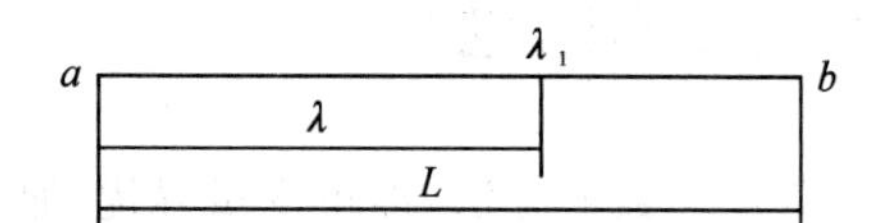

图 12-4　黄金分割法计算方法

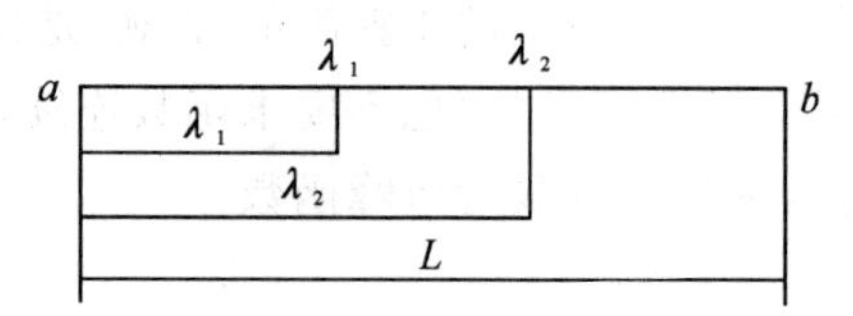

图 12-5　黄金分割法用于一维搜索 Ⅰ

显然，经一次分割后，所保留的极值存在的区间要么是$[a, \lambda_1]$，要么是$[\lambda_2, b]$，如图 12-6 所示，其长度为

$$\lambda = qL = 0.618L$$

而经 n 次分割后，所保留的区间长度为

$$\lambda^n = q^n L = 0.618^n L \tag{12-57}$$

式中　q^n——区间收缩率。

由于 q 是一个近似值，每次分割必定带来一定的舍入误差，因此分割次数太多时，计算会失真。经验表明，黄金分割的次数应限制在 $n = 11$ 内。

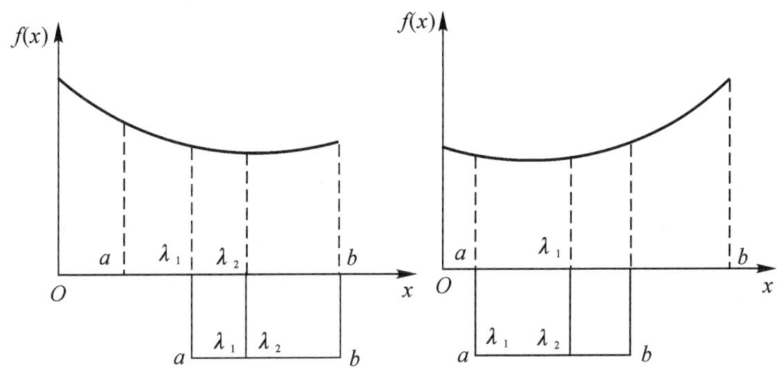

图 12-6　黄金分割法用于一维搜索Ⅱ

12.3.2　变尺度法

变尺度法是无约束最优化方法中应用最为广泛的方法之一。当多变量函数的导数不存在时，可用差分代替导数来求解。

为了了解变尺度法的基本思想，先简单介绍梯度法和牛顿法。这两个方法的迭代公式是下面迭代公式的特例：

$$\boldsymbol{x}^{(k+1)} = \boldsymbol{x}^{(k)} - \boldsymbol{a}^{(k)} \boldsymbol{\eta}^{(k)} \nabla f(\boldsymbol{x}^{(k)}) \tag{12-58}$$

或

$$\begin{bmatrix} x_1 \\ x_2 \\ \vdots \\ x_n \end{bmatrix}^{(k+1)} = \begin{bmatrix} x_1 \\ x_2 \\ \vdots \\ x_n \end{bmatrix}^{(k)} - \boldsymbol{a}^{(k)} \boldsymbol{\eta}_{n\times n}^{(k)} \begin{bmatrix} \dfrac{\partial f}{\partial x_1} \\ \dfrac{\partial f}{\partial x_2} \\ \vdots \\ \dfrac{\partial f}{\partial x_n} \end{bmatrix}^{(k)}$$

式中　$-\boldsymbol{\eta}^{(k)}\nabla f(\boldsymbol{x}^{(k)})$—— 第 k 次迭代的搜索方向；

$\boldsymbol{a}^{(k)}$—— 第 k 次迭代的搜索步长。

若令矩阵 $\boldsymbol{\eta}^{(k)}$ 等于单位矩阵，则得到梯度法的迭代公式为

$$\boldsymbol{x}^{(k+1)}=\boldsymbol{x}^{(k)}-\boldsymbol{a}^{(k)}\nabla f(\boldsymbol{x}^{(k)}) \tag{12-59}$$

其中搜索方向为负梯度方向 $-\nabla f(\boldsymbol{x}^{(k)})$。梯度法利用了函数沿正梯度方向增加最快、沿负梯度方向下降最快的特性，故按式(12-59)计算时，函数值将逐渐减小。负梯度方向是针对函数的某点的，只具有局部性质，因此它的缺点是收敛慢，特别是在极点附近收敛很慢。

若令矩阵 $\boldsymbol{\eta}^{(k)}$ 等于海森矩阵的逆阵$[\boldsymbol{H}^{(k)}]^{-1}$，则得牛顿法的迭代式：

$$\boldsymbol{x}^{(k+1)}=\boldsymbol{x}^{(k)}-\boldsymbol{a}^{(k)}[\boldsymbol{H}(\boldsymbol{x}^{(k)})]^{-1}\nabla f(\boldsymbol{x}^{(k)}) \tag{12-60}$$

牛顿法的搜索方向，即 $-[\boldsymbol{H}(\boldsymbol{x}^{(k)})]^{-1}\nabla f(\boldsymbol{x}^{(k)})]$。函数沿牛顿方向比沿梯度方向下降得更快。对二次多元函数说，牛顿迭代式是一个精确公式，仅迭代一次就可求出最优值。牛顿法虽然收敛快，但形成海森矩阵及其求逆的工作量极大。

变尺度法正是为了克服牛顿法的缺点而诞生的。它的基本思想是：设法构造一个矩阵 $\eta(\boldsymbol{x}^{(k)})$，使它直接逼近海森矩阵的逆阵$[\boldsymbol{H}^{(k)}]^{-1}$。这样一来，既可以减少每次迭代的计算工作量，收敛又较快，因此又称之为拟牛顿法。其迭代公式为

$$\left.\begin{aligned}\boldsymbol{x}^{(k+1)}&=\boldsymbol{x}^{(k)}+\boldsymbol{a}^{(k)}\boldsymbol{s}^{(k)}\\ \min_{a}f(\boldsymbol{x}^{(k)}+\boldsymbol{a}\boldsymbol{s}^{(k)})&=f(\boldsymbol{x}^{(k)})+\boldsymbol{a}^{(k)}+\boldsymbol{s}^{(k)}\\ \boldsymbol{s}^{(k)}&=-\boldsymbol{\eta}^{(k)}\nabla f(\boldsymbol{x}^{(k)})\\ \boldsymbol{\eta}^{(k+1)}&=\boldsymbol{\eta}^{(k)}+\Delta\boldsymbol{\eta}^{(k)}\end{aligned}\right\} \tag{12-61}$$

所谓变尺度是指在迭代过程中尺度矩阵 $\boldsymbol{\eta}^{(k)}$ 是不断改变的，通过不断修正，使每次迭代都能让 $\boldsymbol{\eta}^{(k)}$ 更逼近于$[\boldsymbol{H}^{(k)}]^{-1}$。$\Delta\boldsymbol{\eta}^{(k)}$ 取不同的形式时，便得到不同的变尺度法。其中最常用的是 DFP(Davidon - Fletcher - Powell)法。

DFP 变尺度法的修正矩阵由下式决定：

$$\Delta\boldsymbol{\eta}^{(k)}=\boldsymbol{a}^{(k)}\frac{\boldsymbol{s}^{(k)}(\boldsymbol{s}^{(k)})^{\mathrm{T}}}{(\boldsymbol{s}^{(k)})^{\mathrm{T}}\Delta\boldsymbol{g}^{(k)}}-\frac{\boldsymbol{\eta}^{(k)}\Delta\boldsymbol{g}^{(k)}(\Delta\boldsymbol{g}^{(k)})^{\mathrm{T}}(\boldsymbol{\eta}^{(k)})^{\mathrm{T}}}{(\Delta\boldsymbol{g}^{(k)})^{\mathrm{T}}\boldsymbol{\eta}^{(k)}\Delta\boldsymbol{g}^{(k)}} \tag{12-62}$$

式中　$\boldsymbol{s}^{(k)}$—— 搜索方向，称拟牛顿方向或变尺度方向；

$\boldsymbol{\eta}^{(k)}$——$n\times n$ 阶对称正定矩阵，且 $\boldsymbol{\eta}^{(0)}$ 为单位矩阵；

$\Delta\boldsymbol{g}^{(k)}$—— 梯度之差；

$\boldsymbol{a}^{(k)}$—— 关于 $\boldsymbol{a}$ 一维搜索的最优步长。

可以证明，DFP 法对二次目标函数产生的各次搜索方向是共轭的。所谓方向共轭是指满足下式：

$$(\boldsymbol{s}^{(i)})^{\mathrm{T}}\boldsymbol{\eta}\boldsymbol{s}^{(i)}=0,\ i\neq j,\ j=0,1,\cdots,n-1 \tag{12-63}$$

称 $\boldsymbol{s}^{(0)},\cdots,\boldsymbol{s}^{(n-1)}$ 为 $\boldsymbol{\eta}$ 共轭或 $\boldsymbol{\eta}$ 正交,而 $\boldsymbol{s}^{(0)},\cdots,\boldsymbol{s}^{(n-1)}$ 为共轭向量。因此,DFP法也是一种共轭方向法。它具有二次收敛性,即对 n 元二次函数至多经 N 步搜索即可达到极小点。由于舍入误差的存在,要多进行几次才能得到所要求精度的结果。n 维二次函数最多只有 N 个共轭方向,所以在 N 步以后,要采取再开始的办法,即令 $\boldsymbol{\eta}^{(n)}=\boldsymbol{I},\boldsymbol{x}^{(0)}=\boldsymbol{x}^{(n+1)}$,重新开始迭代。

DFP 法的迭代步骤:

(1) 给定初始点 $\boldsymbol{x}^{(0)}\in\boldsymbol{E}^n$,允许误差 $\varepsilon>0$。

(2) 检验 $\|\nabla f(\boldsymbol{x}^{(0)})\|\leqslant\varepsilon$。若满足,则迭代停止,$\boldsymbol{x}^{(0)}$ 为最优解点;否则转第(3) 步。

(3) 取初始矩阵 $\boldsymbol{\eta}^{(0)}=\boldsymbol{I}$(单位矩阵),令 $g^0=\|\nabla f(\boldsymbol{x}^{(0)})\|,k=0$。

(4) 求 $\boldsymbol{s}^{(k)}=-\boldsymbol{\eta}^{(k)}\boldsymbol{g}^k$。

(5) 求 $\boldsymbol{a}^{(k)}$,即作一维搜索:$\min f(\boldsymbol{x}^{(k)}+\boldsymbol{a}\boldsymbol{s}^{(k)})=f(\boldsymbol{x}^{(k)}+\boldsymbol{a}^{(k)}\boldsymbol{s}^k)$。

(6) 令 $\boldsymbol{x}^{(k+1)}=\boldsymbol{x}^{(k)}+\boldsymbol{a}^{(k)}\boldsymbol{s}^{(k)}$。

(7) 检验是否满足收敛性判别准则:$\|\nabla f(\boldsymbol{x}^{(k+1)})\|\leqslant\varepsilon$。若满足,迭代结束,$\boldsymbol{x}^{(k+1)}$ 为最优解点;否则当 $k=n$ 时,置 $\boldsymbol{x}^{(0)}=\boldsymbol{x}^{(n+1)}$,转第(3) 步。

(8) 当 $k<n$ 时,令 $\boldsymbol{g}^{(k+1)}=\nabla f(\boldsymbol{x}^{(k+1)}),\nabla\boldsymbol{g}^{(k)}=\boldsymbol{g}^{(k+1)}-\boldsymbol{g}^{(k)}$,求 $\boldsymbol{\eta}^{(k+1)}$;转第(4) 步。

12.3.3 条件极值——拉格朗日乘子法

拉格朗日乘子法是一种通过增加变量将约束问题变为无约束优化问题的方法,它揭示了条件极值的基本特性,也是最优准则法的理论基础。下面对拉格朗日乘子法的基本思想进行介绍。

对于具有一个等式约束的 n 维优化问题:

$$\min f(\boldsymbol{x}) \tag{12-64}$$

$$\text{s.t.}\quad g_k(\boldsymbol{x})=0,\quad k=1,2,\cdots,l \tag{12-65}$$

在极值点 $\boldsymbol{x}^*$ 处有

$$\mathrm{d}f(\boldsymbol{x}^*)=\sum_{i=1}^{n}\frac{\partial f}{\partial x_i}\mathrm{d}x_i=\nabla f(\boldsymbol{x}^*)\mathrm{d}\boldsymbol{x}=0 \tag{12-66}$$

$$\mathrm{d}g_k(\boldsymbol{x}^*)=\sum_{i=1}^{n}\frac{\partial f}{\partial x_i}\mathrm{d}x_i=\nabla g_k(\boldsymbol{x}^*)\mathrm{d}\boldsymbol{x}=0 \tag{12-67}$$

$$\sum_{i=1}^{n}\left(\frac{\partial f}{\partial x_i}+\lambda_1\frac{\partial g_1}{\partial x_i}+\lambda_2\frac{\partial g_2}{\partial x_i}+\cdots+\lambda_1\frac{\partial g_l}{\partial x_i}\right)\mathrm{d}x_i=0 \tag{12-68}$$

可以通过其中的 l 个方程

$$\frac{\partial f}{\partial x_i}+\lambda_1\frac{\partial g_1}{\partial x_i}+\lambda_2\frac{\partial g_2}{\partial x_i}+\cdots+\lambda_1\frac{\partial g_l}{\partial x_i}=0 \tag{12-69}$$

来求解 $\lambda_1,\lambda_2,\cdots,\lambda_l$，使得 l 个变量的微分 $\mathrm{d}x_1,\mathrm{d}x_2,\cdots,\mathrm{d}x_l$ 的系数为零。这样，式(12-68)的等号左边就只剩下 $n-l$ 个变量的微分 $\mathrm{d}x_{l+1},\mathrm{d}x_{l+2},\cdots,\mathrm{d}x_n$ 的项，即变成

$$\sum_{j=l+1}^{n}\left(\frac{\partial f}{\partial x_j}+\lambda_1\frac{\partial g_1}{\partial x_j}+\lambda_2\frac{\partial g_2}{\partial x_j}+\cdots+\lambda_1\frac{\partial g_l}{\partial x_j}\right)\mathrm{d}x_j=0 \tag{12-70}$$

但 $\mathrm{d}x_{l+1},\mathrm{d}x_{l+2},\cdots,\mathrm{d}x_n$ 应是任意的量，则有

$$\frac{\partial f}{\partial x_j}+\lambda_1\frac{\partial g_1}{\partial x_j}+\lambda_2\frac{\partial g_2}{\partial x_j}+\cdots+\lambda_1\frac{\partial g_l}{\partial x_j}=0,\quad j=l+1,\quad l+2,\cdots,n \tag{12-71}$$

把原来的目标函数 $f(\boldsymbol{x})$ 改造成为如下形式的新的目标函数：

$$F(\boldsymbol{x},\boldsymbol{\lambda})=f(\boldsymbol{x})+\sum_{j=l+1}^{n}\lambda_j g_j(\boldsymbol{x}) \tag{12-72}$$

$g_k(\boldsymbol{x})$ 就是原目标函数 $f(\boldsymbol{x})$ 的等式约束条件，而待定系数 λ_k 称为拉格朗日乘子，$F(\boldsymbol{x},\boldsymbol{\lambda})$ 称为拉格朗日函数。

这样，拉格朗日乘子法可以叙述如下：把 $F(\boldsymbol{x},\boldsymbol{\lambda})$ 作为一个新的无约束条件的目标函数来求解它的极值点，所得结果就是在满足约束条件 $g_k(\boldsymbol{x})=0(k=1,2,\cdots,l)$ 的情况下，原目标函数 $f(\boldsymbol{x})$ 的极值点。由 $F(\boldsymbol{x},\boldsymbol{\lambda})$ 具有极值的必要条件：

$$\frac{\partial F}{\partial x_i}=0,\quad i=1,2,\cdots,n \tag{12-73}$$

$$\frac{\partial F}{\partial \lambda_k}=g_k(\boldsymbol{x})=0,\quad k=1,2,\cdots,l \tag{12-74}$$

可得 $l+n$ 个方程，从而解得 $\boldsymbol{x}=[x_1\ x_2\ \cdots\ x_n]^{\mathrm{T}}$ 和 $\lambda_k(k=1,2,\cdots,l)$ 共 $l+n$ 个未知变量的值。由方程式(12-73)和式(12-74)求得的 $\boldsymbol{x}^*=[x_1{}^*\ x_2{}^*\ \cdots\ x_n{}^*]^{\mathrm{T}}$ 是函数 $f(\boldsymbol{x})$ 极值点的坐标值。

拉格朗日乘子法也可以用另一种方式表示为

$$\nabla F=\nabla f(\boldsymbol{x}^*)+\lambda^{\mathrm{T}}\nabla g(\boldsymbol{x}^*)=0 \tag{12-75}$$

式中

$$\boldsymbol{\lambda}^{\mathrm{T}}=[\lambda_1\ \lambda_2\ \cdots\ \lambda_l]$$

$$\nabla g=(\boldsymbol{x}^*)^{\mathrm{T}}=[\nabla g_1(\boldsymbol{x}^*)\quad \nabla g_2(\boldsymbol{x}^*)\quad \cdots\quad \nabla g_1(\boldsymbol{x}^*)]$$

12.3.4 罚函数法

罚函数法是将约束非线性规划问题转化为一系列无约束非线性规划问题求解的一种方法,因此亦称序列无约束极小化方法。它又分为外点法和内点法。

1.外点罚函数法

(1)外点法的基本思想。对于目标函数 $f(\boldsymbol{x})$,如果有等式约束 $g_j(\boldsymbol{x})=0$ $(j=1,2,\cdots,m)$,可以构成一个新的函数:

$$\phi(\boldsymbol{x},\gamma)=f(\boldsymbol{x})+\sum_{j=1}^{m}\gamma_j[g_j(\boldsymbol{x})]^2 \tag{12-76}$$

则函数 $\phi(\boldsymbol{x},\gamma)$ 称罚函数,右边第二项称为惩罚项,$\gamma_j(j=1,2,\cdots,m)$ 称为罚因子。

当约束条件不满足时,惩罚项永远为正,且离可行域越远,罚因子越大,则惩罚项和罚函数值也越大,这可看成是对于不满足约束条件情况的一种“惩罚”;反之,当约束条件满足时,不论 γ_j 取值多大,惩罚项始终为零,$\phi(x,\gamma)=f(x)$,即约束条件满足时不受惩罚,这就是罚函数与罚因子中“罚”的含义。

正是这种“罚”,使罚函数的“几何面”永远不低于目标函数的“几何面”,因而 $\phi(\boldsymbol{x},\gamma)$ 具有无条件极值点;同时随着罚因子增加而趋于无穷大时,几何面也就越曲,约束条件也就趋于满足,$\phi(\boldsymbol{x},\gamma)$ 中的无条件极值点也就越趋于原约束问题的条件极值点。

用迭代法求解时,$\gamma\to\infty$ 只能逐步实现。当 γ_j 取相同值时,有

$$\left.\begin{array}{l}\phi(\boldsymbol{x},\gamma^{(k)})=f(\boldsymbol{x})+\gamma^{(k)}\sum\limits_{j=1}^{m}[g_j(\boldsymbol{x})]^2,\quad k=1,2,\cdots\\ 0<\gamma^{(0)}<0<\gamma^{(1)}<\cdots<\infty\end{array}\right\} \tag{12-77}$$

这样对应一个 $\gamma^{(k)}$,有函数 $\phi(\boldsymbol{x},\gamma)$,从而求出一个极值点 $\boldsymbol{x}^*(\gamma^{(k)})$,并满足

$$\lim\nolimits_{k\to\infty}\gamma^{(k)}=\infty,\quad \lim x^*_{k\to\infty}(\gamma^{(k)})=\boldsymbol{x}^* \tag{12-78}$$

由于极值点 $\boldsymbol{x}^*(\gamma^{(k)})$ 位于可行域之外,故上述方法称为罚函数的外点法。

若为不等式约束条件,即 $g_j(\boldsymbol{x})\leqslant 0(j=1,2,\cdots,m)$,可以构成以下修正函数:

$$\phi(\boldsymbol{x},\gamma)=f(\boldsymbol{x})+\sum_{j=1}^{m}\gamma_j\max\,[0,\ g_j(\boldsymbol{x})]^2 \tag{12-79}$$

同样,若 γ_j 取相同值,有

$$\phi(\boldsymbol{x},\gamma^{(k)})=f(\boldsymbol{x})+\gamma^{(k)}\sum_{j=1}^{m}\gamma_j\max\left[0,\ g_j(\boldsymbol{x})\right]^2,\ k=1,2,\cdots \tag{12-80}$$

式(12 - 80) 亦可表示为

$$\phi(\boldsymbol{x},\gamma^{(k)})=\begin{cases}f(\boldsymbol{x})+\gamma^{(k)}\sum\limits_{j=1}^{m}\gamma_j\max\left[0,\ g_j(\boldsymbol{x})\right]^2,\ g_j(\boldsymbol{x})>0\\ f(\boldsymbol{x}),\ g_j(\boldsymbol{x})\leqslant 0\end{cases} \tag{12-81}$$

$\gamma^{(i)}\to\infty$ 是理论上的要求。对于每一个实际问题,罚因子 $\gamma^{(k)}$ 都有一个合适数值范围。有的问题 $\gamma^{(k)}$ 可能很小,因此它的初值 $\gamma^{(0)}$ 不能选得太大,否则函数 $\phi(\boldsymbol{x},\gamma^{(0)})$ 的等值面(线) 的形状会变形或者出现偏心,任何微小计算误差都会使计算过程不稳定,甚至找不到极值点。另外,$\gamma^{(k)}\to\infty$ 在计算机上也是无法实现的。因此,恰当地选取 $\gamma^{(k)}$ 是该算法的一个要点。

(2) 外点法迭代步骤。

1) 取合适的初始罚因子 $\gamma^{(0)}>0$,给定初始点 $x^{(0)}$ 和收敛精度 ε_1,ε_2。

2) 用某无约束最优化方法(如 DFP 法) 求罚函数 $\phi(\boldsymbol{x},\gamma^{(k)})$ 的极小点 $\boldsymbol{x}^*(\gamma^{(k)})$,即 $\min\phi(\boldsymbol{x},\boldsymbol{\gamma}^{(k)})$。

3) 若 $g_i=g_i(\boldsymbol{x})<\varepsilon_1(i=1,2,\cdots,m)$,则停止迭代;否则转步骤 4);

4) 若 $\Delta\boldsymbol{x}^*=\|\boldsymbol{x}^*(\gamma^{(k-1)})-\boldsymbol{x}^*(\gamma^{(k)})\|\leqslant\varepsilon_2$,则迭代停止;否则取 $\gamma^{(k+1)}=(5\sim 10)\gamma^{(k)}$,$\boldsymbol{x}^{(0)}=\boldsymbol{x}^*(\gamma^{(k)})$,$\gamma^{(k)}=\gamma^{(k+1)}$,转步骤 2)。

2.内点罚函数法

内点罚函数法要求迭代求解在可行域内进行。因此,采取在可行域边界设置一道障碍的办法,当迭代点靠近边界时,使函数值急增至无穷大。根据这一思想,对于具有不等式约束 $g_i(\boldsymbol{x})\leqslant 0(i=1,2,\cdots,m)$ 的优化问题,修正函数可取如下形式:

$$\phi(\boldsymbol{x},\gamma^{(k)})=f(\boldsymbol{x})+\gamma^{(k)}\sum_{j=1}^{m}\frac{-1}{g_i(\boldsymbol{x})} \tag{12-82}$$

函数 $\phi(\boldsymbol{x},\gamma^{(k)})$ 称为障碍函数,右边第二项称为障碍项,$\gamma^{(k)}$ 称为障碍因子。显然,当 $g_i(\boldsymbol{x})\to -0$,即接近可行域边界时,$\dfrac{-1}{g_i(\boldsymbol{x})}\to+\infty$。为了使函数 $\phi(\boldsymbol{x},\gamma^{(k)})$ 在可行域内取值不要大太,障碍因子 $\gamma^{(k)}$ 应该很小,通常按以下方法来确定 $\gamma^{(k)}$:

$$\gamma^{(1)}>\gamma^{(2)}>\cdots>0 \tag{12-83}$$

且
$$\lim_{k\to\infty}\gamma^{(k)}=0$$

用内点法求解优化问题时，其迭代步骤与外点法相似，只是初始点 $\boldsymbol{x}^{(0)}$ 必须取在可行域内，另外障碍因子的降低系数取 0.1 ～ 0.5，即 $\gamma^{(k+1)}=(0.1\sim0.5)\gamma^{(k)}$。

必须注意，外点法适用等式约束问题，而内点法则不适用。

12.4 力学准则法

力学准则法的基本出发点是：预先规定一些优化设计必须满足的准则，然后根据这些准则建立达到优化设计的迭代公式。这些优化准则一般是根据已有的实践经验，通过一定的理论分析、研究和判断而得到的，它们可以是强度准则、刚度准则和能量准则等。

力学准则法的优点是：物理概念清楚，与过去的设计思想相衔接，容易为工程设计人员所接受；在一般情况下程序较简单，迭代收敛较快，且迭代次数基本上与设计变量的数目无关。缺点是：适用范围较窄，只能用于最小体积设计；在某些情况下有失效的可能性。经验证明，利用力学准则法一般能够收到很好的效果。因此，力学准则法是目前工程实践中常用的一类结构优化设计方法。

12.4.1 力学准则法概述

设有一杆系结构，分别承受 p 组载荷，因此结构的性态响应（应力、位移等）将有 p 组。若各杆的容许应力为$\bar{\sigma}_i\,(i=1,2,\cdots,n)$，结构上某些节点沿某方向的容许位移为$\bar{\mu}_j\,(j=1,2,\cdots,m)$，各杆剖面的最小容许值（下限）为 $A_i\,(i=1,2,\cdots,n)$，试求满足上述要求的最轻结构。用数学方法描述该问题，即求各杆截面面积 $A_i\,(i=1,2,\cdots,n)$，使结构质量 $W(A)=g\sum_{i=1}^{n}p_il_iA_i$ 最轻，满足：

$$\left.\begin{aligned}\sigma_{iq}\leqslant\bar{\sigma}_i,\quad i=1,2,\cdots,n;\quad q=1,2,\cdots,p\\ \mu_{jq}\leqslant\bar{\mu}_j,\quad j=1,2,\cdots,m;\quad q=1,2,\cdots,p\\ A_i\geqslant\bar{A}_i,\quad i=1,2,\cdots,n\end{aligned}\right\}\tag{12-84}$$

这是一个具有$(n+m)p+n$ 个不等式约束的 n 维非线性规划问题，因此，可以用数学规划法(如罚函数法和变尺度法)求最优解,但由于该问题是一个结构力学的问题,所以也可以用最优准则法求解。最优准则法是按照性态约束的性质来建立的,对于具有不同性质的性态约束的优化问题,需用不同的准则法联合求解。也就是说,对于上述问题,需用应力准则法和位移准则法联合求解。

12.4.2 满应力法

对于仅有应力约束的优化问题,早期人们试图用满应力法求出最优解。所谓满应力设计法是在结构布局和材料已定的情况下,使每一元件至少在一组载荷的作用下承受容许应力,认为这时结构质量最轻。这是一种早期的基于“同时失效”概念的感性准则法,它是传统设计的深化。

设第 j 组载荷在第 i 元件中引起的应力为 σ_{ij},则 p 组载荷在第 i 元件中引起的 p 个应力中的最大应力记为

$$\sigma_i = \max_j(\sigma_{ij})\ ,\ j = 1,2,\cdots,p \tag{12-85}$$

满应力法的基本出发点是对结构中每个元件规定一个满应力准则,即

$$\sigma_i - \bar{\sigma}_i = 0 \tag{12-86}$$

式(12-86)等号两边同乘元件剖面积 A_i 得

$$A_i\bar{\sigma}_i = A_i\sigma_i$$

优化设计中常用迭代式表示,即

$$A_i^{(k+1)}\bar{\sigma}_i^{(k+1)} = A_i^{(k)}\sigma_i^{(k)},\quad i = 1,2,\cdots,n$$

上式的两边表示的是 i 元件的内力,即从满应力准则出发,前后两次迭代中各元件的内力不变,上式可改写为

$$A_i^{(k+1)} = \frac{\sigma_i^{(k)}}{\bar{\sigma}_i^{(k+1)}}A_i^{(k)} \tag{12-87}$$

当容许应力为常值时,令 $\bar{\sigma}_i^{(k+1)} = \bar{\sigma}_i$,则式(12-87)变为

$$A_i^{(k+1)} = k_i^{(k)}A_i^{(k)} \tag{12-88}$$

式中　$K_i^{(k)}$——第 i 元件第 k 次迭代的应力比,即

$$K_i^{(k)} = \frac{\sigma_i^{(k)}}{\bar{\sigma}_i}A_i^{(k)}$$

式(12-88)即为满应力法的迭代式。由于迭代式中有应力比,故用该式设计又称为应力比再设计。

对于静定结构,该迭代式是精确的,因为静定结构的内力仅由平衡条件决

定，而与其他元件的剖面面积无关，因此迭代一次就可达到满应力。对于静不定结构，每个元件的内力都是各个元件剖面面积的函数，前后两次迭代中元件内力不可能不变，故对于静不定结构，式(12-88)是近似的。

满应力法的迭代步骤：

(1) 选初始点 $A^{(0)}$；

(2) 进行结构分析求应力 $\sigma_{ij}^{(k)}$；

(3) 求元件的应力比 $K_{ij}^{(k)}$；

(4) 求元件的最大应力比 $K_i^{(k)}=\max\limits_p\{K_{ip}\}$；

(5) 按式(12-88)求下一个设计方案 $A^{(k+1)}$；

(6) 重复步骤(2)～(5)，直至 $K_i=1$ 为止。

12.4.3 满应力齿行法（改进的满应力法）

我们要知道，满应力解不一定是最优解。在以重量为设计目标的结构优化设计中，由于满应力法与结构重量函数没有直接联系，满应力解不一定是最轻的。

满应力齿行法的基本思想是把满应准力则与目标函数联系起来，每走一满应力步后，紧接着走一射线步(或称比例步)，把设计点引到可行域边界上，如果在边界上目标值的变化为"大—小—大"，则说明其中存在着局部极小点。

射线步的迭代公式如下：

$$A_i^{(k+1)}=K_{\max}^{k}A_i^{(K)} \tag{12-89}$$

式中 $K_{\max}^{(k)}$—— 所有元件中的最大应力比，有

$$K_{\max}^{(k)}=\max(K_i^{(k)}) \tag{12-90}$$

满应力齿行法迭代步骤如下：

(1) 选初始点 $A^{(0)}$。

(2) 进行结构分析，求 $\sigma_{ij}(i=1,2,\cdots,n;j=1,2,\cdots,p)$。

(3) 求元件应力比，$K_i=\max_p(K_{ip})$。

(4) 作射线步，即

$$K_{\max}=\max_i(K_i)$$

$$\widetilde{A}_i=K_{\max}A_i$$

$$\widetilde{W}=\sum_{i=1}^{n}\rho_i l_i\widetilde{A}_i$$

(5) 判别：若 $\widetilde{W}>W_0$，迭代停止；否则，$W_0>\widetilde{W}$，转步骤(6)。

(6) 求满应力步：$\tilde{\tilde{A}}_i = K_i \tilde{A}_i / K_{\max} = K_i \tilde{A}_i$；$\tilde{A}_i = \tilde{\tilde{A}}_i$。

(7) 转步骤(2)。

必须指出，对满应力齿行法还可以进一步改进。若在它的解点附近作变步长搜索，则可提高解的精度。因此，在满应力齿行法的满应力步中引入步长因子$\alpha(0 < \alpha < 1)$，使满应力步的$\tilde{\tilde{A}}_i$在$\tilde{A}_i$与$\tilde{K}\tilde{A}_i$之间，即

$$\tilde{\tilde{A}}_i = (1-\alpha)\tilde{A}_i + \alpha \tilde{K}_i \tilde{A}_i = (1-\alpha+\alpha\tilde{K}_i)\tilde{A}_i = (1-\alpha+\alpha K_i/K_{\max})\tilde{A}_i \tag{12-91}$$

这种变步长的满应力步与射线步结合，可能提高解的精度。这种方法有时称为变步长满应力齿行法。此外，这种改变步长的方法在其他优化方法中也常被采用。

最后还必须指出，满应力法和满应力齿行法在实际应用中收敛都很快，一般仅需迭代 10 次左右就可得到较满意的结果，且二者的结果差别不大。相比之下，满应力齿行法更好一些，因此在实践中得到了广泛的应用。

12.4.4　位移准则法

如果仅考虑位移约束情况，式(12-84)所表达的优化问题可以简化如下：求设计变量A，使目标函数$W = \sum_{i=1}^{n} \rho_i l_i A_i \to \min$，满足约束条件：$u_{iq} \leqslant \bar{u}_j$ ($j=1, 2, \cdots, m$; $q=1, 2, \cdots, p$)。

这里位移(变位)约束有$m \times p$个。实际上，结构问题的最优解总是在可行域的边界上。不管它是在一个最严约束面(形成可行域边界的面)上，还是在几个最严约束的交界点(或线)上，总可以把它看作是在一个最严约束面上，因为一个交点的邻近点必然在最严约束面之一的上面，而我们可以满足于得到这个邻近点。这样我们可以只考虑位移最严约束，于是问题可以进一步简化为求A_i，使以下约束成立：

$$\left.\begin{aligned} W = \sum_{i=1}^{n} p_i l_i A_i \to \min \\ u_{iq} = \bar{u}_j \end{aligned}\right\} \tag{12-92}$$

这里，j是最严约束的编号，q是这个最严约束的载荷组号，由于只考虑一个最严约束，所以这个约束取等号。

该问题的拉格朗日函数为

$$\phi = \sum_{i=1}^{n} p_i l_i A_i + \lambda (u_{jq} - \bar{u}_j) \tag{12-93}$$

极值存在的必要条件为

$$\left.\begin{aligned} \frac{\partial \phi}{\partial A_i} &= p_i l_i + \lambda \frac{\partial u_{iq}}{\partial A_i} \\ \frac{\partial \phi}{\partial \lambda} &= u_{jq} - \bar{u}_j = 0 \end{aligned}\right\} \tag{12-94}$$

对于桁架结构，位移 u_{jq} 可以由下式求出：

$$u_{jq} = \sum_{i=1}^{n} \frac{S_k^q S_k^j l_k}{E_k A_k} \tag{12-95}$$

式中 S_k^q—— 第 q 组载荷在 k 杆中产生的内力；

S_k^j—— 相应于 j 号位的虚载荷在 k 杆中产生的内力。

求导数

$$\frac{\partial u_{jq}}{\partial A_i} = -\frac{S_i^q S_i^j l_i}{E_i A_i^2} + \left(\sum_{k=1}^{n} \frac{\partial S_k^q}{\partial A_i} \frac{S_k^j l_k}{E_k A_k} + \sum_{k=1}^{n} \frac{\partial S_k^j}{\partial A_i} \frac{S_k^q l_k}{E_k A_k} \right) = -\frac{S_i^q S_i^j l_i}{E_i A_i^2} + 0 \tag{12-96}$$

因为$\left\{\frac{\partial S}{\partial A_i}\right\}$是一组自身平衡的力系，而$\left\{\frac{Sl}{EA}\right\}$可以看作是一组虚位移，根据虚功原理，两者乘积为零。将式(12-96)代入式(12-94)，得

$$\rho_i l_i + \lambda \frac{-S_i^q S_i^j l_i}{E_i A_i^2} = 0$$

用 i 元件的重量 W_i 和应变能$(u_{jq})_i$ 来表达上式，则有

$$\lambda = \frac{W_i}{(u_{jq})_i} = 0$$

遍及全部元件求和，并注意式(12-94)的第二式，有

$$\lambda = \frac{W}{u_{jq}} = \frac{W}{\bar{u}_j} = 0 \tag{12-97}$$

将式(12-97)代入式(12-94)的第一式，得

$$\frac{W}{\bar{u}_j} \frac{1}{\rho_i l_i} \left(-\frac{\partial u_{jq}}{\partial A_i} \right) = 1, \quad i = 1, 2, \cdots, n \tag{12-98}$$

式(12-98)就是最优解必须满足的单位移准则。将其等号左、右两边各乘上 A_i，再令一边的 A_i 等于 $A_i + \delta A_i$，便得到位移准则步的修改公式：

$$\delta A_i = \left\{ \left[\frac{W}{\bar{u}_j} \frac{1}{\rho_i l_i} \left(-\frac{\partial u_{jq}}{\partial A_i} \right) \right]^{\eta} - 1 \right\} A_i, \quad i = 1, 2, \cdots, n \tag{12-99}$$

式中 η—— 控制步长的阻尼指数，一般 $\eta \leqslant 1$，经验表明 $\eta = 0.2$ 时效果较好。

将式(12－96)代入式(12－99),有

$$\delta A_i=\left[\left(\frac{W}{\bar{u}_j}-\frac{1}{p_i}-\frac{S_i^q S_i^j}{E_i A_i^2}\right)^2-1\right]A_i,\quad i=1,2,\cdots,n \tag{12-100}$$

或用应力表示为

$$\delta A_i=\left[\left(\frac{W}{\bar{u}_j}-\frac{\sigma_i^q\sigma_i^j}{E_i A_i^2}\right)^\eta-1\right]A_i,\quad i=1,2,\cdots,n \tag{12-101}$$

一般地说,结构的强度要求是最基本的,考虑位移约束的同时,一定要满足应力约束。此外,还要满足由工艺、材料供应和构造要求方面提出的尺寸约束,也就是式(12－84)所提出的优化问题。只要综合运用满应力准则步、位移准则步和射线步,就能解决式(12－84)所提出的问题。

综合运用的基本思想是:在一轮迭代中,根据当前的方案$A(l)$(见图12－7中点①),从为数众多的应力约束和位移约束中筛选出最严的约束,把设计点用射线步引到这个最严约束面上,得到点②。然后根据这个最严约束的性质决定走什么步:若它是应力约束,则走满应力准则步;若它是位移约束,则走位移准则步。要控制步长,不让它过大,该优化准则步使方案修改到点①′。用这个方案开始下一轮迭代,先作重分析或近似的重分析,筛选出最严约束,它可能仍是上一轮的老约束,也可能是换了新的另一约束,再用射线步把方案调整到这个最严约束上去,得可行方案②′。如此继续下去,直到连续两次的可行方案很接近而满足收敛条件,或重量有回升而停止迭代。

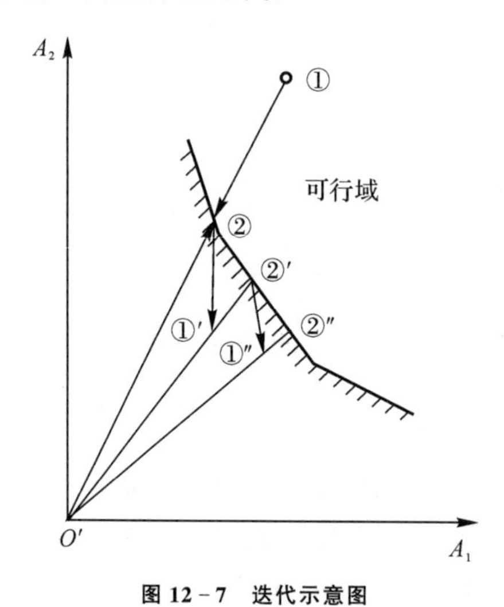

图12－7 迭代示意图

对于尺寸约束$A_i\geqslant\bar{A}_i$,在使用优化准则步得到新设计点①′之后,检验尺

寸约束是否得以满足，若 A_i 不满足尺寸约束(即 $A_i \geqslant \bar{A}_i$)，则取 $A_i \geqslant \bar{A}_i$。在作射线步时，将不再考虑尺寸约束，因此可能会出现射线步不一定能恰好射到可行域边界上的情况，但这并不太重要，因为到收敛时，射线步的步长将很小。由于在射线步的起点已考虑了尺寸约束，因此在射线步的终点也认为是满足这些约束的。

下面简述射线步和满应力准则步。

1.射线步

用优化准则步得到点 ①′、①″，并进行结构分析(重分析)，求得位移 $\{u\}_q$ 和应力 $\{\sigma\}_q$，分别算出它们与容许极限的比值

$$\begin{cases} k_{iq} = \sigma_{iq}/\bar{\sigma}_i \\ \delta_{jp} = u_{jq}/\bar{\sigma}_j \end{cases}$$

从中求出最大比值

$$\beta_{\max} = \max_{i,j,q}(k_{iq}, \delta_{jq}) \tag{12-102}$$

与它相应的约束便是当前的最严约束，将各杆剖面面积乘以 $\beta_{\max}$ 就完成了射线步。射线步点的参数及有关量如下：

$$\left.\begin{aligned} \{A_i\}^{(k+1)} &= \beta_{\max}^{(k)}\{A_i\}^{(k)} \\ \{u\}_q^{(k+1)} &= \{u\}_q^{(k)}/\beta_{\max}^{(k)} \\ \{\sigma\}_q^{(k+1)} &= \{\sigma\}_q^{(k)}/\beta_{\max}^{(k)} \end{aligned}\right\} \tag{12-103}$$

并由此导出

$$\left.\begin{aligned} \boldsymbol{K}^{(k+1)} &= \beta_{\max}^{(k)}\boldsymbol{K}^{(k)} \\ \left\{\frac{\partial_u}{\partial_{A_i}}\right\}_q^{(k+1)} &= \left\{\frac{\partial_u}{\partial_{A_i}}\right\}_q^{(k)} / (\beta_{\max}^{(k)})^2 \\ \left\{\frac{\partial_u^2}{\partial_{A_i}\partial_{A_j}}\right\}^{(k+1)} &= \left\{\frac{\partial_u^2}{\partial_{A_i}\partial_{A_j}}\right\}^{(k)} / (\beta_{\max}^{(k)})^2 \end{aligned}\right\} \tag{12-104}$$

式中 $\boldsymbol{K}$—— 结构的刚度矩阵。

应该注意的是，这个射线步是建立在杆的刚度与剖面面积为线性关系的基础上的，它也适用于以板厚为设计变量的平面应力膜。

2.满应力准则步

将式(12-88)改写为

$$\delta A_i = \left(\frac{\max_q \sigma_{iq}}{\bar{\sigma}_i}\right)^{\eta-1} A_i \tag{12-105}$$

式中 η—— 控制步长的阻尼指数。若问题没有位移约束，取 $\eta = 1$；否则 $\eta < 1$，以避免收敛的振荡现象。

位移应力齿行法的迭代步骤：

(1) 选择初始值 $A^{(0)}$，给定阻尼指数 η 及收敛精度 ε。

(2) 进行各载荷组作用下的结构分析，求位移 $\{u\}_q$ 和应力 $\{\sigma\}_q$。

(3) 求元件应力比 k_{iq}、节点位移比 δ_{jq}、最大比值 $\beta_{\max}$。

(4) 完成射线步，求出 $\{A\}^{(k+1)}$、$W^{(k+1)}$、$R_{x前吊耳}=-P_x$（W 代表目标函数，R 代表支反力，P 代表惯性力）。

(5) 若是结构分析后第一次迭代，则令 $W=W^{(0)}$，转步骤(6)；否则，若 $|W/W^{(k+1)}-1|\leqslant\varepsilon$，则迭代停止，若不满足，则令 $W=W^{(k+1)}$。

(6) 若最严约束为应力约束，则用式(12-105) 求 δA_i，转步骤(9)；否则，转步骤(7)。

(7) 若最严约束为位移的约束，则在最严约束方向上加一单位载荷，利用已分解的 **K** 矩阵，回代求出该单位载荷作用下结构的位移应力 $R_{x后吊耳}=-P_x$ 和应力 $R_{y前止动合}=(P_x fL_5)/(S_1+L_2)$（其中 S、L 均为尺寸参数)，并变换成射线步点的应力。

(8) 用位移准则步公式(12-101) 计算 δA_i。

(9) 求新变量 $A_i+\delta A_i\rightarrow A_i$。

(10) 检查尺寸约束 $R_{y前止动合}$，若不满足，则取 $R_{y前止动合}=(P_x fL_5)/(S_1+L_2)$。

(11)转步骤(2)。如此循环。

参考文献

[1] 余旭东,葛金玉,段德高,等.导弹现代结构设计[M].北京:国防工业出版社,2007.

[2] 刘庆楣,符辛业.飞航导弹结构设计[M].北京:中国宇航出版社,2009.

[3] 姚卫星,顾怡.飞机结构设计[M].北京:国防工业出版社,2016.

[4] 中国航空工业集团公司复合材料技术中心.航空复合材料技术[M].北京:航空工业出版社,2013.

[5] 任怀宇,张铎.总体结构优化在导弹总体设计中的应用[J].宇航学报,2005,26(增刊1):100-105.

[6] 方向,张卫平,高振儒,等.武器弹药系统工程与设计[M].北京:国防工业出版社,2012.

[7] 魏志毅.飞机零构件设计[M].北京:航空工业出版社,1995.

[8] 沈世锦.飞航导弹装调技术[M].北京:宇航出版社,1992.

[9] 王俊声,曲之津,王昕.有翼导弹结构设计图册[M].北京:宇航出版社,1992.

[10] 余旭东,徐超,郑晓亚.飞行器结构设计[M].西安:西北工业大学出版社,2010.

[11] 陈烈民.航天器结构与机构[M].北京:中国科学技术出版社,2005.

[12] 王耀先.复合材料结构设计[M].北京:化学工业出版社,2001.

[13] 张骏华,徐孝诚,周东升,等.结构强度可靠性设计指南[M].北京:宇航出版社,1994.

[14] 欧贵宝,朱加铭.材料力学[M].哈尔滨:哈尔滨工程大学出版社,1997.

[15] 宋保维.系统可靠性设计与分析[M].西安:西北工业大学出版社,2000.
[16] 王善,何健.导弹结构可靠性[M].哈尔滨:哈尔滨工程大学出版社,2002.
[17] 刘文珽.结构可靠性设计手册[M].北京:国防工业出版社,2008.
[18] 樊富友,于娟,陈明,等.制导炸弹弹体结构可靠性分析与应用[J].现代防御技术,2014(8):143-147.
[19] 陈明,樊富友,龙成洲,等.复合铸造技术在特种产品上的应用[J].新技术新工艺,2014(3):8-10.
[20] 魏龙.密封技术[M].北京:化学工业出版社,2009.
[21] 宣卫芳,胥泽奇,肖敏,等.装备与自然环境试验:基础篇[M].北京:航空工业出版社,2009.
[22] 王玉.机械精度设计与检测技术[M].北京:国防工业出版社,2005.
[23] 胡小平,吴美平,王海丽.导弹飞行力学基础[M].长沙:国防科技大学出版社,2006.
[24] 郦正能.飞行器结构学[M].北京:北京航空航天大学出版社,2005.
[25] 中国特种飞行器研究所.海军飞机结构腐蚀控制设计指南[M].北京:航空工业出版社,2005.
[26] 中国航空研究院.复合材料结构设计手册[M].北京:化学工业出版社,2001.
[27] 吴宗泽.机械结构设计准则与实例[M].北京:机械工业出版社,2006.
[28] 葛金玉,苗万容,陈集丰,等.有翼导弹结构设计原理[M].北京:国防工业出版社,1986.
[29] 刘莉,喻秋利.导弹结构分析与设计[M].北京:北京理工大学出版社,1999.
[31] 王玉祥,刘藻珍,胡景林,等.制导炸弹[M].北京:兵器工业出版社,2006.
[32] 赵少奎.弹道式导弹结构偏差特性的分析计算[J].战术导弹技术,1990(1):2-9.
[33] 曲之津.地(舰)空导弹弹体结构可靠性分析[J].现代防御技术,2001,29(2):19-22.